> 华为ICT认证系列丛书

SDN原理解析

——转控分离的SDN架构

闫长江　吴东君　熊怡　著

人民邮电出版社

北　京

图书在版编目（CIP）数据

SDN原理解析 ：转控分离的SDN架构 / 闫长江，吴东君，熊怡著. -- 北京 ：人民邮电出版社，2016.4（2022.7重印）
ISBN 978-7-115-40724-5

Ⅰ. ①S… Ⅱ. ①闫… ②吴… ③熊… Ⅲ. ①计算机网络－网络结构 Ⅳ. ①TP393.02

中国版本图书馆CIP数据核字(2015)第262537号

内容提要

SDN 是对现有传统分布式控制网络架构的一次重构。通过 SDN 把网络软件化，可以提升网络可编程能力，并大大简化现有通信网络并提高网络业务创新速度。本书重点介绍了 SDN 的定义、价值和 SDN 架构的基本原理；同时，还介绍了 SDN 中最重要的系统——SDN 控制器实现架构和原理；随后，介绍了 SDN 面临的各种挑战和可能的应对措施；最后，介绍了如何从现有网络架构演进到 SDN 架构。

◆ 著　　闫长江　吴东君　熊　怡
责任编辑　李　静　乔永真
责任印制　彭志环
◆ 人民邮电出版社出版发行　　北京市丰台区成寿寺路 11 号
邮编　100164　　电子邮件　315@ptpress.com.cn
网址　http://www.ptpress.com.cn
北京七彩京通数码快印有限公司印刷
◆ 开本：787×1092　1/16
印张：15　　2016 年 4 月第 1 版
字数：215 千字　　2022 年 7 月北京第 23 次印刷

定价：69.00 元

读者服务热线：(010)81055493　印装质量热线：(010)81055316
反盗版热线：(010)81055315

序

SDN 作为一种新的网络架构，它实现网络的软件化，试图对传统分布式网络架构进行重构，由传统分布式网络转向集中控制的 SDN 网络，从而给运营商带来巨大价值，包括简化网络、提升网络可编程能力、支持业务快速创新、设备白牌化、业务自动化等。SDN 的理念一经提出，立即受到了产业界的关注。网络架构重构既意味着机会也意味着风险，各个厂家都做出了积极应对。华为的应对策略是积极支持 SDN 网络变革，争取成为 SDN 网络时代的领导者，并积极投入 SDN 控制器的研究、设计开发和试验中。

但是从 SDN 出现至今，争论就没有中断过，一千个人眼里有一千种 SDN 解释和认识。很多时候，大家在谈论一个概念，相互之间却不知道对方心里的概念到底指什么，以致出现各种误解。无论是设备商还是运营商，都有各自的认识。我作为华为 SDN 控制器架构师，在负责华为 SDN 控制器的架构设计过程中，接触到了各种 SDN 信息，既有来自客户的也有来自友商的，既有来自华为高层的也有来自内部相关部门的；再加上华为 Fellow 吴东君的指导，这些都使我对 SDN 有了一个自认为相对全面的认识，我眼中也有了一个自己的“哈姆雷特”。今天我把对 SDN 的各种认识总结并分享出来，与广大读者交流，希望读者能从中有所收获。

为了方便理解，本书有些章节以华为的实现作为示例，这些示例是当时的快照，并不代表华为正式产品的架构和方案。关于华为控制器产品架构、支持的功能和解决方案等，可参考华为官方正式的产品手册、配置指南、命令参考等资料。本书并不代表任何华为产品路标和承诺，只是华为 SDN 架构团队工作过程中的总结和认识，也包含了个人的观点，错漏不可避免，请广大读者谅解，并欢迎批评指正。

本书介绍的各种思想和观点主要来自华为 SDN 架构师核心团队的吴东君、闫长江和熊怡，当然也有来自华为参与 SDN 架构设计的小组，包括白涛、倪辉、李艳民、黄铁英、曾玮等同事。我们在一起设计，一起讨论，对 SDN 逐渐形成了基本概念。为此，感谢华为 SDN 设计团队，他们拥有丰富的设计经验，在整个架构和特性设计过程中提出了大量的细节问题，使得我们架构师团队能够更加准确地把握细节。非常感谢一起走过来的华为的大师们，包括涂伯颜、陈杰、杨宏杰、郭锋、施震宇、饶远、吕鑫等人。同时更加感谢潘梅芳、郝冠普，他们不辞辛苦对本书进行评审、校对和插图整理。没有他们的辛苦付出，这本书不知道是否能够完成。还要感谢李怿敏、陈双龙、阴元斌、倪辉、黄铁英、董林等人的评审。

最后，感谢我的夫人刘远碧、女儿闫叶赫和闫娜拉，她们这些年一直在背后默默地支持我，从来没有抱怨过我没有时间陪她们，使我能全身心地投入我热爱的工作中，并能够利用各种节假日完成这本书的写作。

前　言

一次，我驾车回家，途中使用了导航软件导航。导航软件有个功能叫作“避开拥堵”，由于高速拥堵，它建议我提前从某个出口下高速，但等我到了那个出口前 2 公里处时就发现车道开始塞车，我估计一定有不少人使用了导航相同的功能，从而导致这里出口也出现拥挤。于是，我决定继续沿着高速前行，选择其他出口。出人意料的是，我发现前面的拥堵其实已经解除了。我在想，如果导航软件能够选择性地通告一些人走某些出口，让另外一些人走其他出口，进行流量分担，是不是会更好一些呢？如此一来，导航软件对交通网络的状态更新的实时性将变得非常重要。假定导航软件把拥堵信息通告给驾驶员，由驾驶员自行决定如何绕开拥堵时，我认为大部分驾驶员会选择最短的不拥堵路径行进，而这种决策很可能会导致新的拥堵。如果导航软件能够实时了解交通状态，并对每个驾驶员规划出不同的路径，总体上使得所有人都绕开拥堵，而不会产生新的拥堵，这是一个最为理想的结果。这个导航软件实际上对所有的车辆实施了集中控制，使得整体交通状态变得更加通畅。如果只是通告交通状态信息给驾驶员，由驾驶员自行决定行程，这种分布式路径决策，极有可能导致新的拥堵，而这恰恰是我们最不期望的结果。

通信网络和交通网络是一样的，几乎面临相同的问题。作为现代通信网络的基础——IP 分组交换网络而言，其基本原理就是全分布式路径决策。这种分布式控制网络的选路过程和上面的交通案例中的驾驶员自主根据道路拥堵状态进行选择绕路是一样的原理，其结果会产生新的拥堵。网络设备可以通过一些路由协议收集网络拓扑，然后选择最短路径转发报文，每个网络设备都自主选路并遵从该原则，这就是分布式自主选路过程。这种网络架构具有极高的网络生存能力，使得网络本身能够全自治完成业务，但是这种网络的可控性就受到极大限制。一方面，在商用通信网络中，网络设备供应商不只是一家，经常是多厂家设备共同组网，就要求这些不同厂家的设备需要协议互通，而这个互通要求导致网络支持一些新业务的时间非常漫长，通常数年之久。另一方面，这种分布式自主网络，在部署新业务时，需要对网络设备进行软件升级。然而，这些设备数量众多，同时还承载着业务，如何不间断业务升级如此众多的设备，对网络运维人员而言是一个巨大的挑战。再者，在这样分布式控制的网络中要部署业务，需要逐个操作网络设备，并需要保持这些网络设备配置的一致性，以便它们能协同完成网络业务。这个过程也经常会出现问题，部署业务人员必须学习大量的分布式控制协议的技术细节，才能很好地进行业务部署和运维，这种把内部技术细节暴露出来的做法增加了网络运维难度，提升了对维护人员的技能要求，从而增加了运维成本。

而 SDN（Software Defined Network，软件定义网络）则是试图重构传统分布式控制的网络，实现集中控制的网络。通过集中控制把网络进行软件化，这样可以更好支持网络业务自动化和自治，并简化了网络的复杂度，向运维人员屏蔽了网络技术细节，降低对网络运维人员的要求，降低了运维成本。同时 SDN 可以支持业务快速创新，增加网络的盈利能力。SDN 控制器对网络的集中控制和交通拥堵时导航软件根据交通道路状态为不同的汽车安排不同的路径是一样的道理。通过在网络中部署一个集中控制的 SDN 控制器，当我们需要调整网络的行为，不再需要去修改网络设备本身，而是只要调整 SDN 控制器内部的软件就可以了。由于采用了集中控制，原来很多的网络分布式控制协议就不再需要了，网络得到极大的简化，进一步降低了对人员技能要求，提高了网络可运维能力，总体降低了运维成本。由于集中的 SDN 控制器可以提供网络端到端的业务，并提供这些业务的完全自治能力，这样使得网络的业务自动发放能力得到加强，能更快地部署网络业务。这种做法使得网络运维者可以很简单地部署业务，甚至可以把这些业务接口直接开放给他们的客户，从而实现无人工干预的业务销售能力。SDN 这样的能力就满足现在互联网公司对网络快速部署业务的需求，提升运营商的业务创新发展速度。

SDN 概念一出来，立即引起了业界的广泛关注，从运营商、网络设备供应商、技术研究人员、初创公司都积极参与讨论 SDN 的价值、需求、实现、标准定义等问题。原因很简单，SDN 是对网络架构的重构，网络架构的重构通常意味着产业链的重构，也意味着产业分工的重构。那么，在这次 SDN 重构中，哪些公司能够最后胜出，哪些公司最后被大潮抛弃，都取决于每个公司是否找对了自己的位置，在产业链占据自己的一席之地。运营商积极响应，探讨需求和价值，积极推动部署，进行 SDN 实验。传统供应商在传统网络有领先优势，很难放弃目前的利益。所以这些具有优势的供应商是比较矛盾的。而一些初创公司则积极投入 SDN 的研发中，试图在 SDN 时代成为新的主流供应商。还有其他相关企业也积极投入 SDN 的探讨中，包括芯片供应商、OSS 供应商等。于是有的供应商积极拥抱，有的供应商则半推半就，有的供应商则一边想办法拖延一边积极做好各种准备。

由于有众多的企业参与 SDN 的讨论，于是在 SDN 概念认识上也就产生了各种思路。

1. 传统派，认为 SDN 就是把原来的 OSS 做的更加实时，支持网络业务自动发放就是一种 SDN。这种思路主要解决了目前网络普遍存在的业务自治能力差的问题。通过这种 SDN，可以实现网络业务快速部署，提供网络对客户需求的响应速度，满足现在各种互联网对网络的快速业务部署需求。

2. 演进派，SDN 需要把网络功能集中控制，比如可以把网络内部的交换路径进行集中控制，也可以把网络的边缘接入业务进行集中控制，或者把两者都集中控制。通过这种灵活的集中控制，使得这种 SDN 可以很好的解决从现有的传统分布式网络向 SDN 演进的问题。而凡是被 SDN 集中控制的功能，都可以简化网络，降低运维成本，加速业务创新的进程。

3. 创新派，SDN 需要支持完全转控分离，集中控制，实现 OpenFlow 技术，把设备完全白牌化，设备控制面全部在 SDN 控制器。这种思路是一种彻底的革命，能够构建全新的网络架构，实现所有 SDN 的价值。ONF 标准组织推动这种技术的进步和成熟，初创公司也积极支持这种思路。创新派面临的主要问题是如何能够兼容当前已经广泛部署的分布式基础网络问题。

上述各种 SDN 思路，其实也反映了产业界对 SDN 网络的各种期望和诉求。创新派可能是 SDN 网络的终极目标，为了达到终极目标，要走的路可能会很长。因为目前现网已经有海量的传统分布式网络存在，如何把海量现网逐渐迁移到 SDN 网络，必然经过一个较长演进阶段，逐渐对网络进行一些集中控制，逐渐对网络进行改造，这样也就是上面说的演进派思路。而在为了能快速解决网络现在的业务自动化能力不足的问题，传统派的思路就能够快速的满足这种诉求。所以这些 SDN 思潮不是对立矛盾的，而是 SDN 的不同发展阶段的必然产物，他们是对立统一的。本书主要目标向读者介绍演进派和创新派的 SDN 基本原理和概念，较少介绍传统派思路是因为这个阶段相对业内人员已经比较熟悉了。

本书作者作为华为 SDN 设计研究人员，把自己对 SDN 的理解分享出来，主要向读者阐述 SDN 的基本原理，什么是 SDN，SDN 给网络带来什么变化，SDN 能够产生什么价值等，希望通过对 SDN 的解析，让读者了解 SDN 的精髓，把握 SDN 的发展趋势。

本书主要内容

第 1 章，SDN 概述

本章介绍了 SDN 的产生历史，以及相比传统分布式控制网络，SDN 网络带来了哪些价值。

第 2 章，SDN 网络的工作原理

本章介绍了 SDN 网络的基本工作原理，并用实例方式介绍 SDN 网络如何实现其价值的。

第 3 章，SDN 控制器实现原理

本章给出了 SDN 网络中的核心部件 SDN 控制器的需求、基本实现框架架构和范例。

第 4 章，SDN 网络的可靠性

本章给出了 SDN 网络面临的可靠性挑战，分析了 SDN 网络的故障模式，并给出了可能的解决建议。

第 5 章，SDN 网络收敛问题

本章介绍了 SDN 网络收敛和传统网络收敛时间对比，并给出了可能提升 SDN 网络收敛时间的建议方案。

第 6 章，SDN 的开放性

本章介绍了 SDN 网络的南北向开放的定义以及如何通过开放南向接口来保证控制器兼容多厂家转发器，介绍 SDN 应该开放哪些北向接口，给出应用程序如何使用这些接口的建议。

第 7 章，SDN 网络的安全性

本章介绍 SDN 网络面临的主要安全威胁，以及如何应对这些网络安全威胁，确保 SDN 网络的安全可用。

第 8 章，从现网演进到 SDN 网络

本章以多个实例详细介绍了现有网向 SDN 网络演进的途径，通过这些演进技术，可以解决现有网络如何平滑迁移到 SDN 网络的问题。

第 9 章，SDN 控制器实现架构实例分析

本章介绍了华为 SDN 控制器、ONOS 开源控制器和 ODL 开源控制器的实现架构分析。

关于本书读者

本书适合有一定的 IP 网络知识背景的学生、院校研究人员、企业人员阅读使用。如果是行业内人士，比如电信运营人员、企业网络管理维护人员、电信设备供应商、网络研究人员，他们对现在的网络理解深刻，如果希望进一步了解 SDN 的相关概念和知识，本书则可以较好地满足他们的需求。

关于本书图标

SDN 控制器，负责网络的实时控制。

传统路由器，通常运行了分布式控制协议。

传统路由器，通常运行了分布式控制协议。

传统路由器，通常运行了分布式控制协议。

转发器，是和控制器配套运行的数据转发设备，通常不运行分布式控制业务路由协议，其业务控制面通常运行在控制器内。

转发器，是和控制器配套运行的数据转发设备，通常不运行分布式控制业务路由协议，其业务控制面通常运行在控制器内。

通用服务器或者虚拟机。

目录

第1章 SDN概述

1.1 传统网络

1.1.1 传统网络架构采用分布式控制

IP 通信技术已经成为今天通信网络的核心技术。今天的通信网络，从庞大的全球互联网到大小不一的企业网、私有网络，全部都是基于 IP 构建的。这些 IP 网络中承载着各种各样的业务，包括数据业务、视频业务、传统的语音业务，人们在互联网上进行购物、社交、娱乐、金融等相关的活动。

IP 技术之所以能够成为通信网络的核心技术，首先是因为其具有简单性。通过全球统一的 IP 地址编址，任何两台主机就可以进行通信，而通信的主机之间不用关心对方的具体位置，也不用关心对方具体的网络细节，这种简单性使得构建全球范围的大规模互联网成为可能。IP 技术的另外一个重要基因是采用分布式控制架构。

传统的 IP 网络的自治系统内的基本通信模型如图 1-1 所示。

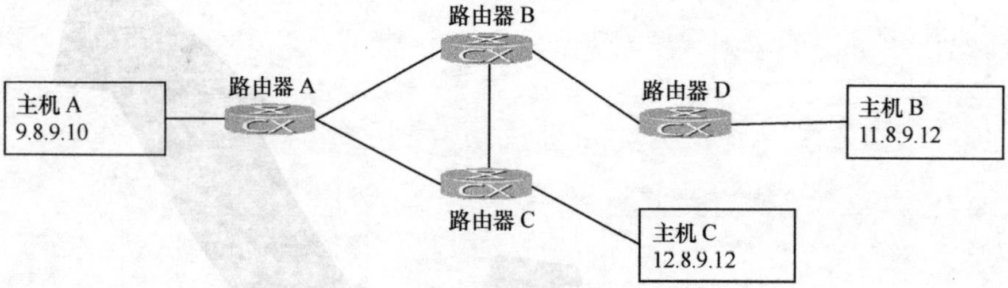

图 1-1 传统 IP 网络的基本通信模型

在同一个自治系统内，当主机 A 希望和主机 B 发起通信时，首先主机 A 需要知道主机 B 的 IP 地址为 11.8.9.12，主机 A 会把发给 B 的 IP 报文先发送给网关路由器 A，接下来网关路由器 A 必须决定到底这个 IP 报文是发送给路由器 B 还是路由器 C。路由器 A 在做决策时要把报文发送给路由器 B 或者 C 所依赖的数据，称作路由表。路由器 A 会根据 IP 报文里面携带的目的地址 11.8.9.12，在路由表中查找最长匹配的路由表项，在这个表项中会获得一个下一跳路由器和出接口的信息：

```
IP prefix=11.8.9.0/24, Nexthop = 路由器 B, OutgoingInterface=AB
```

路由器 A 根据这些信息知道应该把目的地址为 11.8.9.12 的报文转发给路由器 B。

同样道理，路由器 B 必须决定是把这个 IP 报文发送给路由器 C 还是路由器 D。这里，路由器 B 会根据其本地的路由表获得如下的转发信息：

```
IP prefix=11.8.9.0/24, Nexthop = 路由器 D, OutgoingInterface=BD
```

路由器 B 根据这个信息，会把该报文转发给路由器 D。当路由器 D 收到报文时，也一样会查询本地的路由表，获得的路由表信息会发现这台主机和路由器 D 是直连网络，所以直接投递该报文到路由器和主机 B 连接的接口，这样最终这个报文被逐跳转发后，递交给了目的主机 B。

上述过程是 IP 报文逐跳转发的基本原理。在这个过程中，每个路由器始终依赖其本地的路由表数据来进行寻路，决定到底应该把报文发送给哪个下一跳路由器。这个路由表数据是如何生成的呢？一个简单的想法可能是网络管理人员自己去配置，比如给路由器 A 配置静态路由：

```
IP route 11.8.9.0/24 nexthop 路由器 B interface AB
```

给路由器 B 配置静态路由：

```
IP route 11.8.9.0/24 nexthop 路由器 D interface BD
```

通过这些配置，每台路由器都会在本地生成路由表。当目的地址为 11.8.9.12 的报文进入路由器时，这些路由器就能够根据这些数据进行报文转发。可是，上面的做法对于一个小的网络是可以工作的，但当网络规模很大，路由数量可能达到几十万的时候，这种手工静态配置的方法就不能工作了。另外，还有一个原因也使得这种静态配置方式无法工作，那就是当网络的某些链路发生故障，比如路由器 A 和路由器 B 的连接接口 AB 中断时，报文就不能再正确转发到目的地了，从而将导致通信中断。直到人工介入再次给路由器 A 和路由器 C 配置静态路由，才能恢复主机 A 和主机 B 的通信。

为了解决此类问题，引入了动态路由协议方式来学习这些路由信息，而不是通过手工静态配置。现在常见的域内路由协议（IGP）主要是 OSPF 和 ISIS 协议，这些协议能够学习完整的网络拓扑，然后根据拓扑计算出任何两点之间的最短路径，并自动生成路由信息。通过这种 IGP 的自动学习，生成路由器转发所需的路由表的方法，解决了上面的两个问题，从而不用人工给每个网段配置静态路由。在网络拓扑变化时，也不用人工干预，路由协议会重新计算出一条新的转发路由。当上面说到的接口 AB 中断时，路由协议会在 1s 时间内自动重新学习网络拓扑并计算出可用路由：路由器 A 会计算出走 AC 口，把报文送交给路由器 C；而路由器 C 会计算出需要把这个报文送交给 B；路由器 B 则会计算出把报文送交给 D。如此会使得主机 A 和 B 的通信可以在故障后 1s 内恢复。这些 IGP 需要在每台路由器上运行，并且这些路由器之间会通过 IGP 路由协议交互拓扑信息，每台路由器的 IGP 通过交互都拿到同样的全部网络拓扑数据，然后每台路由器的 IGP 分别独立计算出转发报文所需的路由表数据。这个过程是完全分布式计算的，没有集中点，网络中任何路由器出现故障，其他路由器都会重新计算路由，保持网络的最大通信连接能力。这种在路由计算和拓扑变化后全分布式地重新进行路由计算的过程，称为分布式控制过程 。传统的网络被认为是全分布式控制的。

为了能够大规模组网，IP 网络架构的设计者对网络进行了区域划分，每个区域是一个自治系统，自治系统内部运行 IGP 来完成路由计算，域间则采用另外一种路由协议来传递和扩散路由信息，其基本组网架构模型如图 1-2 所示。

在图 1-2 中，主机 A 希望和主机 B 通信，主机 A 发送报文给主机 B，当这个报文进入到路由器 A 时，路由器 A 必须做出决定，是把报文送给路由器 B 还是路由器 C。此时，这个主机 B 的网段路由不能通过 IGP 学习，因为该主机 B 不在自治系统 118 网络内，而是在另外一个自治系统 1098 网络内。自治系统 118 网络内的路由器如何能够学习到网段 11.8.9.0/24 的路由呢？为了解决域间路由学习问题，IETF 标准工作组定义了域间路由协议——BGP。通过 BGP，把这种不在同一个域内的路由前缀进行扩散，以便所有的网络都能学习到这条路由。BGP 不仅可以进行路由自动扩散和学习功能，还可以解决网络故障收敛问题。BGP 和 IGP 一样，采用全分布式方式运行在路由器上，所以 BGP 也是一种全分布式控制协议。这样，IP 网络在多个自治系统之间的路由学习方式也是全分布式控制的。

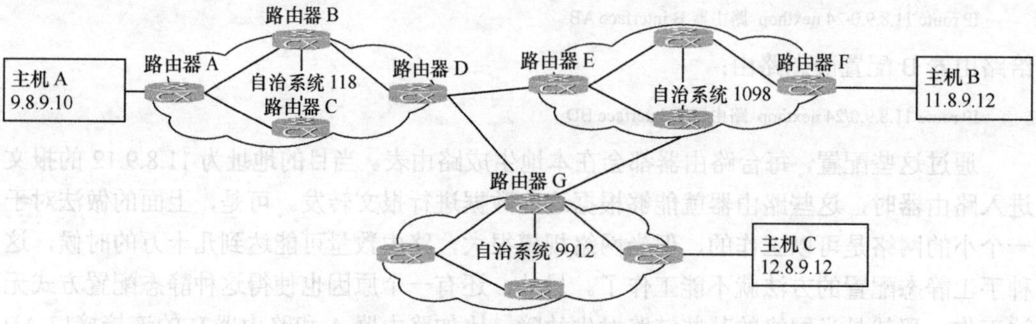

图 1-2 传统网络的自治系统设计

IGP 和 BGP 解决了域内路由学习和域间路由学习的问题，IP 技术已经为组大网做好了准备。当前全球互联网的构建正是采用 IGP 和 BGP 这两种核心分布式路由协议来完成的，而这两种基本的路由协议都是全分布式控制的。事实上，IETF 定义的大量 IP 标准协议，包括 MPLS 协议、组播协议、IPv6 协议等，都和 IGP、BGP 的原理一样，采用的是全分布式控制架构。所以，传统网络是一种全分布式控制的网络。

1.1.2 网络的管理面、控制面、数据面

前面介绍了传统 IP 网络的分布式控制架构，这个分布式控制架构包含了 BGP、IGP、MPLS 协议、组播协议、IPv6 协议等重要的分布式控制协议，这些控制协议构成了 IP 网络的控制平面。另外，前面提到每个路由器会根据这些路由表数据对报文进行寻址转发，这个根据路由表进行寻址转发的功能是数据面功能。

接下来，一个对外提供服务的网络，还必须考虑如何对网络进行运行维护管理，所以网络还存在一个管理面。下面简单介绍网络的管理平面以及这几个平面之间的关系。

管理平面负责网络设备管理和业务管理，其主要功能分为业务配置管理、策略管理、设备管理、告警管理、性能管理、故障定位等操作维护管理功能。管理平面主要设备包括网元网管 EMS 和网络业务管理 OSS（Operation Support System，运营支撑系统）。网元网管主要负责两部分工作：一部分工作负责网元设备管理，包括网元的电源、风扇、温度、硬件板卡、指示灯等的管理，这部分基本不涉及业务管理；另外一部分工作是负责对网元上的业务进行配置，这些配置包括安全数据配置、业务数据配置、网络协议配置等。当网络管理员希望在网络中部署业务时，可以直接通过网元网管对每台路由器进行配置，完成整网的业务部署。网络管理员也可以通过 OSS 业务管理系统来向网络发放业务，OSS 的主要工作是实现策略管理、业务管理等。OSS 主要通过网元网管对接下面的路由器设备，有时 OSS 也会直接调用路由器的北向（我们在画网络结构图时，通常把 OSS 画在上方，路由器画在下方，分别对应地图方位的北方和南方，这样对于路由器来说，开放出来的操作接口是指向北方的，所以通常叫作路由器的北向接口。相对地，这

个接口对于 OSS 来说，则是 OSS 的南向接口）操作接口部署业务，并对业务进行监控。

控制平面负责网络控制，其责任是根据网络状态的变化，比如拓扑变化，对网络进行实时反馈、调整网络的各种数据和行为，使网络保持在正常工作和提供承诺服务的状态。前面介绍的 IGP、BGP，就是控制平面，而且传统的网络是分布式控制的。控制平面的主要功能是为网络设备生成转发所需的数据——路由表数据，以及当网络状态发生变化时，控制平面必须实时快速地收敛，重新生成路由表，以便在网络故障时，能够让网络仍然处于正常提供报文转发服务的工作状态。

数据平面也就是用户平面，是指设备根据控制平面生成的指令完成用户业务转发和处理的部分。

通过上面的定义可以看出，网络管理平面通常情况下并不会对网络的实时状态进行反馈控制，因此，管理平面是可以离线的，比如离线几小时甚至几天。此时，如果网络控制平面工作正常，通常网络会保持正常工作状态并持续提供业务功能，不会因为管理平面离线而导致业务失效。相反，控制平面则必须总是在线运行，对网络进行实时控制。因为控制平面如果离线，当网络状态发生变化时网络就可能出现错误，进而导致用户业务失效，无法提供承诺的转发服务，所以可以把网络控制平面比喻成大脑，一刻也不能离线。从这个角度以及实践角度上看，设备控制平面的实时性和可靠性比管理平面的要求高很多。

1.1.3 传统网络的局限性

传统通信网络是分布式控制的，一般分为管理平面、控制平面、数据平面。传统网络的基本架构如图 1-3 所示。

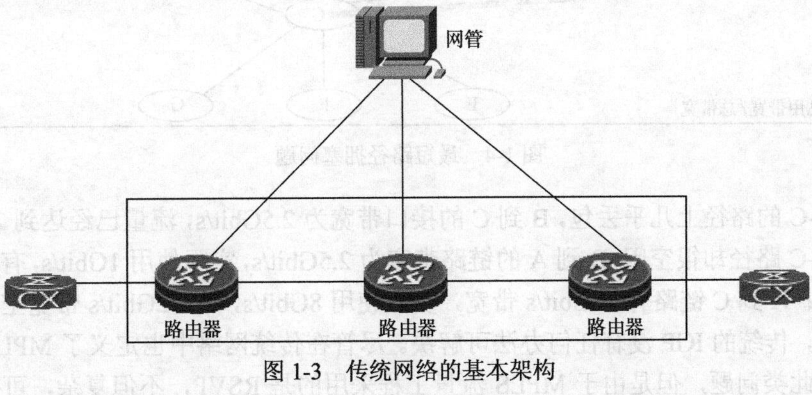

图 1-3 传统网络的基本架构

传统网络中通常会部署一个集中的网管（EMS 和 OSS）作为管理平面，而控制平面和数据平面都是分布式的，分布在每个路由器上运行。当网管把网络业务配置到路由器后，如果网络状态发生变化，分布式控制平面会在网络中自动扩散这些网络状态变化，然后各自根据新的网络状态自动重新计算路由，并刷新转发面的转发表以确保受到影响的用户业务得以恢复。这种分布式控制的 IP 网络架构，经过产业界 30 多年的不懈努力，已经成为当今全球各种通信系统的基础网络架构。但是通信网络发展到今天，也出现了一些不可克服的局限性。

1. 流量路径的灵活调整能力不足

传统网络采用分布式控制网络架构，每台路由器设备收集到网络拓扑后，运行在其上的路由协议各自根据这些数据进行路由计算，生成路由表，以指导路由器的转发行为。这种分布式路由计算有一个要求，就是所有的路由器设备必须采用相同的算法，并且计算出来的路由不能存在环路。如图 1-1 所示，所有路由器都在各自进行路由计算，如果不能采用统一的算法规则，则会产生路由环路。例如，如果路由器 A 的 IGP 计算出来的 11.8.9.0/24 的路由是希望通过路由器 B 为下一跳转发报文，而路由器 B 的 IGP 计算出来该前缀的路由则希望把路由器 A 作为下一跳转发，结果报文会在路由器 A 和 B 之间来回转发，形成环路。传统分布式路由协议采用的全分布式计算，规定了一套避免环路的方法，即 IGP 采用最短路径算法（Shortest Path Forwarding，SPF），所有的设备在计算路由时，都是根据自己学习到的网络拓扑信息进行路由计算。拓扑信息里面有一个 Cost（费用）字段，路由协议利用 Cost 来计算到达目的地的最短路径，然后把在最短路径上的下一跳路由器作为转发路由。采用这种技术可以避免上面描述的环路问题。但是却会带来另一个问题——最短路径拥塞。

这种分布式路由计算采用了最短路径算法：流量只能走在最短路径上，有时候最短路径已经拥塞，系统却没有办法进行自动调节，只能看着最短路径拥塞，而其他路径空闲的情况发生，却无能为力，如图 1-4 所示。

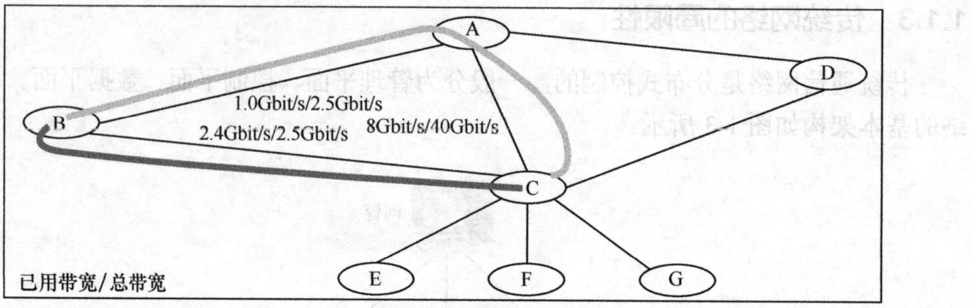

图 1-4 最短路径拥塞问题

在 B-C 的路径上几乎丢包，B 到 C 的接口带宽为 2.5Gbit/s，流量已经达到 2.4Gbit/s，但是 B-A-C 路径却很空闲，B 到 A 的链路带宽为 2.5Gbit/s，实际使用 1Gbit/s，有 1.5Gbit/s 带宽空闲；A 到 C 链路有 40Gbit/s 带宽，实际使用 8Gbit/s，有 32Gbit/s 带宽空闲。对于这种情况，传统的 IGP 没有任何办法可解决。尽管在传统网络中也定义了 MPLS 流量工程来解决此类问题，但是由于 MPLS 流量工程采用的是 RSVP，不但复杂，可扩展性不好，而且不能根据网络流量状态自动实时创建流量工程隧道来旁路流量，通常只能用于预先规划流量路径的方式进行部署。所以传统的流量工程不能很好地解决上面的实时流量动态调整问题。

在传统的 MPLS 流量工程应用中，不仅不能很好地解决大规模流量工程问题和实时流量调整问题，而且还因为传统的流量工程技术也是分布式计算的，每台路由器各自进行隧道计算，结果因为时序问题会导致一些网络业务无法在网络中部署。这个例子如图 1-5 所示。

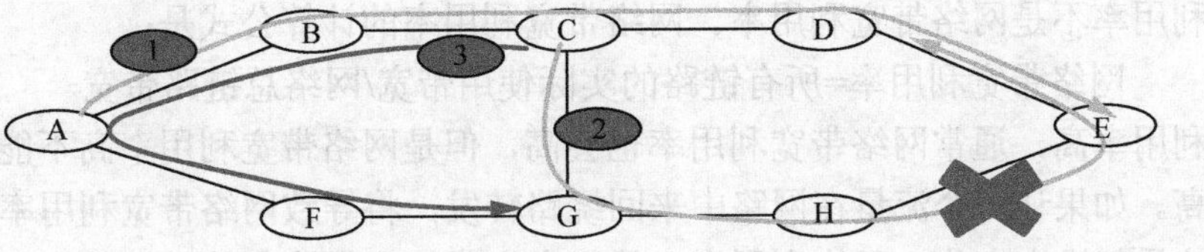

业务需求：①A→E 6Gbit/s；②C→D 8Gbit/s；③C→G 4Gbit/s。（所有链路带宽 10Gbit/s，业务建立顺序如上）按传统方式，按业务顺序部署，业务 2 会建立失败

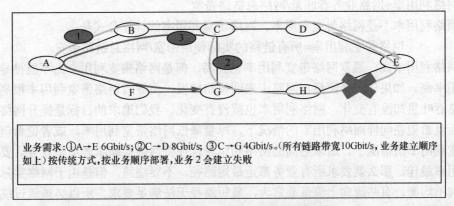

图 1-5　传统流量工程的业务时序依赖问题

图 1-5 展示了一个因为分布式计算隧道带来的问题。假定所有链路带宽为 10Gbit/s，有 3 个隧道业务请求，按照业务 1、2、3 部署请求顺序进行分布式计算：

第 1 条业务 A—E，6Gbit/s 带宽请求，路由器 A 的计算结果是 A—B—C—D—E。

第 2 条业务 C—D，8Gbit/s 带宽请求，路由器 C 的计算结果是找不到链路，因为 C—D，D—E 之间链路都只有 4Gbit/s 可用，所以失败。

第 3 条业务 C—G，4Gbit/s 带宽请求，路由器 C 的计算结果是经过 C—B—A—F—G。

可以看到，网络没有能够承载第 2 条业务。但是事实上，第 2 条业务是可以被承载的，3 条业务都可以得到满足。采用一种全局优化的计算法，计算结果如图 1-6 所示。

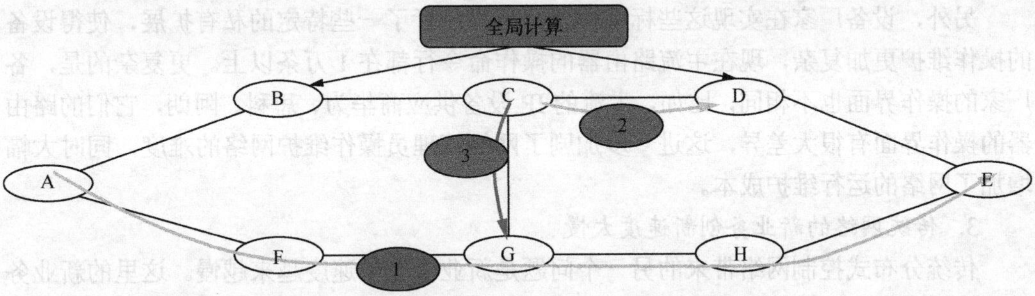

图 1-6　经过全局计算后的三条业务部署情况

第 1 条业务 A—E，6Gbit/s 带宽请求，路由器 A 的计算结果是经过 A—F—G—H—E。

第 2 条业务 C—D，8Gbit/s 带宽请求，路由器 C 的计算结果是 C—D。

第 3 条业务 C—G，4Gbit/s 带宽请求，路由器 C 的计算结果是 C—G。

上述情况的发生，主要是因为采用了分布式计算，并且业务请求按指定次序发生，每个隧道起点的路由器根据自己的数据计算，没有全局的数据，结果导致第 2 条业务无法承载。如果通过集中计算，对所有业务进行一次全局性重优化，自然可以找到后面的答案，从而提高网络利用率。

此外，MPLS 流量工程还涉及网络利用率的问题。网络利用率是指特定一张网络能够承载的业务数量，承载的业务数量越多，那么网络利用率就越高。网络利用率的计算公式是：

网络利用率=网络业务吞吐量/网络总链路带宽

网络利用率不是网络带宽利用率。网络带宽利用率的计算公式是：

网络带宽利用率=所有链路的实际使用带宽/网络总链路带宽

网络利用率高，通常网络带宽利用率也会高，但是网络带宽利用率高不能推导出网络利用率高。如果让一个流量在网路中来回绕路转发，将导致网络带宽利用率很高，但是网络吞吐量却没有变化，网络利用率也就没有变化。我们追求的目标是提升网络利用率，而且希望在同样网络利用率的情况下，尽量降低网络带宽利用率，或者说希望在同样带宽利用率的情况下，追求更高的网络利用率，使得网络能够承载更多业务。要使网络利用率最佳，那么就要求所有业务都走最短路径，不要绕路，但是由于网络实际的业务流向不均衡，有些流向上流量非常大，最短路径无法满足要求，所以必须通过绕路来把这些大的业务流转发过去，这样网络利用率提高了，但是也消耗了更多的带宽资源。当然，我们的目标本来就是要提升网络的利用率，提高网络业务的吞吐量，所以有些时候必须选择绕路方案，这正是流量工程的作用。

2. 传统网络协议复杂，运行维护复杂

传统的分布式控制协议数量非常多，基本都是由 IETF 标准组织定义的，包括 IGP、BGP、MPLS、组播协议、IPv6 等。经过 30 余年的发展，IETF 拥有数以千计的协议族标准文稿体系，其中和网络设备直接相关的有 2000 多个，而且每年还在不断增加。正是如此庞大的协议体系，使得网络维护变得复杂，对维护人员的技能有极高要求，网络维护人员不得不学习大量的标准协议。其实，网络本来是可以简单一些的，并不需要这么多协议。后文将介绍 SDN 网络架构是如何简化这些网络协议的。

另外，设备厂家在实现这些标准协议时，都进行了一些特定的私有扩展，使得设备的操作维护更加复杂，现在主流路由器的操作命令行都在 1 万条以上。更复杂的是，各厂家的操作界面也不相同，比如，主流的 IP 设备供应商华为、思科、阿朗，它们的路由器的操作界面有很大差异，这进一步加剧了网络管理员操作维护网络的难度，同时大幅增加了网络的运行维护成本。

3. 传统网络的新业务创新速度太慢

传统分布式控制网络带来的另一个问题是新业务创新速度越来越慢。这里的新业务通常包括网络上支持的 L2VPN 业务、L3VPN 业务等。当需要在网络中部署新业务时，首先需要解决的问题是讨论需求、定义标准，这需要经过一两年的标准讨论定义，IETF 才会达成一致，发布标准；然后各个设备供应厂家再实现这些标准，通常周期也要 1 年左右；最后才能在现网上部署升级这些业务特性，这又需要半年到 1 年的时间。整体过程从需求提出到网络可以部署业务，通常需要长达 3～5 年的时间。这样的新业务上线速度，无法满足运营商的业务需求。运营商希望能够快速提供网络业务（比如 L2VPN、L3VPN、专线等），以便满足客户的多变需求，所以必须想办法解决新业务创新速度慢的问题。

尽管传统分布式网络带来了今天网络世界的繁荣，但是也面临着前面提到的几个局限性，那么，如何解决这些问题，在不改变 IP 网络转发面机制的前提下，是否可以让网络更加敏捷、更加简单、更加自动化呢？SDN 网络架构正是为解决这些问题而提出的一个新的网络架构。

1.2　SDN 的诞生

1.2.1　SDN 是集中控制的网络架构

2006 年，SDN 诞生于美国 GENI 项目资助的斯坦福大学 Clean Slate 课题。以斯坦福大学尼克·麦克考恩（Nick McKeown）教授为首的研究团队提出了 OpenFlow 的概念，并基于 OpenFlow 技术实现网络的可编程能力，使得网络变得像软件一样可以灵活编程和修改，SDN 的概念应运而生。

软件定义网络（Software Defined Network，SDN）顾名思义，SDN 使得网络能够像一个通用软件一样，易于修改，易于增加新业务，使网络更加敏捷。

SDN 网络架构的核心是在网络中引入了一个 SDN 控制器（下文中的控制器、网络控制器都是指 SDN 控制器），实现转控分离和集中控制。SDN 控制器就如同网络的大脑，可以完成对管辖范围内的设备的控制，这些被控制的设备称为转发器。转发器如同手脚，本身基本不具备智能，听命于控制器控制，其转发所依赖的数据完全来自控制器的计算和生成。

SDN 网络试图解决传统网络遇到的问题，包括转发路径调整困难、网络复杂、运行维护困难、业务创新速度慢等。那么 SDN 又是如何克服这些问题的呢？先看一下 SDN 网络架构，其关键是在网络架构中增加了一个 SDN 控制器，把原来的分布式控制平面集中到一个 SDN 控制器上，由这个集中的控制器来实现网络集中控制。SDN 网络架构具备转控分离、集中控制、开放接口三个基本特征，如图 1-7 所示。

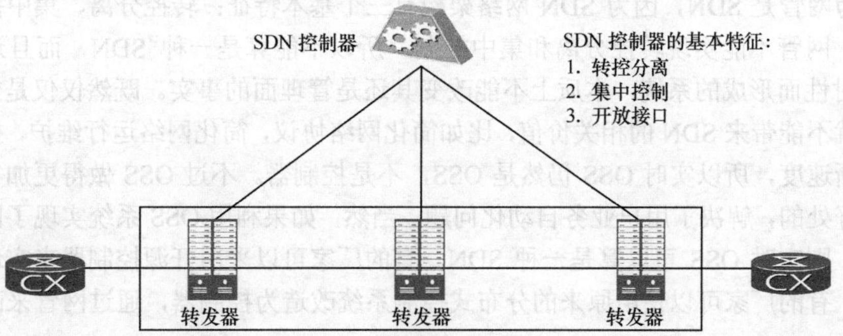

图 1-7　SDN 网络架构

当对网络进行集中控制，把控制平面集中到 SDN 控制器之后，原先大量的分布式控制平面所需要的分布式控制协议就不需要了，比如各种 MPLS 协议、组播协议、MBGP 等，因为 SDN 控制器可以通过其内部的各种控制程序为每个路由器（在 SDN 时代，我们称之为转发器）计算出其 MPLS 路由、组播路由、业务路由等，这样，集中在控制器的算法软件替代了传统的各种域内的路由协议。通过这种集中控制技术，可以大量减少网络中各种协议的部署，从而简化网络架构，也就意味着网络本身的简化，使得网络更加容易维护管理，也降低了对维护管理人员的技能要求，从而大大降低了网络运行维护的成本。

当网络集中控制并开放编程接口时，如果需要进行各种网络业务创新以满足新的需求和想法时，可以简单地通过修改、替换控制器的控制程序或者在控制器内部增加新的软件程序来实现新业务。大量的按需路径调整、业务灵活控制等需求，都可以在不修改和不升级路由器（转发器）软件的情况下，仅仅通过调整控制器程序就得以完成。也就是说，对于一个新业务的部署，不再需要定义标准实现互通过程，而是仅仅在 SDN 控制器内增加或者修改一个软件程序就可以完成，这使得网络新业务的部署可以从原来的 3～5 年时间压缩到几个月甚至几周时间。这对于网络运营商非常重要，因为这样可以通过各种创新业务的部署增加网络的收益，并在竞争中领先。

和传统网络架构相比，SDN 网络架构增加了 SDN 控制器，因此需要在 SDN 控制器之间增加一个南北向转控分离协议，用于控制器和转发器之间的控制信息交互。目前最重要的控制协议就是 OpenFlow 协议，该协议定义了控制器和转发器之间的通信标准。尽管目前 OpenFlow 协议还没有完全成熟，但是随着 SDN 网络架构的部署和实施，这个转控分离协议也在走向成熟。当然，控制协议不仅仅只有 OpenFlow，其他如 PCEP、BGP、Netconf 等控制信令也可以完成控制器到转发器之间的控制指令的下发。这些传统的控制协议在 OpenFlow 没有成熟时，用来对网络进行集中控制，可以有效地解决现有网络逐步向 SDN 网络演进时所需的互操作要求。

1.2.2 SDN 控制器不是网管，也不是规划工具

自 SDN 概念兴起以来，针对 SDN 有各种理解，有的认为网管就是 SDN，并提出了实时 OSS 概念，这是所谓网管思路的 SDN。这种思路认为只要把 OSS 的业务自动发放做得更加实时就是 SDN 了，同时如果把 OSS 的北向接口开放，也能支持北向开放接口。我不认为网管是 SDN，因为 SDN 网络架构有三个基本特征：转控分离、集中控制、开放接口。网管不能实现转控分离和集中控制，所以不能算是一种 SDN，而且通过改进 OSS 实时性而形成的系统，本质上不能改变其还是管理面的事实。既然仅仅是管理面，当然也就不能带来 SDN 的相关价值，比如简化网络协议，简化网络运行维护，提升网络业务创新速度，所以实时 OSS 仍然是 OSS，不是控制器。不过 OSS 做得更加实时对用户是有好处的，解决了用户业务自动化问题。当然，如果利用 OSS 系统实现了网络的集中控制，则实时 OSS 可以算是一种 SDN。有的厂家可以采用开源控制器来实现自己的控制器，有的厂家可以使用原来的分布式控制系统改造为控制器，通过网管来改造也是一条路。

有人认为规划工具就是 SDN 控制器。规划工具和网络控制器其实解决的问题不同。规划工具是在网络扩容时，解决到底该如何在网络中增加节点、增加链路，需要考虑增加节点的位置、增加链路的数量，其评估约束包括预期流量模型、成本约束、政策约束、地理条件约束等。规划工具的最终目标是给出一个在什么位置增加机房，在哪些机房之间埋下光纤，最终使扩容后网络能够满足未来的网络流量增长需求。而控制器是运行在一个既有的网络拓扑上的控制反馈系统，其主要功能是对网络进行实时控制反馈，确保当网络状态发生变化时能够重新收敛路由，使得网络能够继续正常提供服务，所以它和规划工具不是一回事。当然，未来在 SDN 网络环境下，规划工具和控制器是有一定的关

联的。在传统网络里，规划工具生成网络扩容规划之后，当网络按照规划工具给出的建议施工完成，分布式控制系统对这个新网络的利用和当初规划设想的情况可能不同，导致规划工具认为某些流量该走到新建路径上，而实际上分布式控制面却没有办法让这些流量走在新建路径上，这就是规划和实际运行的网络系统之间的隔阂。而未来在 SDN 网络环境下，规划工具的流量预期想法可以直接通过 SDN 控制器完成实施，使实际的网络流量路径和规划时设想的一致。

1.3　SDN 网络价值

1.3.1　从技术角度看 SDN 网络的价值

关于 SDN 网络的价值，从 SDN 开始的那一天起就没有停止过争论。大体上，人们从两个方面来理解 SDN 的网络价值，即技术层面和客户需求层面。

技术上的 SDN 网络价值是理论上的 SDN 网络价值，是技术驱动网络进步的典型，有点像乔布斯说的客户并不知道他们需要什么，只有你把东西呈现在他们面前，他们才知道这就是他们想要的。技术上的价值不是从客户出发，却能给客户带来他们所需要的价值，SDN 网络的理论价值主要包括以下几点。

1．网络业务快速创新

SDN 的可编程性和开放性，使得我们可以快速开发新的网络业务，加速业务创新。如果希望在网络上部署什么新业务，可以通过针对 SDN 软件的修改和增强实现网络快速编程、业务快速上线验证的能力。如果这个新业务有价值则保留，没有价值也可以快速下线。不像传统网络那样，一个新业务上线需要经过需求提出、标准讨论和定义、开发商开发标准协议，然后在网络上升级所有的网络设备，需要经过数年才能完成。SDN 使得新业务的上线周期从原先的几年缩短到几个月或者更快。

2．简化网络

SDN 网络架构简化了网络，消除了很多 IETF 的协议，这就可以使学习成本下降，运行维护成本下降，业务部署速度提升。这个价值主要得益于 SDN 网络架构下的网络集中控制和转控分离。因为网络集中控制，所以被 SDN 控制器所控制的网络内部的很多协议基本就不需要了，比如 RSVP、LDP、MBGP、PIM 组播协议等。原因是网络内部的路径计算和建立全部在控制器完成，控制器计算完成网络路径后，直接下发给转发器就可以了，并不需要协议。未来，大量的传统东西向协议也会消失，而南北向控制协议比如 OpenFlow 协议则会不断地演进以满足 SDN 网络架构的需求。

3．网络设备白牌化

SDN 的另外一个价值是，基于 SDN 架构，如果标准化了控制器和转发器之间的接口，比如 OpenFlow 协议逐渐成熟，那么硬件设备白牌化就会成为可能，从而出现专门的白牌设备厂商，结果就是转发设备采购成本的下降，甚至会出现专门的 OpenFlow 转发芯片供应商。这种 OpenFlow 芯片如同在 PC 领域的 INTEL 供应的 CPU，控制器则是类似微软这样的厂家供应的 Windows 操作系统，而上面会产生大量的网络应用。这就是所谓的系统从垂直集成开发走向水平集成。垂直集成是一个厂家能够同时供应软件、硬件和服务，水平集成则是把系统水平分工，每个厂家分别完成产品的一个部件，然后集成商把它们集成起来销售。水平分工有利于系统各个部分的独立演进和更新，快速进化，促进竞争，促进各个部件采购价格的下降。

这种网络白牌化趋势是存在的，但是现在所有的主流厂商都不愿看到这点。目前 IP 设备主流供应商没有一家愿意做白牌，只有一些小的初创公司尝试搞这种白牌设备。这是一个产业链问题，这个链条上从最后的购买客户到前端的设备商、芯片供应商等，互相有牵制作用，如果产业链中任一方全力遏制，那么这个趋势可能会来得很慢，但是这种白牌化趋势是不可改变的，尤其一些中低端设备会逐渐出现此类设备。也就是说，白牌化趋势是 SDN 的一个理论价值，但是实践中取决于产业链厂家的竞争策略。

4. 业务自动化

在 SDN 网络架构下，由于整个网络归属控制器控制，所以网络业务自动化是理所当然的，不需要另外的系统进行配置分解。传统的 OSS 在为用户提供网络业务服务时，必须对设备的北向接口进行业务包装工作，但是在 SDN 架构下，SDN 控制器自己就可以完成网络业务的部署，屏蔽网络内部细节，提供网络业务自动化能力。

5. 网络路径优化和流量调优

SDN 还有一些价值点，比如流量调优和路径优化。传统网络通常的路径选择算法是走最短路径，前面介绍过，这样的结果是网络中最短路径上的流量可能非常拥挤，可是其他的非最短路径却非常空闲。当采用 SDN 网络架构时，SDN 控制器可以根据网络流量状态智能调整网络路径，达到提升整网吞吐量的目的。事实上，传统网络中也采用了一些流量工程技术来解决此类最短路径拥塞问题，比如 MPLS TE 就是一种流量工程技术，但是这种技术类似其他传统协议都是全分布式的，会导致前面介绍的业务次序依赖问题；另外，因为传统的流量工程协议 RSVP 的软状态机制，导致其无法大规模部署。未来采用 SDN 架构，直接可以集中业务路径计算，并直接建立隧道，不需要 RSVP，这样不仅能够解决实时流量路径动态调整的问题，提升网络利用率，同时能够解决业务次序依赖问题。

1.3.2 从客户角度看 SDN 网络的价值

1. 网络业务自动化

在原来的分布式网络架构中，完成一个网络业务自动化的方法是通过网管或者 OSS 来实现。网管把网络业务配置分解为每个网元的配置并下发给路由器，也可以通过对每个路由器进行独立配置，然后整个网络的所有参与业务的网元都配置完成，整网业务就可以运行了。其中存在的较大问题是网络中的各个网元的配置一致性问题，如果哪个网元配置出现一点错误，就会导致网络业务受损，有时甚至可能导致环路等严重问题。这些配置的精确程度和一个程序员在写程序是一样的，不能错一个符号，所以保证配置一致性是一件非常困难的事情，尤其当网元配置可能来自多个配置源时问题更加严重。而通过网管来完成业务自动发放也存在多厂家设备的网元配置风格不一样，带来很多适配开发工作量。所以客户特别希望能够提供业务自动化能力。

尤其是在数据中心领域，租户希望快速获得数据中心的计算、存储资源租用，希望能够在分钟级别或者秒钟级别完成计算资源和存储资源的租用。而这些租用的计算、存储资源需要和其他的租户进行隔离，所以必须支持数据中心网络的虚拟化功能，以便用虚拟网络来隔离这些租户之间的租用资源。既然用户需求是最快秒钟级完成资源租用，结果是虚拟网络也需要完成秒钟级别的业务开通，以支持租户的计算、存储资源的快速租用能力。这样就需要支持数据中心虚拟网络的快速业务自动部署能力。一些互联网厂家已经开始提供此类 IAAS 基础服务，所以在运营商网络数据中心内的网络业务自动化以及其他资源管理分配的自动化需求极其强烈，而且已经成为构建新型数据中心的必需条件。数据中心管理员希望能够有一套系统能够快速给客户提供计算、存储服务，而不需要了解数据中心内具体的技术细节，这就需要 SDN 网络来提供这种能力。这些恰恰是传统网络不擅长的。

2. 网络流量调整简单化

客户希望自己能够很容易控制网络上的流量，比如，从哪个自治系统把流量引入自己的自治系统；如何把自己系统的流量送出去，根据策略选择一个合适的自治系统发送；或者域内的流量到底该如何走，而不是简单地走最短路径转发用户流量。这些都是流量路径调整功能需求，背后可能是因为费用问题，也可能是运营商希望对自己的客户提供区分服务，把一些 VIP 客户的流量引导到质量好的最短路径上，其他客户的流量则可以经过普通路径来转发；还可能是在网络上的流量分布不均导致网络利用率不高的情况下，就必须升级网络、扩容网络，为了延迟升级、扩容网络，运营商希望通过流量路径调整提升网络利用率，以推迟网络升级进度，通过这种方式节省成本。

3. 业务快速创新

客户提出业务快速创新需求，但是什么是业务快速创新呢？这里简单介绍一下到底什么是业务快速创新，每个人都在说 SDN 可以支持业务快速创新，但并不是每个人都清楚他们互相之间在谈论什么下面举两个例子。

一种网络业务快速创新指的是，比如，一个终端用户希望能够更加快速地订购一个 L2VPN 业务，他希望临时在自己的机器和另外一个数据中心之间提供一个 1 小时的 1Gbit/s 专用通道服务；或者一个公司希望能够在一周时间之内开通一个 L3VPN 业务。如果说运营商网络中已经能够提供创建一个 L2VPN 或者创建一个 L3VPN 的服务接口，那么人们可以开发这样一个小程序，通过把用户、计费、网络提供的 L2VPN/L3VPN 这些服务接口功能放在一个软件中实现，并提供一个快速的 L2VPN/L3VPN 的订购服务，例如客户可以在淘宝上直接订购一个 L2VPN，然后几分钟之内在本地计算机和数据中心租用的计算机之间就可以有一个专线服务了。这算是一种网络业务创新，但是本质上，此时网络已经提供网络作为服务（Network as a Service，NaaS），比如 L2VPN、L3VPN 服务，这些业务创新应用会调用网络提供的这些服务来完成某些新业务。

另外一种网络业务快速创新是指，如果网络现在还不能提供上面说的 L2VPN、L3VPN 服务，该怎么办？传统网络就很为难，可能需要讨论需求、定义标准、升级设备，数年才能实现这样的网络业务。但是如果在 SDN 网络架构下，通过升级更新 SDN 控制器上的一个软件，就可以快速完成这个网络业务的提供，从原来数年缩减到几个月或者几周都是有可能的。这样，SDN 就能实现网络本身能够快速提供新业务的能力。

上述两种网络业务创新需求都是可能存在的，在 SDN 网络架构下，后者可能更加趋于技术和理论的价值，而前者可能是客户理解的创新的价值，但是未来两种需求应该都是有的。没有必要争论到底哪个是正确的网络业务快速创新的理解。前者在某种意义上是对 OSS 的一种革命，如果能够定义统一的标准的 NaaS 接口，意味着未来各种基于这些 NaaS 接口开发各种创新业务成为可能；即使不能定义统一的北向业务接口，如果只有那么两三家主流控制器系统，那么这些主流厂家的控制器北向业务接口基本上也是事实标准了，许多人可以基于这个接口开发自己的创新应用。而后者则是改进网络本身提供服务的速度，比如，对于一个没有专线业务能力的网络，需要多长时间能够实现专线业务能力，后者的价值就在于能够快速增强网络本身的业务服务提供速度。

所以关于网络业务快速创新，有两种解释，运营商客户可以自行理解自己到底需要的是哪个。这里两种快速业务创新观点并没有对错之分，只是要理解这两层意思，然后应用到实践中就可以。我们通常把网络内部的业务应用称为网络控制业务应用，比如 L2VPN、L3VPN 控制程序，这些应用通常要操作网络内部的具体的转发器，并属于控制器的一个部分，而上层调用控制器提供的网络业务接口的程序通常称为业务应用层，仅仅调用控制器提供的北向网络业务接口提供的网络服务，比如 OSS 或者 Openstack 算是此类应用。

1.3.3 SDN 的价值成因

SDN 网络能够给客户带来各种价值，包括流量路径实时动态调整、简化网络、实现业务自动化、实现业务快速创新。支撑 SDN 实现这些价值的最重要核心因素，正是 SDN 的关键特征：转控分离、集中控制和开放接口。

转控分离和集中控制后，SDN 控制器可以通过一个软件算法来计算网络内部的交换路径，并生成转发表，直接下发给转发器。这样，原来的大量域内路由协议被控制器上的软件替代了，从而简化了网络协议。所以，SDN 转控分离和集中控制的特征带来了网络协议的简化。

通过 SDN 控制器，可以把网络抽象为一台虚拟的软件路由器。SDN 控制器可以直接提供相关的网络业务接口，这些北向网络业务接口把网络看成黑盒，使用北向网络业务接口的程序或者网络管理员不必理解网络内部的细节，不像传统网络，每台设备都包括业务实现的相关技术细节。比如实现 PW 业务时，用户需要知道采用 MPLS 作为隧道技术，还需要知道配置和使用 LDP 为 PW 分配标签；再比如实现 L3VPN 业务，用户需要选择隧道技术，必须知道配置 MBGP 的细节，包括 RD、RT 等，才能实现 L3VPN 业务的创建。SDN 控制器的北向网络业务接口是面向模型的，可以直接被用户调用来创建一个完整的网络业务，有利于实现网络业务自动化。正是因为 SDN 控制器实现了集中控制，才带来网络业务的自动化能力。

SDN 控制器可以获取实时网络状态，了解网络的接口带宽利用率、网络的业务流量情况，当控制器发现网络出现局部拥塞时，可以根据策略对网络流量进行实时调整。能这样做的原因，正是 SDN 控制器的集中控制能力。

而 SDN 的开放接口特征则可以支持网络业务的快速创新能力。因为只有 SDN 网络具备开放接口能力，才能在网络上通过简单地修改软件、增加软件来实现网络新功能，并快速在网络上部署。所以SDN网络的开放接口（可编程）能力对于SDN来说是至关重要的。

认识到SDN网络的可编程性是重要的竞争性要素后，就找到了衡量SDN网络解决方案竞争力关键的一个要素：SDN控制器的重要竞争性指标——可编程性。当然，对于控制器还有其他质量属性，比如性能、可靠性、安全性，这些质量属性在传统网络设备中都是关键因素，也都非常重要，但是传统网络没有强调可编程这个属性。从可编程的角度看，与其紧密相连的就是SDN控制器的开放性，开放的可编程系统才能激活产业链，让众多厂商可以利用开放的控制器来进行应用程序开发，这些构成了SDN最为本质的技术支撑要素。可编程性和开放性为什么重要？因为在传统的网络系统中没有被强调，也没有作为核心关键要素来对待。在SDN网络架构下，开放接口（可编程）是新的要素，而且是重要的质量属性。

如何理解开放接口可编程这个概念？其实传统网络也是能够编程的，比如设备的软件是可以编程的，而设备的北向接口更是开放的，不同的是，原来设备上的软件的可编程只是设备商自己才能编程，其他组织和个人是不能对设备运行的软件进行编程的，也就是说这个软件尽管可编程可修改，但不是开放的。尽管近些年也有一些主流厂商提供设备上的软件编程能力，并开放给第三方，但是开放的范围非常有限，通常是开放设备上的一些告警、简单事件接口，这种开放是非常有限的，不能支持业务快速创新。另一方面，尽管各个供应商设备都开放了一些接口，但是他们并没有统一的标准接口，如果一个第三方想编写一个程序，他不得不编写很多遍，给每个厂家的设备定制开发程序，这也是这种所谓开放没有被广泛使用和获得认可的原因。

同样道理，尽管设备的北向业务操作接口都是开放的，但是仍然面临两个问题：第一个问题是各个厂家的北向接口各不相同，所以通常上面运行的OSS系统要适配很多套厂家的命令行、MIB等北向接口，这也是导致一些基于网络设备上开发的一些程序上市周期长的原因之一；第二个问题是传统网络设备的北向接口通常不是面向模型的，而是面向过程的。因为主流IP设备供应商从一开始就把基本网络配置风格定义成过程式的，这种面向过程的命令行风格本质上是一种人机界面，不是机机界面，非常不适合编程。当然，近些年也出现了基于NETCONF的面向模型的配置管理，很多主流厂家，包括华为等厂家，也都实现了各种业务的模型配置管理方式，但是仍然苦于各个厂家的模型不一致，导致开发面向最终用户的应用程序很困难。

总之，传统网络不是不可编程，而是编程能力差，设备开放性更是存在问题，而北向业务接口的不同进一步妨碍了各种网络业务的快速部署能力，使得传统网络无法快速创新业务。在新技术日新月异的今天，传统网络架构的这种慢吞吞的节奏已经落伍了，而SDN网络架构的开放可编程能力恰恰可以加速网络业务创新速度，加速网络新业务上线速度，给客户创造更多价值、带来更多收益。也就是说，SDN网络架构比起传统网络编程能力更加强大，开放性更好。在SDN网络架构下，在网络中增加了SDN控制器，整个网络由控制器实现了集中控制。这个SDN控制器本质上是一个软件系统，所以在修改网络业务时，只需要在这个网络控制器上增加、修改软件就可以实现了，不需要设备开发升级软件，所以它的开放可编程能力更强。另外一个方面，如果这个控制器软件系统包含的范围越大，那么这些被包含的范围都是可以编程的。传统网络是管理集中，现在 SDN 网络架构把控制平面也集中了，所以控制平面也可以编程。集中的越多，可编程的内容就越多，可编程能力就越强，所以 SDN 网络具有更强的可编程能力。转发平面或者数据平面不能集中，因为这是不符合网络的基本通信原理的。

图 1-8 说明了 SDN 网络为什么开放可编程能力更强。SDN 网络被定义为集中控制，其控制平面可编程。下面通过比较网络实现一个 MPLS TE（流量工程）特性来进行对比说明：在传统方式下，需要定义 IGP 路由协议比如 OSPF/ISIS 的 TE 扩展标准，需要实现 RSVP，把这些标准化工作完成后，各个厂家开发自己的路由器上的标准协议，然后发布这些协议特性，再升级现网路由器设备，上网进行互通验证和 TE 部署，同时管理平面也要升级。这样经过数年时间，MPLS TE 才可以上线运行。而如果使用 SDN 网络架构方案，只要在控制器上开发一个 MPLS TE 程序，把路径计算出来，直接下发转发表给转发器，转发器只要支持 MPLS 基本转发就可以。这个过程不需要定义新协议，也不用升级路由器软件，最快几周就可能开发一个 TE 业务。

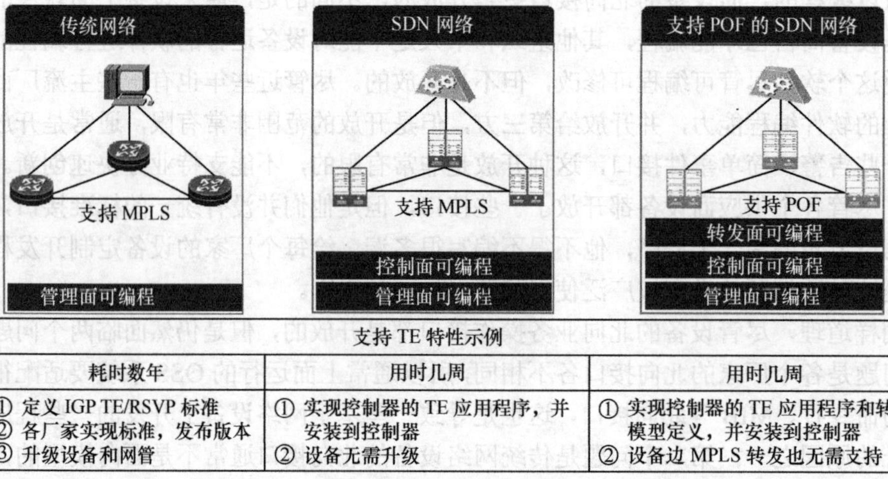

支持 TE 特性示例		
耗时数年	用时几周	用时几周
① 定义 IGP TE/RSVP 标准 ② 各厂家实现标准，发布版本 ③ 升级设备和网管	① 实现控制器的 TE 应用程序，并安装到控制器 ② 设备无需升级	① 实现控制器的 TE 应用程序和转发模型定义，并安装到控制器 ② 设备边 MPLS 转发也无需支持

图 1-8　网络开发能力对比

华为公司正在研究的新技术协议无关转发（Protocol Oblivious Forwarding，POF），其核心在于增强 OpenFlow 的转发面。OpenFlow 需要定义基本的关键字，比如 MAC Address、IP Address 等。当遇到某些新的转发业务，比如增加新的 VXLAN 业务时，OpenFlow 并没有定义 VXLAN 的报文头关键字，于是支持 OpenFlow 的转发器就无法处理这样新的转发业务，而是需要增加新定义 VXLAN 关键字，并升级转发软件，才能工作。而在支持 POF 的设备中，客户可以在线给支持 POF 的转发器增加新的报文封装处理能力，只要在线为该转发器加载一个报文封装和处理的描述符数据表，POF 设备就可以直接支持这种新的报文封装的处理，而原来的 OpenFlow 协议是做不到的。这里的例子是说，如果支持 MPLS TE，无论是传统网络还是 SDN 网络架构，都需要转发设备预先支持 MPLS 转发，但如果是 POF 设备，可以在转发器不支持 MPLS 转发的情况下，直接通过控制器软件升级，使得转发器支持 MPLS 转发，所以可编程能力进一步增强了。不过，POF 技术不是本书要讨论的重点，所以这里不详细介绍其实现过程。

1.4　SDN 是对电信网络的一次重构

通过上面分析可见，SDN 是通过在网络中增加一个集中的 SDN 控制器，使得网络得以简化，并且能够支持业务快速创新。其本质技术是通过 SDN 控制器的网络软件化过程来提升网络可编程能力。通信系统仍包含管理平面、控制平面、数据平面，SDN 网络架构只是把系统中三个平面的功能进行了重新分配。传统网络控制平面是分布式的，分布在每个转发设备上，而 SDN 网络架构则是把分布式控制平面集中到一个 SDN 控制器内，实现集中控制，而管理平面和数据平面并没有太多变化，所以说 SDN 网络是对传统网络的一次重构。

传统网络发展了 30 多年，各种需求通过分布式控制平面也都实现了，很少遇见某个需求是传统的分布式控制平面无法满足的，就是说 SDN 不是解决了以前解决不了的问题，而是使得各种需求、问题解决得更快、更好、更加简单而已。而所有这一切都是因为 SDN 网络通过集中的控制器大大提升了网络的可编程能力带来的。传统网络的可编程能力很差，需要解决标准定义、互通、升级转发器等冗长工作，而 SDN 时代的网络大部分业务需求仅仅通过修改和增加一些控制器上的软件就可以实现，能快速对网络行为进行调整并在网络中快速部署新业务。SDN 是把网络控制功能软件化，便于更多的 APP（应用程序）能够快速部署在网络上，并且能够对网络分工进行调整，把转发、控制、APP 应用分层解耦，使得各层能够独立发展，改变以前各厂家垂直整合模式。SDN 网络架构能够促进产业水平整合，从而促进整体产业的竞争发展。

1.4.1　SDN 将改变现存的 WAN 网络、传送网络、数据中心网络架构

传统的传送网络通常不具备分布式控制能力，而是通过传送网管对网络进行路径规划然后配置到设备。当考虑可靠性时，网管可以规划主、备两条路径，当主用路径失效时，传送设备会自动切换到备份路径，但是当备份路径也发生故障时，通常需要人工介入处理，系统并没有 IP 网络的极高可靠性、自组织自恢复能力，不能实现有路就能通的能力，同时由于其网络动态性相对 IP 网络差一些，所以网络链路利用率受到影响。尽管后来也出现了自动交换光网络（Automatically Switched Optical Network，ASON）这样的类似 IP 的分布式控制技术，并在网络中进行了部署，但是却又落入 IP 的分布式控制面的复杂性里面。现在增加了 SDN 控制器的 SDN 网络架构，不仅应用于 IP 网络也会应用到传送网络中。SDN 网络架构使得传送网络也具备根据网络状态实时反馈控制的能力，并解决分布式控制的 ASON 网络带来的业务创新速度慢的问题，这样就能够提升传送网络的可靠性和灵活性。

SDN 改变最快的不是运营商的 WAN 网络和传送网络，而是数据中心网络。互联网的快速发展，产生了数据中心多租户业务。这种业务向租户提供数据中心资源快速租用服务，能够秒级完成计算和存储资源调度。由于租户之间需要虚拟网络隔离，所以要求虚拟网络的创建也必须能够在秒级完成，这对于传统网络来说是一个巨大挑战。传统网络面临的另外一个挑战是缺乏远见的协议设计，传统网络的 VLAN 设计只能支持 4000

个虚拟网络，无法满足海量租户需求。所以利用 SDN 技术来直接基于服务器构建虚拟网络的解决方案就大行其道。Niciria 的数据中心控制器被 VMWare 以 12.6 亿美元收购的案例，就说明了 SDN 的价值。后来的开源控制器 ODL 也主要是面向数据中的 SDN 控制器。

1.4.2 SDN 将改变通信网络的产业链

SDN 网络架构的出现，可能会把原来由一个厂商独立提供的网络设备的垂直集成模式转变为由多个厂商提供部件、由集成厂商提供集成的水平集成模式。这就有点类似当初的个人计算机（Personal Computer，PC）工业的情况。苹果公司当初在做 PC 的时候，基本上是一家垂直集成模式供应商。后来 IBM 公司提出了兼容机架构，由微软、INTEL 和众多兼容机硬件生产厂家形成了兼容机模式，则是各自有不同侧重的水平分工模式，比如 Intel 公司提供主要的 CPU 芯片，微软公司提供操作系统，其他厂家提供浏览器软件、图像处理软件、办公软件、数据库软件、游戏软件，联想公司提供集成等。这种水平分工模式促进了每个层次的快速改进，也是最终使计算机能够成为千家万户的一个普通电器的重要原因。因为这种分工导致了充分竞争，使得销售价格能够被普通工薪阶层承受得起。在某种意义上，这种革命通常导致了市场整体空间的变小，而另一方面，由于使用的客户变多，又使得整体的市场空间变大。如果在一个给定的客户使用量基础上，这种革命其实是导致了市场总规模的缩小，包括 SDN 网络架构，其带来的影响可能是产生白牌化设备，那么就可能意味着市场空间的变化，而传统的网络设备供应商也必将受到巨大影响。所以在 SDN 网络架构的这一波浪潮兴起之时，运营商作为网络设备消费者是非常欢迎的，而传统网络设备供应商则面临巨大挑战，包括业界主流设备供应商华为公司、CISCO 公司等。但同时我们发现大量的初创公司开始积极进入这个领域，试图在这次 SDN 网络架构革命的浪潮中谋得自己的一席之地。而传统网络设备供应商则各自都有各自的应对策略，华为公司积极拥抱这次革命，积极投入到了 SDN 网络架构的研究和开发中，在市场上取得了 SDN 部署应用的领先地位；CISCO 则提出了多种 SDN 解决方案，包括 ONEPK、WAE、ACI、XNC 等，这么多方案足以说明其内部对 SDN 的复杂心态；HP 和 IBM 发起创建了 ODL（Open Day Light）开源控制器项目，也积极加入到这场变革中。

显然，这次 SDN 网络架构对传统网络进行的重构，势必导致产业链的一次震荡，就是说网络架构的重构不仅仅影响着网络本身，还会导致一次产业链的重构，形成一个能够支撑 SDN 网络架构的产业链结构。这次产业链重构必然形成新的产业结构，各家传统供应商和初创公司都在寻找自己在新的产业结构中的位置，试图在某个领域占领一席之地。比如部分芯片厂商积极开发标准 OpenFlow 芯片，试图占领未来白牌设备的核心芯片市场，控制器和控制器平台也是很多初创公司和传统厂家的必争之地，比如华为公司在积极推出自己的网络控制器，并在各主流运营商市场进行测试和开局。同时，SDN 的网络架构重构也会对原来的 OSS 厂商带来冲击，所以 IBM、HP 这样的公司也在积极投入到 SDN 网络技术研究中。

未来在 SDN 网络架构下，网络系统从传统的垂直集成走向水平集成，新的产业链分工可能包含如图 1-9 所示的几个层次。

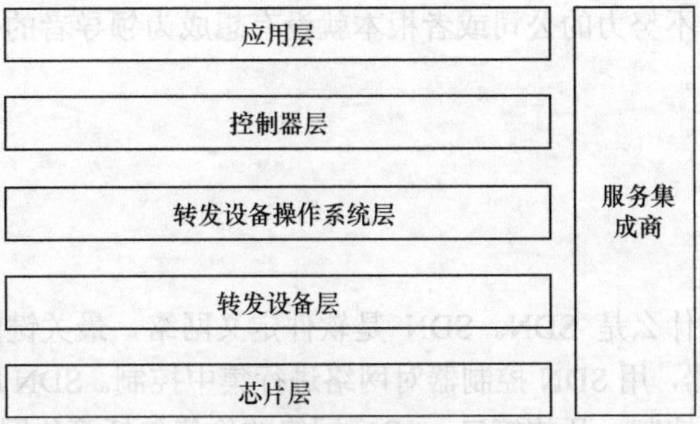

图 1-9　新的产业链分工层次

在图 1-9 中，芯片层主要提供各种高性能转发所需的芯片，会有很多芯片厂商竞争这个市场，未来如果通过 OpenFlow 作为转控分离协议，那么新的支持 OpenFlow 协议的芯片就是各个芯片厂商竞争的关键。转发设备层，是使用这些芯片集成构建转发设备的过程。转发设备操作系统层，是专门用于驱动转发设备，是在转发器上运行的一个操作系统，比如开源的有 Linux 上开发的 Cumulus。各个传统厂家都有这种设备操作系统，比如华为的 VRP、思科的 IOS、Juniper 的 JUNOS 等。芯片、转发设备以及转发设备上的操作系统一起组成了转发器。再上面是控制器层，主要完成网络上多个转发器的控制，实现网络控制业务，比如 VPN 业务、基本 IP 转发业务等。最上面是应用层，比如 Openstack 等，主要实现面向用户的各种策略应用的处理。

在这些分层中，控制器和应用层其实可以继续分层，比如控制器分为控制器平台层和控制器控制类应用层；应用层也可以分为应用平台层和应用层等。总之，未来可以形成每层都有很多厂家提供技术和产品，最终由集成厂商完成整体交付。不过，集成商也可能仅仅集成一个部分，比如转发设备集成商可以仅仅集成转发设备 OS 和芯片，由它们构成一个完整的转发设备。这大体上就是未来 SDN 时代的产业链理想分工，当然是否能够走到这一步，何时走到这一步，主要看产业链的博弈了。

总之，在这次 SDN 网络架构重构中，必然伴随着产业链的重构，目前已经有大量厂商加入到 SDN 相关的产业研究和商用产品开发的行列，包括 IT 巨头 IBM、HP 等公司，也包括芯片厂商 Broadcom，还包括传统 IP 设备厂商华为、思科，更有众多的初创公司积极地投入到 SDN 的研发和创新工作中。最后到底谁能够成为新的产业结构中的一员生存下来，还没有定数，至少目前是这样。

也许有人会问，到底谁家的控制器和控制器平台能够成为未来主流的控制器平台？作为一个传统设备供应商到底该跟哪个方向？这个问题其实很难回答。首先，如果一个厂商仅仅希望跟随别人的一个方向，这种战略本身已经不可能成为未来的一个领导者的战略选择。方向是很多人努力的结果，他们相信自己的控制器能够成为未来主流控制器，并且进行各种努力去把自己的这个希望变成现实。我们知道，很多努力者最终没有实现愿望，甚至最后公司也不存在了，但是产业的领导者正是这些公司中的某个公司。我的意思是说，如果期望自己的控制器成为未来主流，那么就应该努力去推动、去开发、去研究，使得它成为主流，而不是只是去看看哪家可以成为主流，进行简单的跟随。当然，有些公司是可以采用简单的跟随策略的，但是作为一个有抱负的公司，应该自己努力成为未来的领导者，而不努力的公司或者根本就没有想成为领导者的公司是不能控制方向的，也不能成为方向。

【本章小结】

本章主要介绍了什么是 SDN。SDN 是软件定义网络，最关键的改变是在网络中增加了 SDN 网络控制器，用 SDN 控制器对网络进行集中控制。SDN 网络具有三个基本特征：转控分离、集中控制、开放接口。SDN 网络的价值包括简化网络、灵活流量调整、支持新业务快速创新。

SDN 是对网络架构的一次重构，把原来分布式控制面网络架构改变为集中控制的 SDN 网络架构。SDN 是对传统网络的一次革命，这次网络架构的调整，将会导致一次产业链的调整，最终形成能够支撑 SDN 网络架构的新的产业链体系。

第2章 SDN网络的工作原理

SDN 是对传统网络架构的一次重构，从原来的分布式控制的网络架构重构为集中控制的网络架构。SDN 最重要的变化是在网络中增加了 SDN 控制器，由 SDN 控制器对网络实行集中控制。SDN 控制器是一个集中的网络控制系统，是一个软件。正是因为 SDN 控制器的软件属性，才使得 SDN 能够把网络软件化，使得网络能够像软件一样易于修改，提高网络的敏捷性。本章将介绍 SDN 网络架构的分层模型以及 SDN 网络的基本工作原理。

2.1 SDN 网络架构的三层模型

在 SDN 网络架构下，整个网络系统如图 2-1 所示。

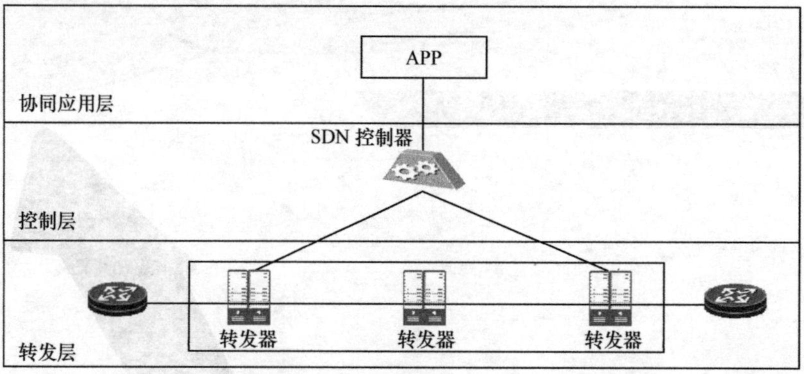

图 2-1 SDN 网络的分层结构

SDN 网络架构分为协同应用层、控制层、转发层三层。网络架构本身包括管理平面、控制平面和转发平面，与这三层对应。

2.1.1 协同应用层

这一层主要是完成用户意图的各种上层应用程序，此类应用程序（APP）称为协同层应用程序，典型的协同层应用包括 OSS、Openstack 等。OSS 可以负责整网的业务协同，而 Openstack 则在数据中心负责网络、计算、存储的协同。还有一些其他的协同层应用。比如，用户可能希望在协同层部署一个安全 APP，通过分析网络的攻击事件，调用控制层提供的服务接口，阻断攻击流量或者引流那些特定的攻击流量到流量清洗中心。而这些阻断攻击流量的网络服务接口不过是一种控制器提供的网络服务调用接口。协同应用层的安全 APP 通常不需要关心具体在哪些设备阻断，只是调用了控制器的一个服务接口阻断某一类流量，如 Block（SourceIP，DestIP）；然后控制器就会给网络的各个边界转发器下发流表，阻断这些符合特征的数据报文。协同层 APP 也可能是一些提供网络服务在线销售的服务，比如运营商的企业客户可以通过 APP 客户端直接快速订购一些特定网络带宽的即时开通服务，某些 OTT 厂商可能希望即时开通几个数据中心之间的特定带宽的通道，需要开通这样的服务时间可能是分钟级别或者秒级别的，那么这些 APP 可以集成网络业务的定制、认证、计费等功能，通过调用控制层提供的网络专线服务，支撑此类业务快速开通。

传统的 IP 网络具有转发平面、控制平面和管理平面，SDN 网络架构也同样包含这三个平面，只是传统的 IP 网络是分布式控制的，而 SDN 网络架构是集中控制的。正是从这个意义上说，SDN 网络是对网络架构的一次重构，而重构的目的正是 SDN 网络架构使网络软件化，能够简化网络，加速网络业务的创新速度。

2.1.2 控制层

控制层是系统的控制中心，负责网络的内部交换路径和边界业务路由的生成，并负责处理网络状态变化事件。当网络发生状态变化，比如链路故障、节点故障、网络拥塞等时，控制层会根据这些网络状态变化调整网络交换路径和业务路由，使得网络始终能够处于一个正常服务的状态，避免用户数据在穿过网络过程中受到损失（如丢包、时延增大）。

控制层的实现实体就是 SDN 控制器，也是 SDN 网络架构下最核心的部件。控制层是 SDN 网络系统中的大脑，是决策部件，其核心功能是实现网络内部交换路径计算和边界业务路由计算。控制层的接口主要是南向通过控制接口和转发层交互，北向提供网络业务接口和 APP 层交互。

这里所谓的网络业务接口，是指对上层 APP 提供的网络业务服务，包括 L2VPN、数据中心虚拟网络、L3VPN、基本 IP 转发业务等。APP 层把网络看成黑盒，只需要网络黑盒服务，而不关心内部实现细节。至于控制层如何实现这些网络业务，APP 层可以不用关心，APP 层只需要调用这些网络服务来完成自己的业务诉求。这和传统的分布式控制网络有些不同，传统的分布式控制网络的控制层是分布式的。当需要实现某个网络业务时，APP 比如 OSS 系统，需要了解下面的控制层的技术实现细节，比如 L3VPN 业务，APP（OSS）需要部署 MBGP 来分配 VPN 标签传递 VPN 路由，也需要部署 MPLS 作为隧道服务协议，并且需要针对不同厂家设备的这些实现细节进行适配，是个繁琐的过程。而 SDN 网络架构下，SDN 控制器本身直接提供网络业务服务接口，APP 就不需要关心内部的 MPLS、MBGP 等技术细节。事实上，SDN 控制器内部的实现技术已经把这些协议简化掉了，屏蔽了这些技术细节，仅仅提供网络服务接口给 APP 层。

2.1.3 转发层

转发层主要由转发器和连接转发器的线路构成基础转发网络。这一层负责执行用户数据的转发，转发过程中所需要的转发表项是由控制层生成的。转发层是系统的执行单元，本身通常不做决策。其核心部件是系统的转发引擎，由转发引擎负责根据控制层下发的转发数据进行报文转发。该层和控制层之间通过控制接口交互，转发层一方面上报网络资源信息和状态，另一方面接收控制层下发的转发信息。

2.2 SDN 网络架构下的三个接口

SDN 网络架构和以往网络架构的不同之处，在于在网络中增加了 SDN 控制器，对网络进行集中控制，并实现转控分离、集中控制和开放接口。控制器位于控制层，其与上面的 APP 层、下面的转发层以及同层的其他控制器或其他网络之间需要有接口，这三个接口（如图 2-2 所示）分别是：

① 北向接口（North Bound Interface，NBI）；

② 南向接口（South Bound Interface，SBI）；

③ 东西向接口。

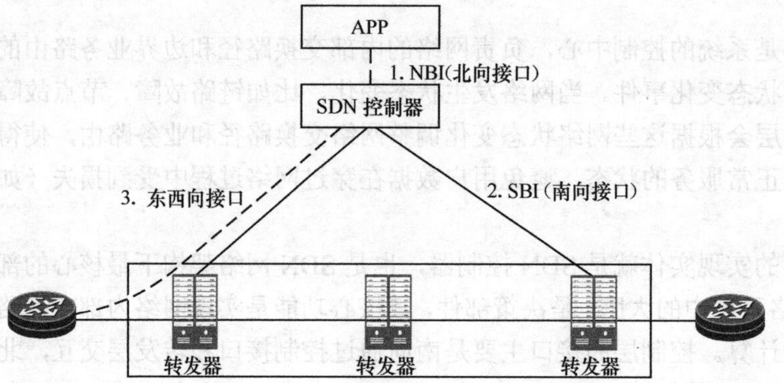

图 2-2 SDN 网络中的三个接口

2.2.1 NBI（北向接口）

这个接口是一个管理接口，与传统设备提供的管理接口形式和类型都是一样的。只是提供的接口内容和传统设备的接口内容有所不同。传统设备提供单个设备的业务管理接口或者称为配置接口，而现在控制器提供的是网络业务管理接口，比如，我们可以直接在网络中部署一个虚拟网络业务或者 L2VPN 的 PW 业务，而不需要关心网络内部到底如何实现这个业务，这些业务的实现都是由控制器内部的程序完成的。实现这种 NBI（北向接口）的协议通常包括 RESTFUL 接口、Netconf 接口以及 CLI 接口等传统管理接口协议。

2.2.2 SBI（南向接口）

这个接口主要用于控制器和转发器之间的数据交互，包括从设备收集拓扑信息、标签资源、统计信息、告警信息等，也包括控制器下发的控制信息，比如各种流表。目前主要的南向接口控制协议包括 OpenFlow 协议、Netconf 协议、PCEP、BGP 等。控制器用这些接口协议作为转控分离协议。在传统网络中，由于控制面是分布式的，通常不需要这些转控分离协议。

2.2.3 东西向接口

SDN 网络在和其他网络进行互通，尤其是和传统网络进行互通时，需要一个东西向接口。比如和传统网络互通时，SDN 控制器必须和传统网络通过传统的路由协议对接，需要控制器支持传统的 BGP（跨域路由协议）。也就是说，控制器需要实现类似传统的各种跨域协议，以便能够和传统网络进行互通。

为什么要和传统网络进行互通呢？这里主要的原因是现在的运营商网络，已经大规模部署了传统的分布式网络，我们不可能一夜之间把所有的网络都升级到 SDN 网络，所以 SDN 网络在现网部署是逐步验证、逐步部署的过程。比如，在某个局部部署了 SDN，如果它是个孤立的网络，那这个孤立的 SDN 网络就没有任何用处，所以一定需要接入现存的网络，于是与这个传统网络互通就是必要的。SDN 控制器必须能够支持各种传统的跨域路由协议，以便解决和传统网络的互通问题。

这里有两个问题：第一，为什么要支持跨域路由协议？第二，是否必须支持这些协议？

关于第一个问题，为什么要支持跨域？因为控制器在部署时，推荐采用按原来网络的自治系统方式来部署，就是说通常按照一个域来部署一个控制器。这样做的目的是因为网络规模巨大，不可能用一台独立的控制器把一个运营商的全部网络控制起来。另外一方面，传统网络按照区域划分进行管理已经是一个成熟的方法，也积累了丰富的管理经验，因此，直接按照传统的自治系统来划分控制器控制域也就更加容易利用成熟丰富的经验来进行网络的管理和控制。至于控制器是否可以在一个自治系统内部仅仅选取一些设备进行控制，答案是肯定的，而且实际应用中已经有很多是这样的。比如华为的 PCE+方案就是通过控制器仅仅和网络边界上的业务接入点建立协议连接，并控制这些边界点，不需要控制整网每台设备就能完成网络内 TE 路径的控制。再比如华为的 BGP RR+方案，也是通过控制器仅仅控制一些 ASBR，就能达到控制流量出口和流量入口的目的。但是在一些解决方案中，比如当通过 OpenFlow 协议实现完全转控分离的网络控制时，则不推荐这种在一个自治系统内部仅仅控制一部分设备的做法。如果这样做，那么网络的组网结构就如图 2-3 所示。

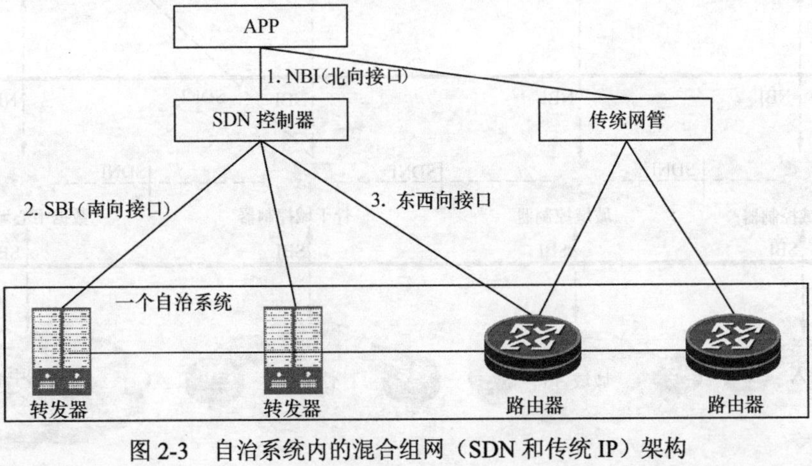

图 2-3　自治系统内的混合组网（SDN 和传统 IP）架构

观察这个图可以发现，我们不得不在控制器运行各种域内路由协议，以便和自治系统内部其他设备运行的传统的域内路由协议互通。这样东西向接口变得更加复杂，域内协议通常比域间要多且复杂，比如需要运行各种 IGP、各种组播协议、各种 IPv6 协议、各种 MPLS 协议等。这样就相当于没有简化网络内部的协议，因为控制器上又一次实现了这些路由协议，并且从 APP 角度看，需要同时和传统网管以及控制器进行适配，这样大大增加了网络的管理和控制难度，却没有什么明显的收益。所以这并不是理想的模式，不推荐使用此类组网方案。

第二个问题，是否必须在控制器上运行东西向协议？东西向协议是必须有的，如果不运行在控制器上，则需要保留在转发器上面去运行。也就是说，域间的协议可以运行在转发器上，结果是控制器仅仅对域内的网络交换路径进行控制，而不对网络边界的接入业务进行控制。因为这些业务的转发表的生成并不是在控制器，而是在转发器本身，由运行在其上的边界业务路由协议进行控制和生成。这个方案导致我们没有把接入业务控制集中到控制器实现，那么这个部分也就不具有 SDN 网络的业务快速创新价值了，因为集中的越少，可以灵活控制的就越少。如果把这个边界接入协议都集中在控制器，那么简单地通过修改或者升级这些控制器上的程序就可以提供新业务。典型的例子是，BGP 的边界选路策略要求多种多样，不断变化，如果运用集中控制器，就可以非常方便地实现这些多变的各种定制需求；如果部署在转发器，则比较复杂，需要升级转发器。但是，网络边界上（一个 SDN 控制器控制的网络边界）运行传统的路由协议，而不把它们集中到控制器上的场景，在网络实际部署 SDN 中是存在需求的。这个场景能够解决很多现有网络向 SDN 网络迁移的问题，例如不必一次把一个设备的所有控制都集中到控制器，而是可以先把域内的路径计算集中，然后当认为 SDN 成熟时，再考虑把边界接入业务控制也集中到控制器。一些厂家的控制器已经能够支持这点，比如华为控制器的可上可下业务部署技术，能够无缝地支持这种边界业务控制灵活部署在控制器或者转发器上。

关于东西向接口，还有一个场景需要这个接口，就是当两个网络都是 SDN 时，它们之间进行互通？可以给出两个解决方案，第一个解决方案是 Peer 模型（如图 2-4 所示）。

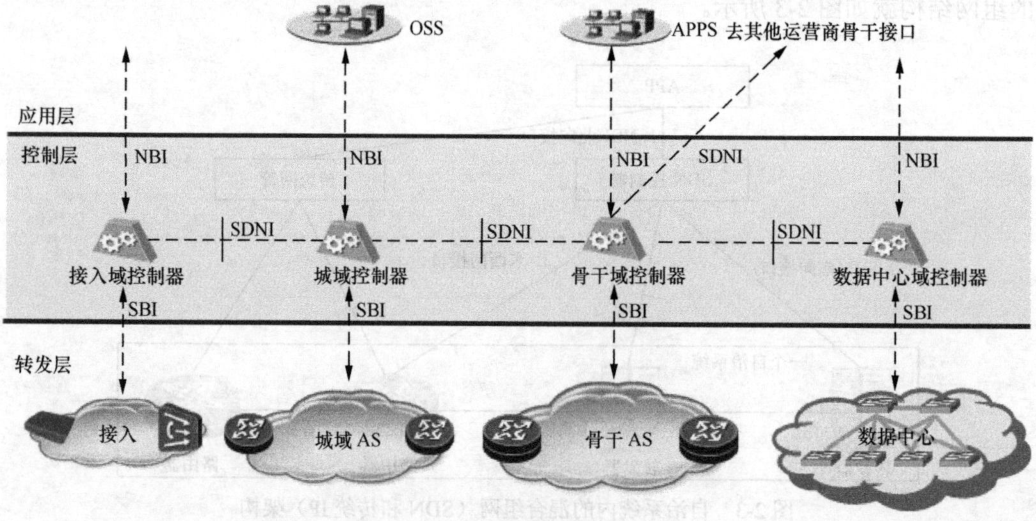

图 2-4 SDN 网络 Peer 部署模型

这种模型下，软件定义网络接口（SDN interface，SDNi）就是前面讨论的东西向接口。这时这些东西向接口最好采用传统的路由协议（比如 BGP）进行数据交互，而不用另外创造一个新的协议来进行交互。因为 BGP 是非常成熟的域间协议，所以一个原则是跨域协议原来有哪些协议就用哪些。不过，这种 Peer 模型存在一个问题，就是当跨多个域的业务时，还需要上面有一个类似传统 OSS 的系统来完成各个控制器之间的业务配置数据的配置，以便整个网络能够协同工作。

另外一个模型是 Layered 分层模型，整个模型如图 2-5 所示。

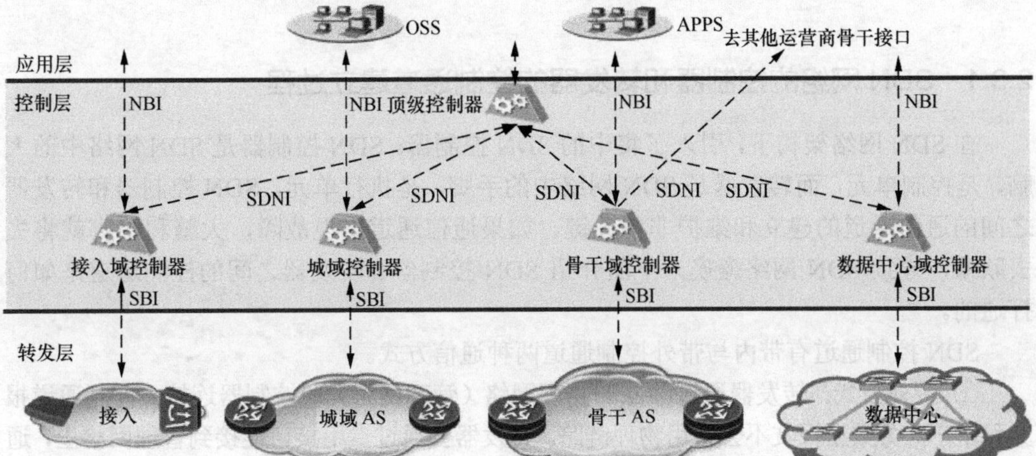

图 2-5　SDN 网络 Layered 部署模型

这种分层模型下，域控制器之间没有东西向接口，都被南北向的 SDNI 替代了。因为此时域控制器之间的数据交互都通过一个父控制器（Super Controller）完成。Layered 分层模型有效地把东西向接口转换为南北向接口，这种架构是更加符合 SDN 理念的一个架构。当然，需要留意父控制器和其他运营商网络之间的对接接口，这个接口无论如何是一个东西向接口，因为要和其他运营商网络互通，东西向协议接口是必需的。因为运营商之间网络必须考虑使用标准协议对接，并且一定是跨域的。结论是，即使 Layered 模型成功地使域控制器之间不需要运行东西接口协议，但是由于涉及跨运营商网络，控制器还是需要实现传统的跨域协议来支持运营商网络之间的互通。

在上述两种模型中，Peer 模型采用传统跨域协议对接，Layered 模型使用 SDNI 南北向接口对接，后者目前还没有成熟的标准，但是从整体架构看，Layered 模型的确更加符合 SDN 理念，能够支持业务快速创新能力。对于 Layered 模型，如果把域控制器和父控制器看成是一个控制器系统，从模型上看，控制器系统和单自治系统的一个控制器没有区别。未来运营商网络是否需要这样一个大的网络控制器系统就可以呢？我认为未来运营商网络系统中只需要一个控制器，这个控制器是个分布式控制器集群系统（包含域控制器和父控制器）。这个控制器集群系统管控着所有的运营商网络，就如同目前网络中的域名系统（Domain Name System，DNS）一样，可以理解为 Internet 网络一共就一个 DNS，但其实它是一个分层的集群系统。

综上所述，无论采用什么模型，控制器最终都需要考虑东西向接口，并且需要实现传统的跨域协议，比如 BGP 等，来完成传统网络以及跨运营商网络之间的对接。

目前各家控制器平台能够很好地支持和传统网络互通的很少，比如 ODL 开源控制器目前就不支持，其主要原因是 ODL 是面向数据中心（Data Center，DC）设计的，不是面向运营商网络设计的。也有一些厂家的控制器对此支持得很好，比如华为的控制器，是面向运营商 WAN 和 DC 网络的统一控制器，能够支持与各种传统东西向接口对接。

2.3 SDN 网络的工作流程解析

2.3.1 SDN 网络的控制器和转发器的控制通道建立过程

在 SDN 网络架构下，引入了集中的 SDN 控制器。SDN 控制器是 SDN 网络中的大脑，是控制单元，而转发器是 SDN 网络中的手脚，是执行单元。SDN 控制器和转发器之间的通信通道的建立和维护非常关键，如果通信通道出现故障，大脑和手脚就将失去联系，导致 SDN 网络瘫痪。下面介绍 SDN 控制器和转发器之间的控制通道是如何打通的。

SDN 控制通道有带内与带外控制通道两种通信方式。

① 带外方式：转发器通过独立的物理网络（管理网络）和控制器连接。控制通道报文和用户业务数据报文不会共用物理链路。转发器会通过专用接口连接到管理网络上，通常的转发器管理地址配置在这个专用接口上。

② 带内方式：控制通道和用户业务共用一张物理网络，转发器通过随路网络和控制器进行通信，控制通道报文和转发数据报文会共用物理链路。转发器的管理地址可配置在业务接口上。

对于大型 IP 网络，出于成本因素考虑，一般选择采用带内控制通道方式。SDN 控制通道带内和带外方式各项要素对比见表 2-1。

表 2-1　SDN 控制通道带内和带外方式对比

	带内方式	带外方式
成本	和业务网络共用物理网络，成本低	需要独立的信令物理网络，成本高
QoS	通过为控制通道提供高优先级 Fabric 路径和高优先级 QoS 来实现	独占网络带宽，控制通道报文不受数据通道转发报文影响
故障影响	靠网络收敛自愈。控制面收敛过程发出的高优先级控制报文，当网络拥塞时会挤占低优先级转发数据报文	靠网络收敛自愈。控制面收敛过程在独立带外网络完成，对转发数据业务没有影响

SDN 控制器和转发器之间控制通道的建立，存在一个是先有鸡还是先有蛋的问题。因为转发器没有智能，转发器转发表都是由控制器生成的，那么控制器如何能够在转发器转发表没有生成的时候与转发器建立联系呢？一种方法是控制器和每个转发器有一个直接连接的物理线路，这样控制器通过这个物理线路可以和任何一个转发器通信。但是这样做要求控制器配置很多这样的接口，同时需要部署很多物理线路连接每个转发器，这样做工程上基本不可行。

另外一种方法就是上面介绍的带外方式，建立一个独立的管理网络，让控制器用这个独立的网络和转发器通信。这个方式是可行的，当然，这个独立的管理网络中的设备的转发表需要自己生成，而且是用传统分布式网络的方法生成，而不能通过控制器来控制了。否则，这个独立的管理网络也存在网络控制器如何和管理网络的转发器通信的问题，嵌套死循环了。这个独立的带外管理网络可以直接运行简单的分布式控制网络的传统 IGP，确保控制器和转发器之间的通信打通。采用带外专用管理网络来连接控制器和转发器，需要这个带外的网络有足够的带宽资源，以确保控制器和转发器之间的通信。

更多场景下，用户不可能专门建立一个管理网络，也就是说独立的管理网络是不存在的，只能采用带内控制通道来进行通信。说到带内的控制通道，就又回到了是先有鸡还是先有蛋的问题了。其实不用担心，在这种情况下，仍然需要传统的分布式网络协议的帮助来解决控制通道问题。控制通道本身不能通过控制器来计算路径和生成路由，而是需要部署一个传统的分布式控制协议来完成，这个协议只要保证连通性就可以。由于是带内通信，所以通信带宽就不是问题了。其中对于三层网络和二层网络，需要采用不同的协议来负责打通控制通道。比如，三层网络可以采用传统的 IGP（比如 OSPF、ISIS 路由协议）来进行路由学习和打通控制通道，二层网络可以采用 MSTP 协议来协助破环建立二层连接。

1. 二层网络 SDN 网络控制通道的建立

如果控制器和转发器都位于一个二层网络内部，也就是控制器和转发器的通信地址都是在同一个二层子网，那么它们是如何建立控制通道的呢？图 2-6 所示为二层网络下的 SDN 转发器与控制器控制通道的建立。

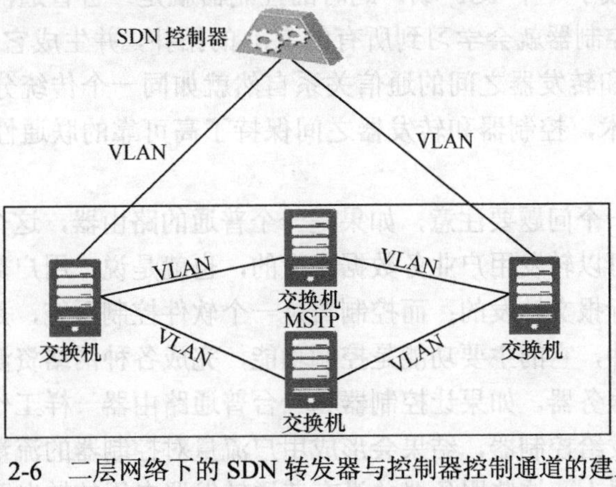

图 2-6　二层网络下的 SDN 转发器与控制器控制通道的建立

这种情况的一个主要应用场景是数据中心控制器。在数据中心内部，控制器和交换机之间可以部署在同一个子网内，也就是控制器的 IP 地址和交换机的 IP 地址都在同一个网段，这样它们之间可以通过二层寻址，不需要进行三层路由寻址。为了隔离控制器和转发器通信与其他用户业务之间的通信，建议把它们之间的通信划分到一个独立的虚拟网络内部，比如利用数据中心内部的交换机支持 VLAN 的虚拟二层网络技术来隔离。这样控制器和转发器（交换机）通过 VLAN 形成一个专用的管理网络，隔离了用户虚拟网络和管理控制网络之间的流量。在二层网络内部重要的问题是要解决转发环路问题。在传统二层交换网络中，通常使用 MSTP 来解决这个问题，在管理网络 VLAN 内部，仍然可以使用 MSTP 对该 VLAN 进行破环。

2. 三层网络控制通道建立技术

通常的广域网的 SDN 网络，会使用三层网络来打通控制器到转发器之间的控制通道。

在数据中心内部，有时可以采用二层网络来完成控制器和转发器之间的控制通道。当然，在数据中心内部，如果网络规模很大，同样也需要三层网络技术来解决控制器和转发器之间的通信通道建立问题。

下面先介绍三层网络中 SDN 转发器与控制器控制通道的建立与维护过程，如图 2-7 所示。

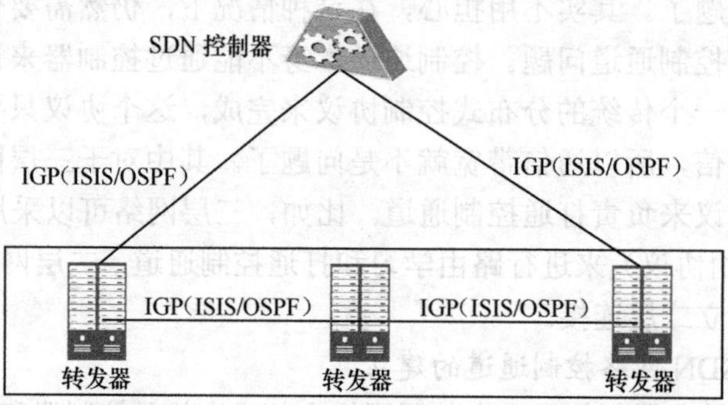

图 2-7 三层网络下的 SDN 转发器与控制器控制通道的建立

在控制器和转发器之间运行 IGP，比如 ISIS 或者 OSPF 协议，这样控制器就和下面的转发器网络形成了一个 IGP 域，此时的控制器就是一台普通的路由器而已。既然是普通的路由器，控制器就会学习到所有的 IGP 的拓扑，并生成它们之间的互联路由。这样一来，控制器和转发器之间的通信关系自然就如同一个传统分布式网络；利用传统的分布式路由技术，控制器和转发器之间保持了高可靠的联通性，达到了有路就能通信的目的。

但是此时还有一个问题要注意，如果是一个普通的路由器，这个路由器拥有专用的转发引擎部件，是可以转发用户业务数据流量的，也就是说，用户数据是可以通过任何一个普通路由器进行报文转发的；而控制器是一个软件控制系统，是运行在一组服务器上的一个分布式软件，它的主要功能是控制功能，完成各种网络资源管理和路径计算，而基础硬件设施是服务器。如果让控制器和一台普通路由器一样工作，某些情况下，会把用户业务数据转发给控制器，结果会形成用户流量对控制器的流量攻击。由于控制器是运行在一组服务器上，这些服务器并没有普通转发器专用的转发引擎部件，这种用户业务数据流量就会大量地涌入控制器系统，足以使得控制器瘫痪。另外一个副作用是，会导致控制器到网络的连接链路的流量拥塞。原本假定仅仅控制信息通过这些链路，但是如果用户数据流量也进入了这条链路上，链路就会拥塞，导致控制信息的丢失或者延时，所以良好的设计是不能让用户数据进入到控制器的。

既然这样，控制器就不是一个普通路由器，在控制器上使能的 IGP 需要做一些特殊控制，配置一些功能特性来阻止流量转发到控制器。幸运的是，在 IGP 中有一个类似的功能能够做到这一点。在 ISIS 协议中有一个 OVERLOAD 功能，使能这个功能就阻止了流量进入控制器。而 OSPF 协议也有类似的 STUB router 特性可以解决这个问题，这个功能可以把控制器和转发器之间的链路 COST 设置为最大。

当然，所谓控制器不能转发用户流量，可以说是一个限制，在某些特定场景，这个限制也可以去掉，这种场景是控制器本身就运行在某台转发器里面。在一些小规模网络中，客户可能不需要部署一个独立的控制器，而是希望能够在某台路由器上直接把控制器软件运行在里面，这样，这台控制器本身同时也是一台路由器，它也可以转发流量。逻辑上看到的这个路由器是 SDN 控制器，这个 SDN 控制器也是路由器，物理上部署在同一台设备上，其部署方案如图 2-8 所示。

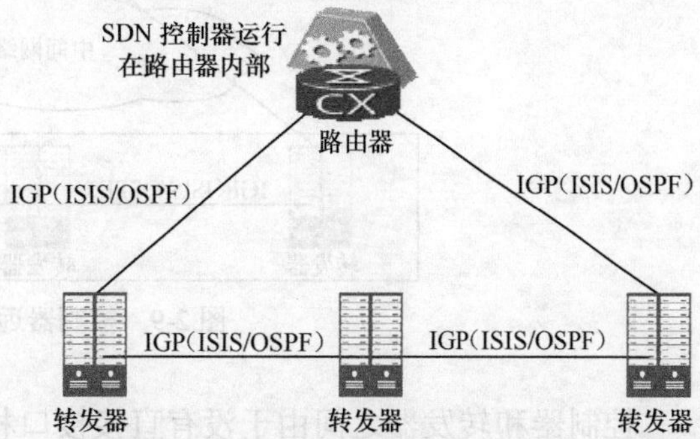

图 2-8 控制器运行在路由器内部

此时控制器不能转发流量的限制是可以去掉的，华为 SDN 虚拟接入解决方案就能支持控制器直接运行在路由器上，满足了上述需求。但是，如果是大规模 SDN 网络，控制器可能需要大量的计算资源，那么一台路由器上的计算资源不足以满足要求，就不得不部署独立控制器。此时，这种独立控制器通常都是服务器集群，一般是不希望处理用户转发流量的。

关于控制器是否处理用户转发流量问题，还引发出另外一个问题：控制器实现架构中有一种技术是流触发生成转发表，也就是说，对于一个转发表中不存在转发表数据的用户流进入转发器时，转发器需要把这个用户报文递交给控制器，控制器根据这个报文来生成一个转发表下发给转发器，使得该用户流的下一个报文进入系统时就可以命中转发表进行转发了。

另外一种流表生成技术类似于传统的 IP 网络技术，或者 IP 网络转发理念。当一个报文进入转发器时，如果没有命中转发表，意味着这个报文无法转发，直接丢弃处理。这种理念源于控制面会提前把所需的转发表下发到转发器。如果一个报文没有命中，送给控制器，控制器也无从处理。因为这些转发表是控制协议生成的，域内的一些路由由控制器自己生成，域间的会通过域间路由协议（比如 BGP）学习过来。如果转发表没有这个表项，说明控制面还没有学习过来这个路由或者根本就没有这个目的地，这种方式称作预路由方式。

究竟是流触发生成转发表合适还是预路由更加合适，从安全性角度上看，流触发显然容易造成流量攻击，为攻击者提供了一个合理合法的攻击路径。攻击者可以使用各种未知目的的报文对系统进行遍历扫描攻击，使得大量报文进入控制器，形成对控制器的流量攻击。尽管技术上也可以采用一些手段来解决这种问题，但是面对管理通道的带宽占用和控制器 CPU 资源消耗的问题，这些解决手段都不如预路由方式来得干脆。因为预路由在传统网络是一种成熟、广泛使用的工作方式，流触发生成转发表技术是一种不合适的技术，也不符合 IP 技术的核心理念，仅仅在某些极其特殊场景下使用，并且要注意做好流攻击阻断工作。

在一些应用场景里面，控制器没有直接连接到所控制的网络，也没有专用管理网络，控制器和转发器的控制通道需要穿越某些中间网络，如图 2-9 所示。

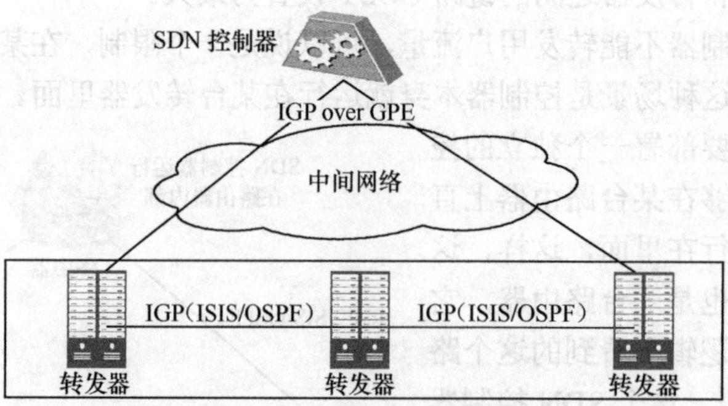

图 2-9　控制器远程管控网络

控制器和转发器之间由于没有直接接口相连，不能简单地在直连物理接口上使能 IGP。比如一个控制器部署在远程的一个数据中心里面，去管控一个远程网络，当考虑到可靠性的时候，需要考虑控制器的异地数据中心部署，也需要控制器远程穿越某些网络去管控网络。那么该如何解决这个问题呢？这种情况下，一个简单的方案就是在转发器和控制器之间建立一个隧道，隧道可以是 GRE 隧道或者 VXLAN 隧道等，并在这个隧道上启动 IGP。IGP 把这个隧道接口作为一个普通接口来进行路由。这种方案可以解决控制器和网络之间的远程控制通信问题。传统主流 IP 设备（比如华为、思科的产品）上是可以支持类似 IGP over 隧道技术的。

如果采用带内方式作为控制通道，还需要考虑一种 SDN 控制和分布式控制混合部署场景。这种混合组网场景，除了需要在分布式控制面部署业务 IGP 外，还需要为 SDN 控制器部署一个建立控制通道所需的 IGP。对于一个转发器，如何区分是为控制通道生成的 IGP，还是为用户业务生成的 IGP 路由，以及如何隔离它们？如果这些路由表数据都添加到了一个路由表实例里面，如果出现冲突，该如何处理？面对这些问题，可以在转发器上使能一个虚拟网络，这个虚拟网络可以使用传统的 L3VPN 技术，这个虚拟网络专门为控制器和转发器之间的控制通道服务，就如同在物理网络上提供了一个管理专网一样。当然，这种方式显然可以有效解决冲突问题，但是实际上并不是必需的。也可以简单利用原来的分布式控制面的 IGP，把控制器加入到这个 IGP 域，而不是为控制器专门启用一个 IGP。然后对控制器和转发器的连接 IP 地址进行统一规划，避免这些控制域连接地址和业务地址之间的冲突。这样，这些路由即使在同一路由表实例中，也不会发生冲突，而且同样实现了控制器和转发器之间的控制连接能力。很多应用场景都是采用这种解决方案，比如后文将介绍的 PCE+解决方案和 RR+解决方案，基本上都是直接利用传统网络的 IGP，把控制器配置到现存的 IGP 网络内部，控制器直接就可以和 IGP 域内的每台路由器进行通信了。

用上面描述的方法建立的控制通道，当网络发生状态变化时，由于采用了传统的分布式控制网络技术作为控制通道建立的技术，所以能够达到任何时刻只要拓扑上有路连接，通信就能够打通的要求，同时故障感知到的收敛时间也都在 1s 以内。通常主流厂家的 IGP 收敛时间可以做到这一点。

2.3.2 SDN 控制器的资源收集过程

1. 网元资源信息收集

一旦控制器和转发器的控制通道建立完成，控制器和转发器之间就可以建立控制协议的连接了，比如 OpenFlow 等协议。通常的控制器会作为控制协议的服务端，转发器会主动向控制器发起控制协议建立，控制器接收到转发器的连接请求，通过认证之后，控制协议的连接就建立起来了。

接下来是转发器向控制器注册信息、上报资源的过程。注册信息包括设备各种资源信息，比如接口资源、标签资源、VLAN 资源等；也包括设备厂家相关信息，比如设备 ID、设备厂家信息、设备类型和设备版本号等。控制器采集这些信息是为了根据这些信息来安装特定的驱动程序。由于控制器需要控制多厂家的设备，不同厂家的设备和控制器之间的接口协议和接口数据模型可能不同，为了解决这些厂家设备的差异问题，就需要在控制器实现一种动态安装驱动程序的能力。这些驱动程序会完成控制器到特定厂家的设备的接口协议和数据转换功能。控制器正是需要根据设备厂家、设备类型、设备版本号来本地搜索和加载对应的驱动程序。

控制器需要收集标签信息，这里的标签信息是指 MPLS 标签。这是因为控制器控制的网络内部交换技术通常采用 MPLS 交换。采用 MPLS 交换的原因是因为这项技术非常成熟，所有传统设备厂家都可以支持；也因为 MPLS 交换技术的报文封装比较短小，通常仅仅需要 4 字节，有利于节省网络的带宽占用。相对地，其他隧道技术如 GRE、IPSEC、VXLAN 等封装开销都需要 40 字节以上；而且 MPLS 交换技术因为封装消耗小，转发面在实现报文封装和解封装方面的性能也比其他隧道技术高，实现也简单。相反，采用类似 GRE 等 IP 隧道技术，很难实现显式路径的流量工程。因此，在 SDN 控制的网络内部使用 MPLS 交换技术是最合适的。使用 MPLS 交换技术，就需要控制器为转发器生成标签交换路径（Label Switch Path，LSP)。控制器要为整条 LSP 分配标签，这些标签资源是转发器的一种协议资源，不能由控制器独立生成这些标签空间数据。按照标准协议，理论上每台转发器的标签空间大概是 1～100 万（MPLS 标准协议定义了 20bit 作为标签位)，但是实际上不同厂家设备能够支持的标签空间达不到 100 万的能力，只能支持部分标签空间，这样就需要控制器收集转发器的标签空间资源。另外一个原因是，网络在实际部署 SDN 时，为了解决现网平滑迁移到 SDN 的问题，存在分布式控制和 SDN 控制器控制混合组网的情况，分布式控制面本身会占用一部分标签，控制器并不能使用这些被占用的标签，这样转发器需要把那些可以由控制器分配的标签上报给控制器。同时，标签资源是一种协议资源，需要相关的转发器、控制器之间保持标签资源的唯一性，不太可能采用虚拟化机制（控制器分配虚拟标签，在转发器上转化为物理标签的一种机制)。

控制器需要获得转发器的接口资源信息，每台转发器需要把本转发器上的接口信息上报给控制器。接口信息数据中需要包括接口名字、接口 ID、接口类型、接口带宽资源等。这些接口在逻辑上分为两组，其中一组是网络的外联业务接口（外联口)，这些接口连接到 SDN 网络外部的网络设备上，这些外部网络设备并不归属 SDN 控制；另外一组接口是连接网络的内部接口（内联口)，这些接口是 SDN 控制的网络设备之间的接口。控制器需要管理外联接口的原因是，控制器需要知道网络下面有多少外联业务口可以部署业务，在部署业务时需要对这些外联口进行业务配置；控制器需要获得内联口信息的原因，是控制器需要利用这些接口信息最终形成拓扑，以便计算网络内部的交换路径。控制器还需要根据接口的带宽信息计算网络内部的交换路径，以确保网络业务流量不会集中到某些链路上，而其他链路却空闲的问题发生。这类最短路径拥塞、其他路径空闲的问题是传统网络的常见问题。

控制器还需要收集一些其他资源信息，比如 VLAN 信息和一些隧道 ID 等信息。控制器之所以要了解这些资源信息，是出于与收集标签信息同样的理由：网络部署 SDN 和分布式控制面混合组网时，一些资源被分布式控制面占用，控制器只能获得一部分可用资源。比如 VLAN 资源，只在外联口的业务接入时使用，如果这个接口的一些 VLAN 已经被使用，控制器就不能使用这些 VLAN。所以转发器需要上报可用 VLAN 资源给控制器。

2. 拓扑信息收集

资源收集过程结束后，控制器还需要进行网络拓扑信息收集。网络拓扑是描述网络中节点和链路以及节点之间的连接关系的信息。网络拓扑通常由三个对象组成：节点对象、接口对象（TP，terminal point，业务接入点）、链路对象。节点对象就是转发器对象，由节点 ID 标记，该节点信息在转发器上报设备 ID 时生成。接口对象是转发器上的接口，用节点 ID+接口 ID 标记，接口信息也是由转发器上报给控制器。链路对象是由两个接口标记的，就是左接口+右接口，其 ID 是（左节点，左接口，右节点，右接口）组成的。这个拓扑信息是不能通过每个转发器上报信息上报上来的。转发器可以上报设备对象和接口对象，但是不能上报链路对象信息。拓扑中的链路对象如图 2-10 所示。

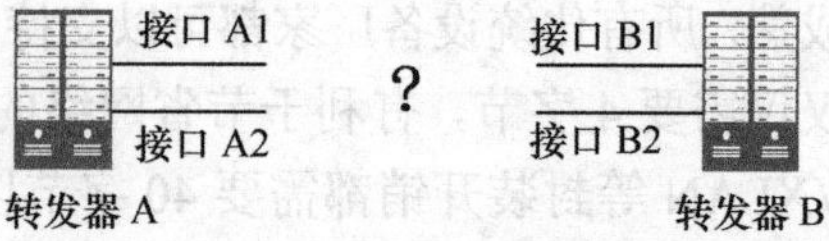

图 2-10　拓扑中的链路对象

控制器可以获得转发器 A 以及上面的接口 A1 和接口 A2 信息，也可以获得转发器 B 以及上面的接口 B1 和接口 B2 信息，但是转发器 A 和 B 都不知道这些接口之间的连接关系，不能把这种连接关系上报给控制器。控制器必须要有一个方法来收集这种连接关系以确定链路对象信息，才能获得完整的拓扑信息。

控制器收集拓扑的方法目前已经有不少标准协议定义，其中一个主要的拓扑协议是链路层发现协议（Link Layer Discovery Protocol，LLDP），它是 IEEE 802.1ab 中定义的二层网络设备发现协议，尤其适用在数据中心网络中。其基本原理是转发器向每个接口发送一个 LLDP 报文，这个协议报文中会包括发送设备 ID 和发送接口 ID，比如图 2-10 中，向转发器 A 的接口 A1 发送的 LLDP 报文将携带有节点 ID 和接口 ID，为（转发器 A，接口 A1），向转发器 A 的接口 A2 发送 LLDP 报文携带（转发器 A，接口 A2）。接收到 LLDP 报文的设备增加自己接收该报文的接口信息和设备 ID 保存在本地数据库中。如图 2-10 中，转发器 B 形成 LLDP 的数据库内会有下面的信息。

```
本地接口 B1，远端接口：转发器 A，接口 A1
本地接口 B2，远端接口：转发器 A，接口 A2
```

这样，控制器可以通过向转发器 B 获取这些信息得到如下的数据库信息。

```
链路对象 1：转发器 B，接口 B1，转发器 A，接口 A1
链路对象 2：转发器 B，接口 B2，转发器 A，接口 A2
```

控制器就获得转发器 A 和转发器 B 之间的连接关系，形成拓扑中链路对象信息。如果控制器从每台转发器都获得类似的信息，最后控制器就获得了完整的二层网络拓扑。

三层拓扑收集协议通常利用传统的 IGP，比如 ISIS/OSPF，这些传统路由协议为了计算路由，原本就收集网络的拓扑信息。这样通过控制器和转发器之间运行 IGP，可以直接把网络拓扑收集到控制器。IGP 为了解决扩展性问题，都采用了划分区域的设计，比如 ISIS 的 Level 设计、OSPF 的 Area 设计，这导致了控制器虽然可以收集到单个区域的拓扑，但无法形成整个自治系统的拓扑。目前 IETF 有一个 BGP-LS（BGP Link- State，参考 IETF 协议 draft-ietf-idr-ls-distribution-10）协议可以收集多域的拓扑。总之，通过各种拓扑收集协议，控制器能够获得全网的拓扑信息。

在一些应用场景中，还会通过人工配置的方式向拓扑中增加一些对象。也可能通过一些外部接入协议在拓扑中增加一些接入设备的信息，这些接入设备是接入 SDN 网络的外部设备，有点像传统网络的 CE。尽管这些接入设备并不归属控制器控制，但由于各种业务需求，控制器内部维护接入设备的信息是需要的。比如在数据中心，需要拓扑中能够管理接入网络的虚拟机的信息，以便应用程序能够获得这个虚拟机是从哪个交换机进入网络的位置信息。这个位置信息是控制器计算路由的必需条件；还有在业务链需求中的增值业务处理设备（Value Added Service，VAS，通常指防火墙、负载均衡器、内容缓存等）的位置信息，以便控制器能够计算出业务链路由，完成用户的业务链需求。

控制器收集这些网络信息和设备资源信息后，会存储这些信息到内部数据库。这些数据可以使用内存存储或者数据库存储。如何存储这些数据取决于性能要求。由于控制器控制网络是一个实时控制过程，对实时性要求非常高，那么对这些数据的存储、检索查询时间性能就要求很高，所以需要高性能的存储方式。数据库作为一种持久化存储方式，实时性能有所欠缺。而内存数据库性能提升很大，是可以考虑使用的。当然，各个厂家也可以根据自己的技术能力设计出高性能的数据存储方式。

控制器收集这些网络信息尤其是网元信息，应该是网元的相关的逻辑信息，而不应该包含任何物理细节信息，比如转发器有几个单板、转发器是集中式还是分布式的，这些对于控制器来说都是不需要的。控制器需要对网元进行建模，抽象出一套转发器网元的模型。这样使得控制器可以不用关心转发器具体的物理实现细节。这一点很重要，如果说控制器一定要管理物理转发器设备细节，比如风扇、电源、面板、单板等，那么本质上是把一个网元网管（EMS）集成到控制器，逻辑上仍然要视作控制器和网元网管两个逻辑单元，只是物理部署在一起而已。这里强调控制器的控制功能，不建议把管理功能直接和控制功能混淆，但并不排除可以在 SDN 控制器集成一个网元网管。

通过上述过程，控制器已经获得了完整的拓扑信息，并已经从转发器收集到了必要的转发器网元资源信息，比如接口、标签、VLANID 等信息。有了这些信息控制器就可以进行下一步的路由计算过程了。

2.3.3　SDN 控制器的流表计算和下发过程

下面介绍的控制器为转发器计算流表的过程。通信是双向的，以一个单方向的流量路径的建立和业务路由的建立为例，回程的流量路径和业务路由建立过程是一致的。

1. SDN 网络内部交换路由的生成

现在控制器已经收集到了网元资源信息和网络拓扑信息，控制器将利用这些信息来完成转发器的转发流表的计算和下发。在讨论这个问题之前，需要对网络的模型进行一个抽象建模。控制器所控网络的组成如图 2-11 所示。

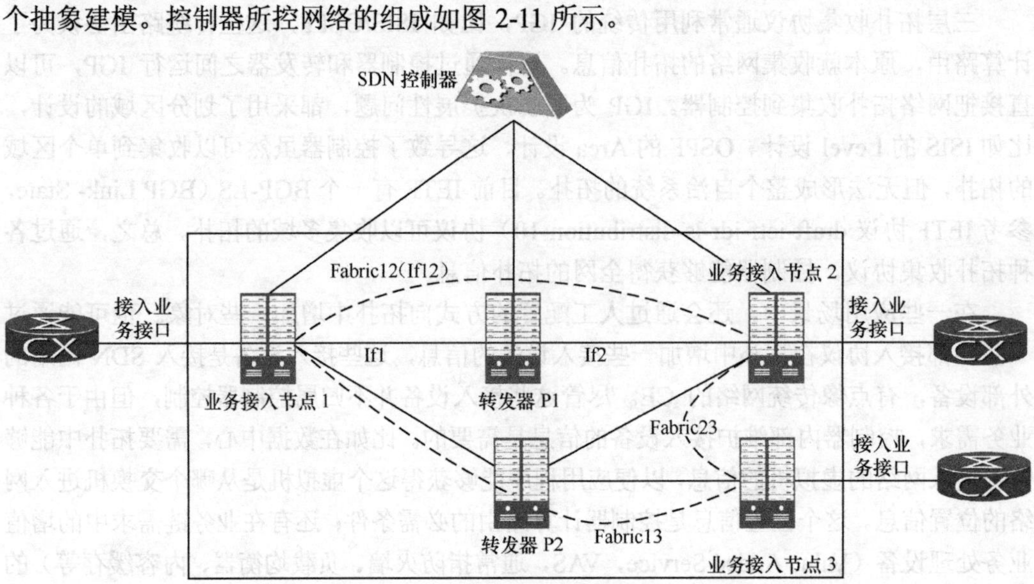

图 2-11　控制器所控网络的组成

把SDN控制器控制的网络看成两个组成部分：一部分是边界的业务接入节点（位于SDN网络边界，负责业务接入的转发器，传统网络称为 PE，Provider Edge），对应图 2-11 中的业务接入节点 1、业务接入节点 2、业务接入节点 3；另外一部分是内部的 Fabric 交换网（网络内部交换路径，用于 SDN 网络内部设备业务接入节点之间全连接的互联虚链路），对应图 2-11 中的 Fabric12、Fabric13、Fabric23。中间的 Fabric 是控制器根据边界业务接入点之间的关系自动建立的一个交换网，以便用户业务从一个业务接入点进入控制器网络，能够通过这些 Fabric 转发到另外一个业务接入点，然后离开控制器所控制的网络。这种 Fabric 可以经过多个转发器，控制器需要完成这个内部的网络交换路径的计算。控制器计算网络交换路径是根据用户业务策略来进行的，策略不同，算法也不相同。有的业务需要特定带宽和时延，网络交换路径的计算就需要考虑网络的带宽、时延等属性；有的业务可能不关心带宽、时延属性，只关心可达性，网络交换路径的计算可能只需要选择一条可用路径就可以，简单方法是利用传统网络相同技术，使用最短路径转发用户业务数据报文。

在图 2-11 中，以 Fabric12 创建为例，控制器会利用网络拓扑信息计算出从业务接入节点 1 到业务接入节点 2 的 Fabric12 的内部交换路径为：

```
业务接入节点 1→转发器 P1→业务接入节点 2
```

然后，控制器会为这些转发器生成内部交换网的交换路由数据。前面介绍了，通常的内部交换网的实际交换技术采用 MPLS 交换，所以控制器会从本地 MPLS 标签资源中分配标签，这些标签是转发器上报给控制器使用的标签。具体过程是控制器从本地维护的转发器 P1 标签空间中为这个 Fabric12 分配标签，比如标签 10，这个标签将用于指示业务接入节点 1 把需要进入 Fabric12 的报文压入标签 10，并发送到接口 If1 上；同时也将用于指示转发器 P1，当从 If1 接口上收到标签 10 的报文，是 Fabric12 的一个报文；控制器从本地维护的业务节点 2 标签空间中为这个 Fabric12 分配标签，比如标签 20。然后分别为业务接入节点 1、转发器 P1 和业务接入节点 2 生成内部交换路由信息。

为业务接入节点 1 生成交换路由：

```
Interface If12actionpushLabellabel 10 outgoing interface If1
```

其中 If1 是连接业务接入节点 1 和转发器 P1 的物理接口。

为转发器 P1 生成交换路由：

```
Interface If1 in-label 10  action swap out-label 20  outgoing interface If2
```

为业务节点 2 生成交换路由：

```
Interface If2 in-label 20  action pop
```

这样，控制器就为业务接入节点 1 和业务接入节点 2 创建了一条内部交换路径 Fabric12，在业务接入节点 1 看来有一个接口 If12 可以直接到达业务接入节点 2 了。

2. 边缘业务接入路由的处理

边缘的业务接入点是用于接入网络业务的，所有的用户流量都需要通过边缘业务接入节点进入网络，然后穿过内部交换网，到达另外一个边缘的业务接入节点。边缘业务节点必须知道进入的报文到底该送给哪个边缘业务节点才是正确的，比如图 2-12 中，一个目的地址为 11.8.9.12 的报文从 CE1 侧进入业务接入节点 1 后，业务节点 1 该把这个报文转发给业务接入节点 2 还是业务接入节点 3 呢？这个过程是业务路由（是指那些外部网络的路由，SDN 需要学习这些业务路由所在的网络位置，以便能够正确地把用户业务数据报文转发给正确的边缘业务接入节点。另外，SDN 控制器还需要把这些业务路由向其他外部网络传递扩散）的计算过程。业务路由计算过程是控制器和外部网络交互路由的过程。控制器首先需要和网络外部的 CE1、CE2、CE3 建立外部路由协议，这里例子是 BGP。通过这些 BGP，控制器会学习到网络的网段所在的位置，图 2-12 中，控制器将通过业务接入节点 2 和 CE2 建立的 BGP 学习到：

```
IP prefix 11.8.9.12/24 BGP Nexthop CE2
```

通过业务接入点 3 和 CE3 建立的 BGP 学习到：

```
IP prefix 1.0.9.8/24BGP Nexthop CE3
```

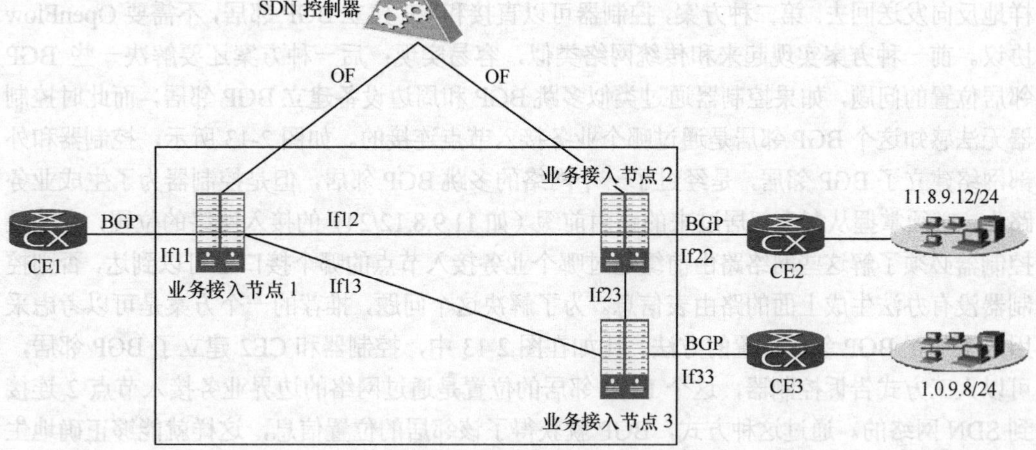

图 2-12 业务路由计算过程

控制器通过这样的外部 BGP 邻居知道了前缀 11.8.9.12/24 的位置信息是在业务接入节点 2 的 If22 接口上，前缀 1.0.9.8/24 的位置信息是在业务接入节 3 的接口 If33 上，这样控制器接下来利用这些位置信息可以为网络计算业务路由信息，计算结果如下。

① 为接入业务节点 1 计算出的路由信息为：

IP prefix *11.8.9.12/24* Nexthop *业务接入节点 2* Outgoing Interface *If12*
IP prefix *1.0.9.8/24* Nexthop *业务接入节点 3* Outgoing Interface *If13*

这里的接口 If12 和 If13 是网络内部的 Fabric 隧道接口，If 即 Interface，亦即接口的意思，下同。

② 为接入业务节点 2 计算出的路由信息为：

IP prefix *11.8.9.12/24* Nexthop *CE2* Outgoing Interface *If22*
IP prefix *1.0.9.8/24* Nexthop *业务接入节点 3* Outgoing Interface *If23*

③ 为接入业务节点 3 计算出的路由信息为：

IP prefix *11.8.9.12/24* Nexthop *业务接入节点 2* Outgoing Interface *If23*
IP prefix *1.0.9.8/24* Nexthop *CE3* Outgoing Interface *If33*

有了这些转发表，一个从业务接入节点 1 进入网络的目的地址为 11.8.9.12 的 IP 报文，可以寄经过业务接入节点 1 转发到业务节点 2，然后转发器可以顺利地把报文从业务接入节点 1 转发到业务接入节点 2，然后由业务节点 2 转发给 CE2，CE2 可以把报文转发给目的地了。

这里，CE1 如何知道这个目的地址为 11.8.9.12 的报文该送交给业务节点 1 呢？CE1 也需要知道前缀 11.8.9.12/24 的路由信息。这条路由信息是 CE1 通过和控制器之间的 BGP 学习过来的，也就是说，是控制器通过 BGP 把这条路由通告给了 CE1。这样整个路由的学习过程完成了，并且转发器能够顺利地把报文转发给目的地。

仍然有一个问题：BGP 在传统网络里是在业务接入节点和 CE 之间运行，现在要再把 BGP 运行在控制器上，如何做到的呢？有两种可行的方案：第一种方案是 OpenFlow 的 Packet-in/out 方案；第二种方案是控制器直接和 CE 之间运行 BGP。第一种方案，在 CE 看来，不感知 BGP 是运行在控制器还是转发器，而业务接入节点收到 BGP 报文后直接用 OpenFlow 协议的 Packet-In/out 机制，把报文送交给控制器，控制器发送 BGP 报文时再同样地反向发送回去。第二种方案，控制器可以直接和 CE 建立 BGP 邻居，不需要 OpenFlow 协议。前一种方案实现起来和传统网络类似，容易实现；后一种方案还要解决一些 BGP 邻居位置的问题，如果控制器通过类似多跳 BGP 和周边设备建立 BGP 邻居，而此时控制器无法感知这个 BGP 邻居是通过哪个业务接入节点连接的。如图 2-13 所示，控制器和外部网络建立了 BGP 邻居，是经过了一个网络的多跳 BGP 邻居，但是控制器为了生成业务路由，必须掌握从每个邻居过来的路由前缀（如 11.9.8.12/24）的接入网络的位置，也即是控制器必须了解这些网络路由前缀通过哪个业务接入节点的哪个接口上可以到达，否则控制器没有办法生成上面的路由表信息。为了解决这个问题，推荐的一个方案是可以考虑采用人工配置 BGP 邻居位置的方法。比如在图 2-13 中，控制器和 CE2 建立了 BGP 邻居，可以人工方式告诉控制器，这个 BGP 邻居的位置是通过网络的边界业务接入节点 2 连接到 SDN 网络的。通过这种方式，BGP 就获得了该邻居的位置信息，这样就能够正确地生成业务路由了。

这里总结一下前面控制器的路由计算功能：把网络模型抽象为网络中有一些边缘业务接入点以及内部的交换网，边缘的业务接入节点负责接入外部业务，内部交换网在网络内部交换用户数据，这是对网络的一个基本的模型抽象，如图 2-14 所示。

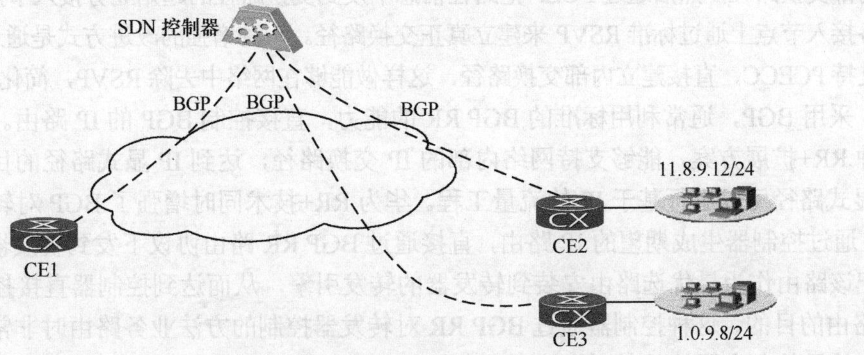

图 2-13　控制器直接和外部网络建立 BGP 邻居

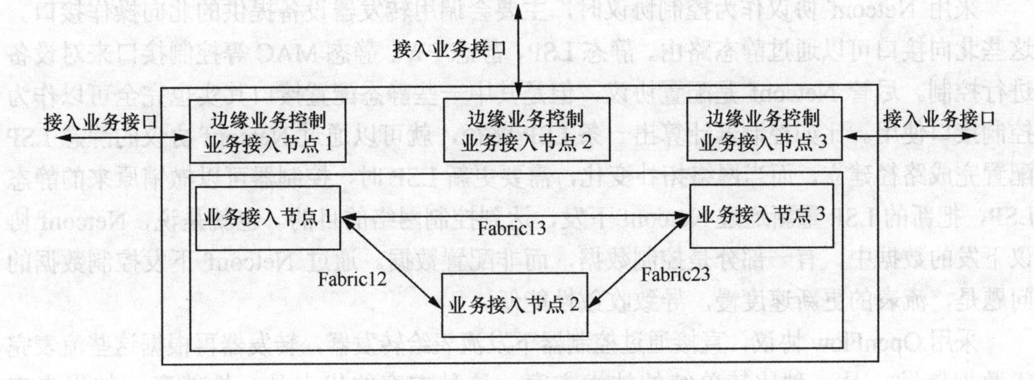

图 2-14　SDN 网络抽象模型图

这里的业务路由仅仅以 BGP 为例，也包括一些传统的其他路由协议，比如 L3VPN 支持的 PE 和 CE 之间的 IGP 等。

这两种基本的计算功能构成了控制器内部的核心业务逻辑，也是控制器内部关键的网络业务应用程序（这些应用程序是提供网络业务的程序，不是使用/调用网络业务的应用程序。此类网络业务应用程序通常包括 L2VPN 业务应用程序、L3VPN 业务应用程序等。在 SDN 网络三层架构模型的最上层的 APP（应用程序），是使用/调用网络业务的应用程序。需要区别这两个“应用程序”的概念：通常的网络业务应用程序可以理解为是控制器的一部分，而调用这些网络业务服务的应用程序不属于控制器的一部分），这些网络业务应用程序利用网络资源数据计算网络内部交换路径，生成交换路由信息；利用和外部设备进行协议交换获取业务路由信息，并生成业务路由表，同时还需要协助在网间扩散这些路由信息。

2.3.4　转发表下发协议

控制器一旦计算完成这些业务路由信息和内部交换转发信息，就可以把这些信息下发给每个转发器，以便指导转发器完成用户流量转发。

有多种协议支持转发表的下发，包括 PCE 协议、BGP、Netconf 协议、OpenFlow 协议等。对于标准 PCE 协议而言，只能完成网络内部交换路径信息的下发。PCE 采用控制器计算网络内部交换路径，然后通过 PCEP 把路径信息下发到交换路径的起始业务接入节点，在这个业务接入节点上通过标准 RSVP 来建立真正交换路径。一种增强的改进方式是通过 PCEP 扩展支持 PCECC，直接建立内部交换路径，这样做能够在网络中去除 RSVP，简化网络。

采用 BGP，通常利用标准的 BGP RR 的能力，直接控制 BGP 的 IP 路由。华为支持一种 RR+扩展方案，能够支持网络内部的 IP 交换路径，达到 IP 显式路径的目的。通过 IP 显式路径可以进行基于 IP 的流量工程。华为 RR+技术同时增强了 BGP 对转发器的控制，通过控制器生成期望的 IP 路由，直接通过 BGP RR 路由协议下发到转发器，转发器会把该路由作为最优选路由安装到转发器的转发引擎，从而达到控制器直接控制转发器 IP 路由的目的、这种控制器通过 BGP RR 对转发器控制的方法业务路由时非常有用。该方案的另外一个用处是对网络边界业务接入节点的路由进行控制，能够达到灵活引导流量进入和离开网络的目的。详细可参考后面解决方案章节介绍。

采用 Netconf 协议作为控制协议时，主要会调用转发器设备提供的北向操作接口。这些北向接口可以通过静态路由、静态 LSP、静态 PW、静态 MAC 等控制接口来对设备进行控制。尽管 Netconf 是配置协议，但是其中一些静态配置接口其实也完全可以作为控制接口使用。比如控制器计算出一条 LSP 路径，就可以通过 Netconf 协议的静态 LSP 配置完成路径建立，而当网络拓扑变化，需要更新 LSP 时，控制器可以撤销原来的静态 LSP，把新的 LSP 重新通过 Netconf 下发，达到控制网络的目的。也就是说，Netconf 协议下发的数据中，有一部分是控制数据，而非配置数据。通过 Netconf 下发控制数据的问题是，流表的更新速度慢，导致收敛性能低。

采用 OpenFlow 协议，直接通过控制器下发流表给转发器，转发器再根据这些流表完成数据转发，是一种比较单纯的技术方案。这种方案的优点是：性能高；如果未来 OpenFlow 协议标准化成熟后，可以更加容易实现多厂家互通对接；可以促进转发芯片标准化，进而对设备白牌化有极大帮助。

总之，流表下发的协议选择是多种多样的，一些 PCE、BGP、Netconf 协议在很多演进场景非常有价值。这些协议在 SDN 场景下可以作为转控分离协议。而 OpenFlow 是一种标准的转控分离协议，伴随着 SDN 诞生而诞生，成熟后将有极大的价值。

2.3.5 SDN 转发面的报文转发过程

控制器在为转发器生成了内部交换路由信息和业务路由信息后，转发器就可以根据这些信息进行用户数据报文转发了。当一个目的 IP 地址为 11.8.9.12 的报文进入业务接入节点 1（转发器）时，该转发器会查找业务路由表，获得的路由为：

IP prefix *11.8.9.12/24* Nexthop *业务接入节点 2* Outgoing Interface *If12*

于是转发器会把该报文转发给出接口 If12。出接口 If12 不是一个物理接口而是一个逻辑接口，于是转发器会查找对应的内部交换路由信息，获得数据如下：

Interface *If12* action*pushLabel* label *10* outgoing interface *If1*

根据这些数据，转发器就会把这个报文压入标签 10，并把该携带标签 10 的 MPLS 报文发送给物理出接口 If1。

随后报文会被转发给转发器 P1，转发器 P1 收到该报文后，会本地查找交换路由表并获得：

Interface *If1* in-label *10*　action *swap* out-label *20*　outgoing interface *If2*

转发器 P1 会把报文的入标签 10 交换为标签 20，并发送到物理出接口 If2。

报文会继续被转发到业务接入节点 2，业务接入节点 2 会查找本地交换路由表，获得信息为：

Interface *If2* in-label *20*　action *pop*

根据这些数据，业务接入节点 2 会弹出 MPLS 的标签 20，发现该标签已经是 MPLS 标签栈底，所以直接送给 IP 查找业务路由表，获得路由信息为：

IP prefix *11.8.9.12/24* Nexthop *CE2* Outgoing Interface *If22*

根据这些数据，业务接入节点 2 会把目的 IP 地址 11.8.9.12 的报文发送给出接口 If22。

这样，目的 IP 地址为 11.8.9.12 的报文会通过 CE2 转发给目的主机，从而完成整个转发流程。

事实上，上面的转发过程和原来的传统转发过程没有任何区别，因为转发面在 SDN 网络和传统 IP 网络所完成的功能是相同的。在 SDN 网络下，转发面的转发表（包括内部交换路由和业务路由）数据是从控制器下发的，而传统网络是路由器分布式自动计算的。在 SDN 网络架构下，尽管转发面的转发技术可以使用 OpenFlow 转发技术（注意这里说的是 OpenFlow 转发技术，不是 OpenFlow 控制协议。OpenFlow 转发技术是一种转发面技术，是一种采用多表，每张表的模型都是类似 MATCH、ACTION、GOTO NEXTTABLE 模式的多表转发技术），但这并不是必需的，使用传统的转发流程是完全一样的，主要是因为都要实现同样的转发面功能。这种是否使用 OpenFlow 转发的区别，如同传统路由器不同厂商本来就使用着不同的转发实现技术一样。不过，对于一个支持真正的 OpenFlow 转发的转发引擎，在某种角度上比传统路由器的转发要灵活一些。

2.3.6　控制器和多厂家转发器的互通

控制器和转发器之间有多种控制协议可以使用，比如 PCE 协议、BGP、Netconf 协议、OpenFlow 协议等。对于类似 PCE 协议和 BGP，已经是标准协议，如果厂家不进行私有扩展，那么控制器采用这些协议可以直接进行多厂家转发器互通。而对于 Netconf 协议和 OpenFlow 协议，则都面临互通问题。

Netconf 协议本身是标准化的，但其内部传送的数据并没有标准化，每个厂家的转发器利用 Netconf 提供的北向操作接口模型不同。这种不同是有原因的。厂家为了快速满足客户需求而开发新业务时，不可能先让标准组织定义标准北向操作模型，然后再去实现，这样做，时间太漫长了。厂家必须先实现业务，并交付客户使用。另外，对于比较成熟的业务，IETF 一直没有定义出统一的标准操作模型，只定义了一些 SNMP 的 MIB，但是远不能满足实际需求。现在 IETF 又在讨论定义标准的 YANG 北向模型，试图统一成熟业务的北向模型。只要涉及标准讨论定义，过程都会很漫长。

控制器如果采用 Netconf 协议和多厂家对接，就必须考虑如何对接多厂家的不同模型。一个可能的方案是控制器开放驱动程序框架，允许各个厂家写一段驱动程序，把控制器下发的数据转换为自己的设备模型数据，而不是等待模型标准化。这种做法显然在技术上完全可行，只要控制器能够定义统一数据模型，各个厂家的转发器就可以对接这个数据模型。在工程上，由于多厂家目前还处于竞争阶段，一个厂家可能不愿意为另外一个厂家的控制器完成驱动程序开发，导致控制器无法控制这些没有驱动的转发器。为了解决此类问题，一种可能的方法是请第三方来编写驱动程序；另一个可能的办法是，如果控制器厂家已经取得市场主导地位，这样其他转发器厂家考虑利益会主动完成该控制器的驱动程序开发。除此之外，如果一些具有支配地位的客户，选择了某个厂家的控制器，要求进入该客户的转发器都必须对接他采购的控制器，这种情况转发器厂家通常也会同意完成驱动程序开发，这是一个利益博弈的过程。

当采用 OpenFlow 协议和多厂家互通时，也面临多厂家流表不一致的问题，需要一个转换程序对厂家的流表进行转换。控制器厂家定义一套自己的 OpenFlow 流表，其他厂家通过驱动程序转换为自己厂家的转发器的 OpenFlow 流表。当然其结果和前面讨论的 Netconf 差不多。

2.3.7 网络状态变化处理

前面讨论了 SDN 网络收集资源信息，利用这些资源信息，SDN 控制器会计算网络内部交换路径；SDN 控制器还会和外围设备进行交互，学习和扩散业务路由，并在业务接入节点生成业务路由表。

SDN 网络通过控制器实现了网络的集中控制。当网络故障时，网络状态发生变化，SDN 控制器会自动完成网络的交换路径和业务路由的重新计算过程，并更新转发器的转发表。通常网络故障分为两种，一种是网络内部节点或者链路故障，另一种是网络业务接入节点故障或者业务接入接口故障。

对于第一种故障情况，通常控制器会实时感知到这些故障。故障通告主要来自转发器上报故障和拓扑变化通告。当控制器获得这些故障信息时，会自动对网络内部受到影响的交换路径进行重新计算，以保证网络内部的交换路径恢复到工作状态。

第二种故障通常会影响业务路由的计算。控制器一方面会对受到影响的业务路由进行重新计算，并生成业务路由表下发给转发器，以恢复业务；另一方面，控制器必要时也会把这种故障通告给其他外部网络，扩散这种业务路由信息，以便外部网络可以选择其他网络进行数据转发。

2.3.8 SDN 网络工作流程总结

经过上面的分析，可以总结 SDN 网络的基本工作流程如下。

① 控制器和转发器之间的控制通道建立，通常使用传统的 IGP 来打通控制通道。

② 控制器和转发器建立控制协议连接后，需要从转发器收集网络资源信息，包括设备信息、接口信息、标签信息等，控制器还需要通过拓扑收集协议收集网络拓扑信息。

③ 控制器利用网络拓扑信息和网络资源信息计算网络内部的交换路径，同时控制器会利用一些传统协议和外部网络运行的一些传统路由协议，包括 BGP、IGP 等，来

学习业务路由并向外扩散业务路由，把这些业务路由和内部交换路径转发信息下发给转发器。

④ 转发器接收控制器下发的网络内部交换路径转发表数据和业务路由转发表数据，并依据这些转发表进行报文转发。

⑤ 当网络状态发生变化时，SDN 控制器会实时感知网络状态，并重新计算网络内部交换路径和业务路由，以确保网络能够继续正常提供业务。

2.4　SDN 网络架构下实现 L2VPN 实例介绍

本例介绍简单 PW 的实现过程。PW 是在两台 PE 设备的接口之间形成一个伪线方式穿过网络，其转发必须增加二层隧道封装。其中内层封装是通过 PW 标签形式加入报文，这个标签用于区分 PW，PE 根据标签目的能够知道这个报文该从哪个 AC 接口发送给 CE；而外层隧道封装可以是任何三层隧道，目的是把加入了 PW 标签的报文转发到目的 PE。外层隧道可以是 GRE 或者 MPLS LSP，不管是什么，这个封装的目的都是要把报文交换到目的 PE。这样 PW 实现的关键就是生成这两层隧道封装的数据：PW 标签和隧道机制。下面以 MPLS LSP 隧道为例，介绍传统的 PW 的实现方法和 SDN 实现 PW 业务的对比。

2.4.1　传统的 PW 实现过程

基本组网如图 2-15 所示，CE1、CE2 分别通过 VLAN 方式接入 PE1 和 PE2。PE1 和 PE2 用 MPLS 与骨干网连接。

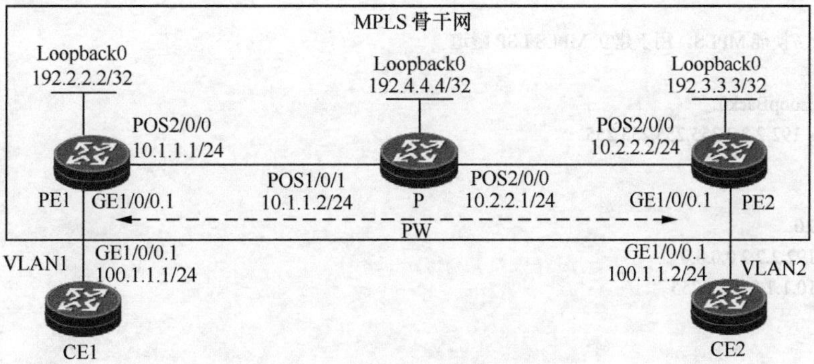

图 2-15　MPLS 骨干网基本组网

目的：使用 LSP 隧道，在 PE1 和 PE2 之间建立动态 PW。

基本配置任务：

① 在骨干网上运行 IGP 路由协议，使骨干网各设备能互通；

② 在骨干网上配置 MPLS 基本能力，建立 LSP 隧道；

③ PW 两端的 PE 之间要建立 MPLS LDP 远端对等体关系，用于建立 PW，传递 PW 标签、识别 PW 连接关系等功能；

④ 在 PE 上创建 MPLS L2VC 连接。

下面以华为设备的配置文件为例。

- PE1 的配置文件

```
#
sysname PE1
#
 mpls lsr-id 192.2.2.2//标记 PE 的 ID
mpls
#
mpls l2vpn
#
mpls ldp
#
 mpls ldp remote-peer 192.3.3.3 //使能 PW 的动态交换信令，通过 LDP 作为 PW 信令
remote-ip 192.3.3.3
#
interface GigabitEthernet1/0/0
undo shutdown
#
interface GigabitEthernet1/0/0.1 //AC 接入接口
undo shutdown
vlan-type dot1q 1
 mpls l2vc 192.3.3.3 100 //指示 AC 与远端的一个设备 192.3.3.3 建立 PW，VCID 为 100，与远端 VCID 为 100 的 VC
形成一对
#
interface Pos2/0/0
link-protocol ppp
undo shutdown
ip address 10.1.1.1 255.255.255.0
mpls
 mpls ldp //使能 MPLS，用于建立 MPLS LSP 隧道
#
interface LoopBack0
ip address 192.2.2.2 255.255.255.255
#
ospf 1
area 0.0.0.0
network 192.2.2.2 0.0.0.0
network 10.1.1.0 0.0.0.255
#
Return
```

- P 的配置文件

```
#
sysname P
#
mpls lsr-id 192.4.4.4
mpls
#
mpls ldp
#
interface Pos1/0/0
```

```
link-protocol ppp
undo shutdown
ip address 10.1.1.2 255.255.255.0
mpls
 mpls ldp //使能 MPLS，以便建立 LSP 隧道
#
interface Pos2/0/0
link-protocol ppp
undo shutdown
ip address 10.2.2.1 255.255.255.0
mpls
 mpls ldp//使能 MPLS，以便建立 LSP 隧道
#
interface LoopBack0
ip address 192.4.4.4 255.255.255.255
#
ospf 1
area 0.0.0.0
network 192.4.4.4 0.0.0.0
network 10.1.1.0 0.0.0.255
network 10.2.2.0 0.0.0.255
#
Return
```

- PE2 的配置文件

```
#
sysname PE2
#
 mpls lsr-id 192.3.3.3//标记 PE 的 ID
mpls
#
mpls l2vpn
#
mpls ldp
#
 mpls ldp remote-peer 192.2.2.2 //使能 PW 的动态交换信令，通过 LDP 作为 PW 信令
remote-ip 192.2.2.2
#
interface Pos2/0/0
link-protocol ppp
undo shutdown
ip address 10.2.2.2 255.255.255.0
mpls
 mpls ldp //使能 MPLS，为了建立 MPLS LSP 隧道
#
interface GigabitEthernet1/0/0
undo shutdown
#
interface GigabitEthernet 1/0/0.1
undo shutdown
vlan-type dot1q 2
 mpls l2vc 192.2.2.2 100 //指示 AC 与远端的一个设备 192.2.2.2 建立 PW，VCID 为 100，与远端 VCID 为 100 的 VC
形成一对
#
```

```
interface LoopBack0
ip address 192.3.3.3 255.255.255.255
#
ospf 1
area 0.0.0.0
network 192.3.3.3 0.0.0.0
network 10.2.2.0 0.0.0.255
#
Return
```

在配置文件中，最重要的环节就如同配置任务中描述的：

① 要求 PE/P 设备都使能 MPLS，以便能够建立 PE 之间的 LSP 隧道。

② 要求 PE 上使能 PW 的信令 remote LDP，以便它们之间交换 PW 信息，并分配 PW 标签。

③ 把两端 PE 的 AC 接口上使能 PW。

其中使用了 MPLS LDP 作为隧道协议，还需要使用 Remote LDP 负责 PW 的标签分配和交换。通过这些协议配置后，路由器可以进行分布式计算内部交换路径和业务路由。由于网络启动了 LDP，因此上面的 PE1 和 PE2 之间的交换路径会由 LDP 负责建立内部的 LSP。另外，PE1 和 PE2 利用业务路由协议 Remote LDP 可以完成 PW 所需的标签交换。

这样 PE1 就利用 Remote LDP 学习的 PW 标签把从接口 *GigabitEthernet1/0/0.1* 进入的数据报文封装 PW 报文头，并发送给 PE2。为了能够把报文发送给 PE2，这个 PW 报文会被封装到一条 LSP 的内部。因为 LSP 已经由 LDP 学习到了去往 PE2 的标签，所以 PE1 会把 LSP 的外层隧道标签封装到 PW 的报文头部，并发送到 PE1 连接 P 的物理出接口 Pos2/0/0。这样，经过中间的 P 设备的交换，报文进入了 PE2 路由器。PE2 路由器会去掉隧道标签（有时采用倒数第 2 跳弹出，PE2 忽略这个环节）。PE2 路由器根据 PW 标签信息，获取到该 PW 是对应到本地接口 GigabitEthernet 1/0/0.1，于是 PE2 去掉 PW 封装，把报文发送到该接口。

2.4.2 SDN 网络下的 PW 的实现过程

1. SDN 网络下实现 PW 业务的配置过程

下面介绍在 SDN 网络架构下的 PW 创建过程。仍然使用前面的网络，如图 2-16 所示。

在原来网络上增加了 SDN 控制器，PW 业务配置直接由用户通过北向接口给控制器下发 PW 业务配置数据，具体如下：

```
L2VPN Huawei
PW 转发器 1 interface GigabitEthernet1/0/0.1 转发器 2 interface GigabitEthernet1/0/0.1
```

这条命令指示把转发器 1（即图 2-15 中的 PE1）上的接口 GE 1/0/0.1 和转发器 2（也即图 2-15 中的 PE2）上的接口 GE 1/0/0.1 用 PW 建立一个专线业务。用户基本的专线业务请求只需要输入这些参数。如果用户需要指定 PW 带宽信息，那么专线业务请求接口是：

```
L2VPN Huawei
PW 转发器 1 interface GigabitEthernet1/0/0.1 转发器 2 interface GigabitEthernet1/0/0.1Bandwidth 10M
```

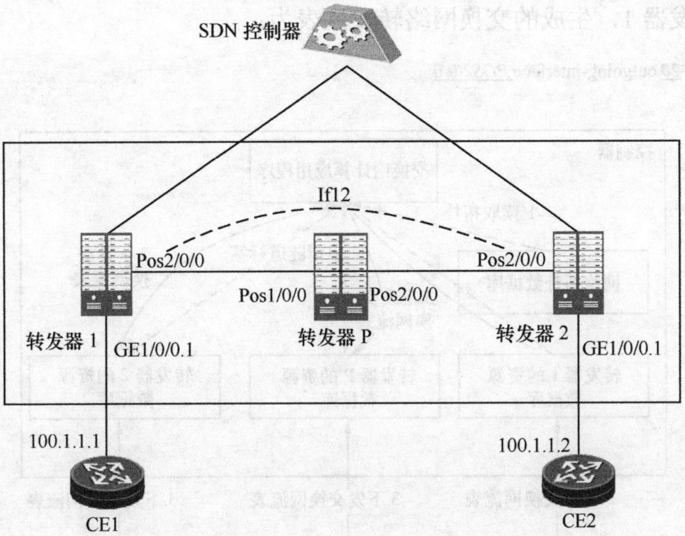

图 2-16　SDN 控制器实现 PW 业务的组网

这样指定了一条 PW，并且要求 10Mbit/s 带宽。

事实上，经过上面介绍的给控制器下发专线业务配置之后，CE1 和 CE2 就能够通信了，比如从 CE1 执行 Ping 100.1.1.2 已经可以 Ping 通了。

2. SDN 网络下实现 PW 的业务过程

在 SDN 网络架构下，对于 PW 业务的转发面是保持不变的，仍然采用传统网络的转发封装：PW 封装和隧道封装。这两层封装所需数据对于传统网络来说，是分别采用分布式的 Remote LDP 和 LDP 来完成计算的。下面分析 SDN 情况下，隧道是如何创建以及 PW 封装信息是如何获得的。

假定 SDN 控制器已经和网络建立了连接，并收集了网络拓扑资源数据和每个转发器的资源数据。这里重要的资源就是接口资源和标签资源数据。每台转发器会把自己的资源上报给控制器，控制器会为每个转发器维护这些资源数据。控制器维护的这些转发器的数据不仅包括从转发器收集的数据，而且包括控制器为转发器生成的转发流表信息数据。

（1）控制器为转发器生成内部交换网过程

控制器获得转发器的资源数据后，会为转发器 1 和转发器 2 之间建立一条隧道（网络内部转发器 1 到转发器 2 的交换网），名称是 *If12*。在分布式控制网络需要采用 LDP 进行分布式计算，而在控制器场景下实现过程如图 2-17 所示。

控制器内部的交换网计算应用程序会读取拓扑信息来计算一条转发器 1 和转发器 2 之间的路径。比如，计算结果是：

```
If12=转发器 1 经过接口 POS2/0/0—>经过接口 POS1/0/0 进入转发器 P，转发器 P 经过接口 POS2/0/0—>经过 POS2/0/0
进入转发器 2。
```

控制器接下来开始建立 LSP 的工作，同样是控制器内部的软件来实现这个 LSP 的建立。控制器需要从本地维护的转发器资源数据库中分配标签，这样生成从转发器 1 经过转发器 P，到达转发器 2 的一条 LSP。最后控制器为每个转发器下发该 LSP 的交换网转发表。对于转发器 1，生成的交换网络转发流表为：

```
If12 push-label 20 outgoing-interface POS2/0/0
```

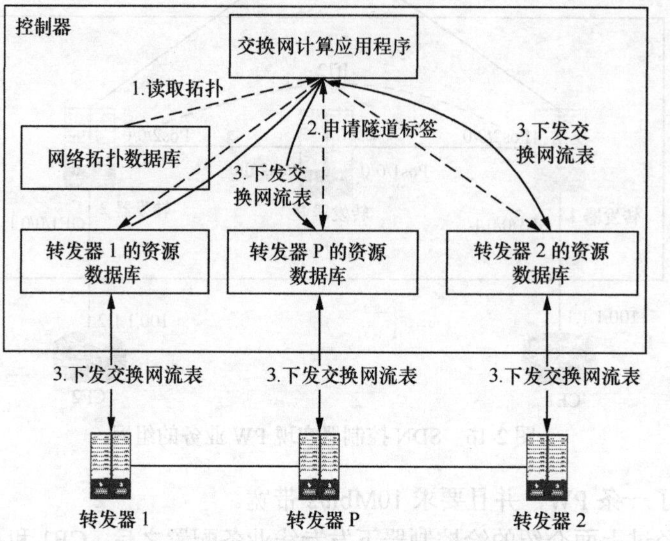

图 2-17 SDN 控制器实现内部交换路径过程

其他过程和前面介绍的交换网建立过程是一致的，这里不再详细描述。

（2）控制器生成 PW 业务路由

控制器已经在转发器 1 和转发器 2 之间建立了一条隧道接口为 If12。用户给控制器下发了一条专线业务配置，要求在转发器 1 的接口 GigabitEthernet1/0/0.1 和转发器 2 接口 GigabitEthernet1/0/0.1 之间建立专线。控制器内部的 L2VPN 业务应用程序会开始计算 PW 的业务路由。整个实现过程如图 2-18 所示。

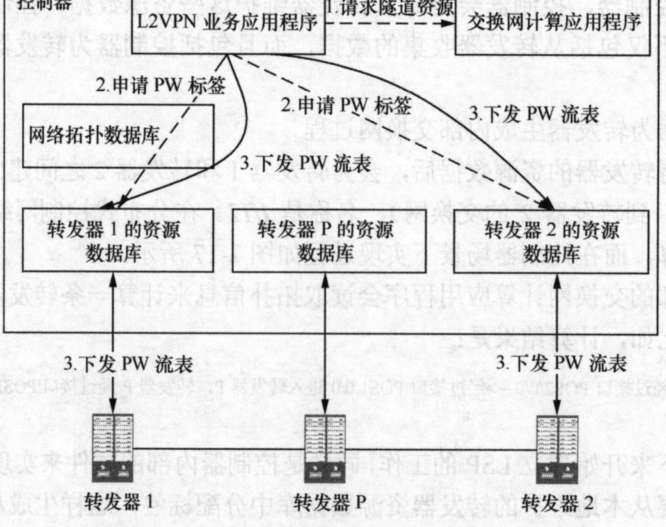

图 2-18 控制器生成 PW 业务路由

L2VPN 业务应用程序会根据配置信息向交换网计算应用程序查询转发器 1 到转发器 2 的隧道信息。交换网计算应用程序返回 If12 给 L2VPN 业务应用程序。L2VPN 业务应用程序会到控制器本地维护的转发器 1 资源数据库和转发器 2 资源数据库申请 PW 业务标签。假定从转发器 1 获得的 PW 标签为 546，从转发器 2 获得的 PW 标签为 245，则形成如下 PW 的业务路由表下发给转发器 1：

```
InterfaceGigabitEthernet1/0/0.1 push-label 245 out-Interface If12
```

这里 245 为 PW 标签，If12 是从转发器 1 到转发器 2 之间的交换网接口。

这样从转发器 1 的接口 GigabitEthernet1/0/0.1 进入的数据会先压入 PW 标签 245，然后 PW 报文会发送到 If12。上节已经介绍，转发器 1 到转发器 2 的交换网流表为：

```
If12 push-label 20 outgoing-interface POS2/0/0
```

If12 是一个交换网接口，这样转发器会向 PW 报文压入隧道标签 20，形成一个 MPLS 报文，如图 2-19 所示。

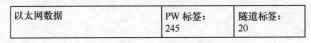

以太网数据	PW 标签： 245	隧道标签： 20

图 2-19　PW 报文封装

然后转发器会把这个 MPLS 报文向接口 POS2/0/0 发送，最后报文进入转发器 2，转发器 2 也会根据控制器下发的流表，把报文的隧道头和 PW 头解封装，然后发送到出接口 GigabitEthernet1/0/0.1。

这样，就完成了整个 PW 专线业务。

通过上面的实现过程介绍，SDN 用控制器内的软件程序（交换网计算应用程序）替代了 LDP 信令，使得 SDN 网络中去除了 MPLS LDP 隧道信令。SDN 用控制器内的软件程序（L2VPN 业务应用程序）替代了 Remote LDP 业务信令，使得 SDN 网络中去除了 PW 的 Remote LDP 信令，达到了简化网络的目的。而且未来如果对 L2VPN 业务有需求，只要在控制器上调整 L2VPN 的控制程序就可以，不需要像原来一样经历升级设备、更新标准等繁琐的过程。

同样道理，在实现 L3VPN 业务时，传统分布式网络内部的 MBGP 业务信令就不需要了；对于组播，传统网络的 PIM 信令不需要了；对于 IPv6 网络，则可以不用 OSPFv3、ISIS6 等协议了。总之，通过 SDN 网络架构，能够简化网络，去掉很多原来必须通过标准实现的各种业务信令。同时也能够通过更新 SDN 控制器上的控制器程序来支持更多新业务，达到网络业务快速创新的目的。

【本章小结】

本章介绍了 SDN 网络基本工作原理，说明了 SDN 网络架构下的基本分层，包括转发层、控制层、APP 层，也介绍了 SDN 网络架构下的三个主要接口：控制器和转发器的南向控制接口、控制器和 APP 的北向网络业务接口以及控制器和其他外部网络的东西向互通接口，同时详细介绍了 SDN 网络架构下各层的基本功能分配和接口关系。

然后介绍 SDN 网络架构对网络的模型抽象为内部交换网络和边缘业务接入节点构成。SDN 的基本工作原理是：

① SDN 控制器和转发器的控制连接建立过程。

② SDN 控制器收集网络资源和拓扑信息。

③ 控制器实现内部交换路径计算以及业务路由的学习和路由生成。

④ SDN 的转发面转发数据和传统的转发面实现一样的功能，可以保持传统网络转发面。

⑤ 网络状态变化时，SDN 控制器会根据新的状态重新计算网络内部交换路由和业务路由。

最后介绍了 L2VPN 业务的控制器实现实例，展示了 SDN 网络下是如何简化网络，提供网络业务快速创新能力的。

第3章 SDN控制器实现原理

SDN 是对网络架构的一次重构，从分布式网络架构转向集中式控制网络架构。集中控制的 SDN 网络架构使得网络的可编程性大大提高，从而提升了网络的灵活性，能够支持业务快速创新。SDN 的这种集中控制的网络架构还直接地消除了原来网络中的很多业务路由协议，简化了网络。而集中控制正是通过在网络中增加一个集中的 SDN 控制器，来完成对网络控制的。可以说，SDN 网络架构下的核心部件是 SDN 控制器。本章将介绍 SDN 控制器的实现原理。

3.1 控制器需求

3.1.1 SDN 控制器控制网络需求

SDN 通过集中的控制器对网络实现集中控制，把网络划分为网络内部的交换路径和网络边缘接入业务两个核心功能（见第 2 章网络抽象模型）。SDN 集中控制的目的是把网络的这两个核心功能都集中在控制器计算，来达成网络最大的灵活可调整性。因为把越多的功能集中到控制器，这些集中的功能就越容易灵活修改。如果某些功能不集中到控制器，那么这些功能就很难修改。

在广域网中部署 SDN 控制器时，单个 SDN 控制器所面临的网络规模根据场景不同而不同。

在 IPRAN 的移动接入场景，在一个城市，目前的规模已经达到 2 万台设备，未来可能会继续增加，达到 10 万台量级。这种接入网通常是汇聚模型，管理设备数量众多，但是需要建立的路径和路由数目相对不会太多。比如，如果说 2 万台设备中有 800 台设备是汇聚设备，其他 19200 台为接入设备，那么接入设备通常只要双归属到 2 台汇聚设备，与每台汇聚建立主备保护路径，一共相当于 4 条业务路径，总体上在接入部分相当于共有 76800 条路径，路由数目也是相同量级的。而汇聚设备之间的业务路径数量即使全连接总体也只为 32 万左右。

对于目前典型的城域网和骨干场景，设备规模从几百台到 2000 台。在骨干网和城域网的组网中，主要压力并不是网络内部交换路径的计算，而是边缘接入业务路由的计算。如果把边缘接入业务都集中到控制器计算，通常的一个边缘接入业务设备要建立几十个 BGP 邻居来学习外部网络业务路由（客户 VPN 路由或者 Internet 路由），每个 BGP 邻居要学习数以万计的 BGP 路由，这样整体上 BGP 邻居数量多达几万个，路由数量则可能达到几千万甚至几亿。这些 BGP 的路由处理都会集中到控制器上进行计算，这样就要求控制器能够处理这样规模的协议邻居和业务路由。

在数据中心解决方案场景，采用 OVERLAY 方式完成网络虚拟化功能。这种网络虚拟化是在数据中心服务器上直接启动一个软件交换机（比如 OVS，Open vSwitch 等），然后使用 VXLAN 技术，直接构建海量租户的虚拟二层网络。这种组网情况下，通过 SDN 控制器来完成虚拟网络的自动化建立和控制，要求 SDN 控制器能够控制数据中心内的软件交换机的数量和服务器的数量是一样的。比如一个大规模数据中心，目前可能达到 10 万台服务器，相当于这个 SDN 控制器要管控 10 万台软件交换机。而未来超大规模数据中心可能向百万台级发展，SDN控制器面临更大的规模挑战。这种场景下，目前每台服务器通常可以虚拟化为12～24个虚拟机（目前Intel服务器CPU可以达到12核心24线程，未来可能支持更多核心，就能够虚拟化出更多虚拟机），如果按照10万台服务器计算，需要控制器计算的路由数量最小是480万条路由（在每两台VM互相通信，不和其他VM通信的情况下，相当于给每个VM安装了一条路由来寻址到对方，安装另外一条路由寻址自己），最大规模可以达到240万×10万条路由（此时是240万VM互相之间都要通信，每个OVS上都有240万条路由）。当然，实际场景的路由数量可能没有如此多，但是通常也会达到上千万条。这种OVERLAY解决方案，通常为了避免在OVS所在服务器发送广播报文，ARP协议报文会发送到控制器完成处理，由于ARP报文是定期老化、定期重发的，所以每秒产生的ARP的总报文数量大概是虚拟机数量的30%。这是一个网络统计经验数据。在240万个虚拟机场景下，相当于每秒可能产生72万个ARP报文需要控制器处理。

总体来说，SDN控制器需要支持大规模的网络设备控制，需要支持海量的外部协议连接处理，需要能够支持海量的网络内部交换路径的计算和生成，需要能够支持海量的业务路由处理。

3.1.2 SDN控制器的可靠性需求

SDN控制器的可靠性至关重要。由于SDN网络架构是集中控制的，一旦这个控制器失效，当网络状态发生变化时，没有了SDN控制器为网络进行实时控制、重新计算网络内部交换路径和边界接入业务的业务路由的处理，会导致用户业务受损。尽管SDN网络仍然可以预先为网络建立主备FRR保护路径，可以在一定程度上缓解控制器失效带来的影响。比如，当SDN控制器失效后，网络出现单点故障，此时FRR保护路径会生效，网络转发业务不会受到损失。但当网络出现同时多点故障时，如果没有控制器的介入，网络的业务很可能会受到损失。而在传统的分布式网络，运行在每台设备上的分布式控制系统会自动同步网络状态，重新进行网络收敛，来达到网络的最大可用性。比起SDN网络来说，传统分布式网络可靠性要高。

SDN控制器本身的可靠性问题，需要考虑的故障模式主要包括运行SDN控制器的服务器故障、SDN控制器本身的软件故障。SDN控制器需要在服务器故障和软件故障时，系统仍然能够提供服务，并且需要做到故障透明，使其他周边邻居和转发器不感知到SDN控制器的故障。通常解决可靠性问题是通过冗余备份来实现，对故障部件进行冗余备份，使系统不间断提供服务。

3.1.3 SDN控制器的实时性需求

在网络状态变化时，传统分布式网络是通过全网实时同步状态和实时计算网络路由机制的，通常能做到秒级甚至毫秒级路由收敛。在SDN网络架构下，业务的需求仍然是希望当网络状态变化时，网络能够快速收敛。这里的快速就是越快越好，最好比传统分布式网络还快。即使不能超过传统分布式网络的收敛性能，也应该在同样量级，即秒级或毫秒级，所以SDN控制器对网络的控制是一种实时控制，能够根据网络状态变化实时对网络的内部交换路径进行重新计算，对网络边缘接入业务的路由进行重新计算和生成，并下发到转发器。即能够对网络状态变化予以实时响应，使得网络系统始终处在提供正常服务的状态。

3.1.4 SDN 控制器的开放性需求

SDN 控制器应该是开放的系统。SDN 控制器开放可编程的特性，带来 SDN 最重要的价值——业务快速创新。这样，SDN 控制器必须开放北向编程接口，使得第三方可以基于这些编程接口来快速开发一些新业务应用。

SDN 还需要开放南向接口，使得第三方转发器厂家能够利用这些接口编写自己的设备驱动程序对接控制器，这样解决了运营商最担心的厂家锁定问题：如果购买了一个厂家的控制器，就只能购买该厂家的转发器。开放的控制器开放了南向接口之后，各个转发器设备厂家都可以自行开发驱动程序，接入控制器网络。

开放的含义是第三方能够在控制器提供商不参与的情况下，完成控制器上的新业务开发，以及第三方转发器和控制器的对接。

3.1.5 SDN 控制器现网迁移需求

由于网络上已经存在海量的传统网络设备，SDN 网络部署需要考虑如何从现网平滑地迁移演进到 SDN 网络。

迁移演进方式有多种，其中一种是，SDN 网络的部署可能先在某些局部网络部署，而这个单独部署的 SDN 孤岛网络需要和传统的分布式网络互通，这样就需要 SDN 控制器能够支持传统的一些网络业务协议，比如 BGP 进行互通。在控制器控制的网络内部可以消除原来的很多协议，比如，MPLS 协议、组播协议、IPv6 协议都可以从网络内部消除，但是为了解决 SDN 网络和其他网络的对接，SDN 控制器需要实现传统的网络业务协议。这种迁移演进方式如图 3-1 所示：先部署 SDN 孤岛网络，这个孤岛网络可以和现存的网络互操作，一起完成业务。

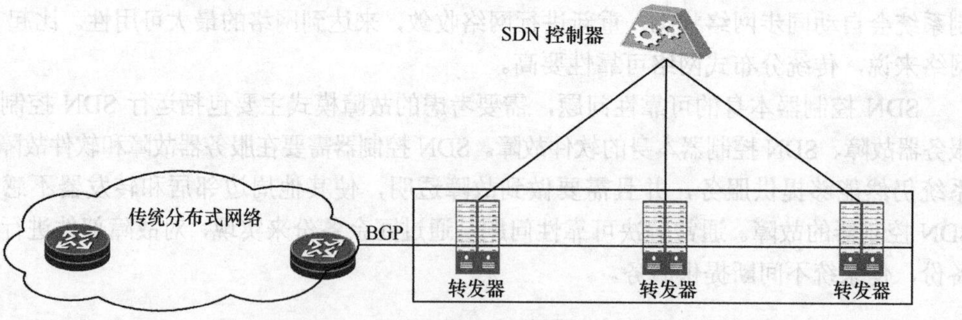

图 3-1 SDN 孤岛网络和传统网络互通

另外一种迁移演进方式是叠加控制的混合组网方式。在这种网络架构下，保持了原来的分布式控制网络，并叠加一个 SDN 控制器，这个 SDN 控制器也会对网络进行控制。这样相当于网络包含了两个控制系统：一个是集中的 SDN 控制器，一个是传统的分布式控制系统，如图 3-2 所示。

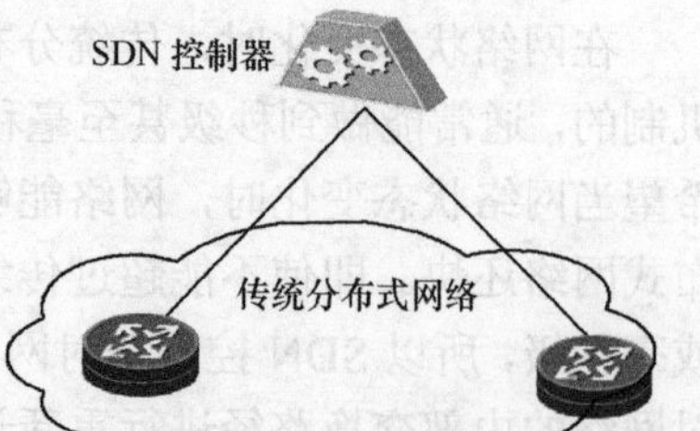

图 3-2 叠加 SDN 控制器的混合控制

这两种迁移演进方式是传统网络向 SDN 网络

演进的最基本方法，在 SDN 控制器设计中需要充分考虑迁移演进需求。

3.1.6　需求总结

对上面的需求分析汇总，可以得出：

① 控制器能够支持大规模网络控制、海量的网络交换路径的计算、海量的边缘接入业务路由处理。

② 需要控制器考虑可靠性、实时性、开放性。

③ 需要控制器支持现网向 SDN 网络迁移。

针对这些需求，本章后面提出控制器的一个参考实现架构。这个参考实现架构是一个逻辑架构，并不代表业界都按照这样的逻辑架构来实现，但至少从一个侧面可以了解 SDN 控制器架构应该考虑的方方面面。

3.2　控制器的架构

3.2.1　网络操作系统

1. 网络操作系统的概念

SDN 网络希望把网络软件化，使得操作网络的时候就如同操作一个软件系统；当需要改变网络的行为，只需要修改这个软件；如果需要实现什么新业务，只要修改或者升级这个软件，就可以达到目的。通常的大型软件系统都需要一个平台，比如，个人计算机的操作系统 Windows 和 Linux 都是一个平台，人们可以在这些平台上任意编写他们希望的应用程序；在编写和运行这些应用程序时，都需要使用平台提供的各种服务。而手机操作系统 Android 也是一个平台，人们可以基于这个平台编写各种移动应用程序，这些应用程序都使用了平台提供的服务。人们为什么需要一个平台或者说操作系统呢？因为这个平台对底层所管理的资源进行了抽象，屏蔽了底层的详细物理细节和资源细节信息，对上提供了统一的抽象编程接口，这样，各种应用程序只需要调用操作系统提供的这些抽象的编程接口，而不用关心各种物理资源的细节，也不用关心各个厂家实现的各种差异，结果大大简化了应用程序的开发，并且这样的程序由于平台或者操作系统在中间的作用，使得它们可以跨硬件平台运行。传统的个人计算机操作系统的主要功能包括进程管理、调度管理、通信管理、内存管理、文件管理、外设管理、中断管理等，而通常的操作系统的主要功能是负责资源管理，对系统运行的进程资源、CPU 资源、内存资源、文件资源、外设硬件资源、中断资源等进行管理，为运行在上面的应用程序提供各种系统调用来分配和协调这些资源。这些资源管理功能模块主要是管理系统固有的各种资源和数据，而上面的应用程序则会结合用户输入的数据和资源、策略等，调用操作系统提供相关资源和服务，完成用户希望这个程序完成的功能。这样，这些资源管理功能模块也会管理上层应用程序对底层资源的操作数据。传统的操作系统的架构如图 3-3 所示。

控制器是一个大型控制软件系统，也需要一个控制器平台。这个平台也称为网络操作系统（Network OS 或者简写为 NOS，NetOS），主要负责网络资源管理。而网络操作系统上面运行的网络业务应用程序会调用其提供的资源接口来申请资源，并结合用户的输入数据完成网络业务处理。图 3-4 所示控制器中为网络操作系统和网络业务应用程序的关系。

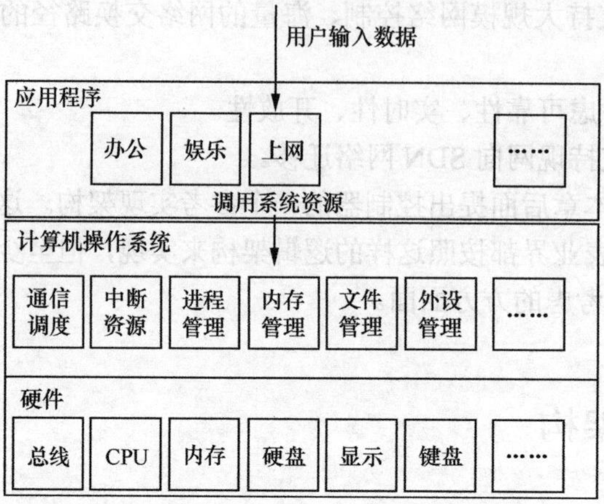

图 3-3 传统的计算机操作系统和应用程序

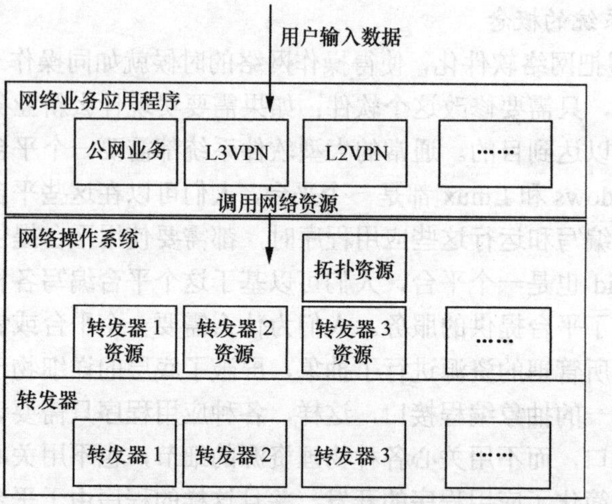

图 3-4 控制器中网络操作系统和网络业务应用程序的关系

图中所示是网络操作系统的位置和基本功能。网络操作系统主要负责网络资源管理，屏蔽底层转发器硬件的差异，对网络业务应用程序提供统一的抽象的 API。这样，网络业务应用程序就不需要关心具体的转发器硬件细节（比如转发器是分布式还是集中式，是单框还是多框，是软件转发器还是硬件转发器），不需要关心转发器的厂家信息，也不需要关心到底如何和转发器打交道。网络业务应用程序在实现其业务逻辑时，都是使用网络操作系统提供的一套抽象接口，并结合用户的输入数据来完成业务处理。

2. 传统网络的软件系统

传统的分布式网络有软件系统，没有网络操作系统。此时网络设备的软件系统构成如图 3-5 所示。

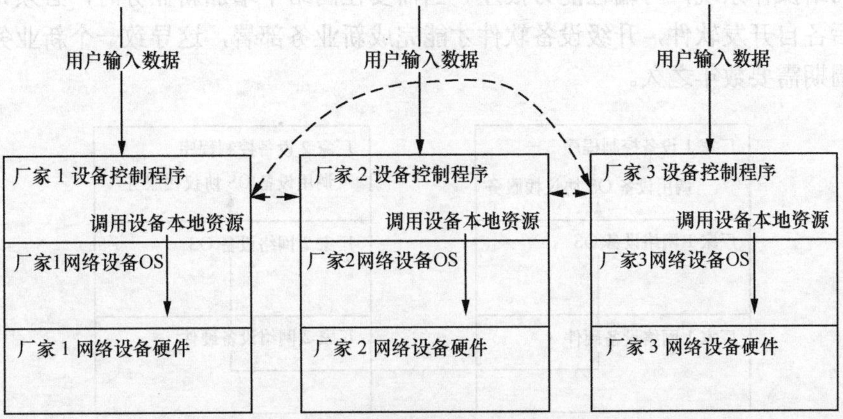

图3-5　传统网络的分布式软件系统

在传统网络的软件系统中，是由一个个独立的厂家软件系统构成的。每个厂家的网络设备软件系统包含两个部分：网络设备OS（注意网络OS与网络设备OS的区别。网络OS是一个网络的操作系统，网络设备OS是网络中的具体的一台网络设备的OS，要注意区分这两个概念）和网络设备控制程序。每个厂家的网络设备由软件系统和硬件构成，其中硬件是各个厂家自己设计实现的，没有标准可言，不像个人计算机领域有兼容机标准。网络设备 OS，是各个厂家设备内的操作系统，是为了屏蔽自己厂家的设备硬件的差异，为自己的设备控制程序提供编程接口，在功能上实现了各种硬件资源管理和通信资源管理。网络设备控制程序则是运行在网络设备 OS 之上的一个网络控制程序，比如各种传统的路由协议BGP、OSPF等以及设备管理协议NETCONF、CLI、SNMP等。事实上，各个厂家的网络设备程序和网络设备 OS 大部分是捆绑在一起，不可切分的。这一点并不像一台个人计算机的操作系统和应用程序之间的关系，个人计算机上的应用程序能够在其操作系统上进行灵活安装、加载、卸载。当前各个厂家几乎都不具备这个能力，其背后原因可以理解为：因为整个网络设备产品都是一个厂家交付，要升级修改设备软件都是连同设备OS和设备控制程序整包升级的。

各个厂家的网络设备OS不相同，不能互操作。也就是说，厂家1的网络设备OS不能运行在厂家2的网络设备硬件上。反之亦然。而厂家设备控制程序是基于厂家自己的设备OS开发的，同理，厂家1的设备控制程序不能运行在厂家2的设备OS上。反之也一样。这种模式叫作垂直整合模式，一个产品从硬件到软件全部由一个厂家自己完成。这种模式下，各个厂家的硬件和软件不能互相替换。尽管这些网络设备其实实现的是相同的功能，但是内部实现架构各不相同。为了交互信息，都是在设备控制程序之间进行协议交互。这些协议都需要一个标准组织来定义互通标准。这部分交互信息如图3-5中的虚线部分。这些交互报文的实际路径是网络设备控制程序通过网络设备OS的网络协议栈报文来收发报文的，网络设备OS的协议栈则是调用网络设备的网络接口来完成报文收发的。也就是说，通信服务也是网络设备OS提供的基本服务。网络设备之间的通信流程如图3-6所示。

通过这些介绍，我们会发现，传统的网络系统中存在着网络软件系统，这个网络软件系统是由一个个独立的软件系统构成的。这些软件系统之间通过标准的通信协议进行互通，整个网络并没有一个统一抽象的可编程接口开放出来。所以，传统的网络系统中并没有网络操作系统，可编程能力很差。当需要在网络中增加新业务时，必须先定义标准，然后各自开发软件，升级设备软件才能完成新业务部署，这导致一个新业务在网络中部署周期需要数年之久。

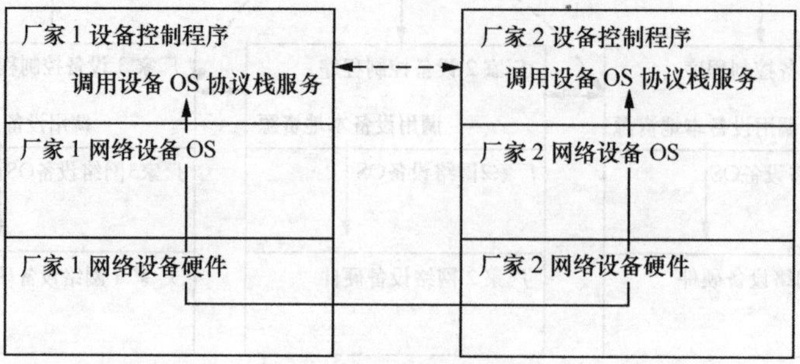

图 3-6　设备之间的通信流程

3. 广义网络操作系统

前面讨论了 SDN 网络下的网络操作系统，网络操作系统实现了网络资源管理，这些资源包括转发设备对外部非 SDN 网络的通信资源管理，比如 SDN 网络边界为了和传统网络互通的协议连接和报文，需要通过网络操作系统进行管理。也包括转发器的抽象转发资源管理，比如各种 ID 资源、标签资源、光的波长资源等。网络操作系统也管理网络的拓扑资源等信息。网络操作系统对上面的网络业务控制程序提供了统一的网络编程接口，使得网络业务应用程序（或者说网络业务控制应用程序）不需要关心具体的转发器的硬件差异、厂家差异。广义网络操作系统的组成如图 3-7 所示。

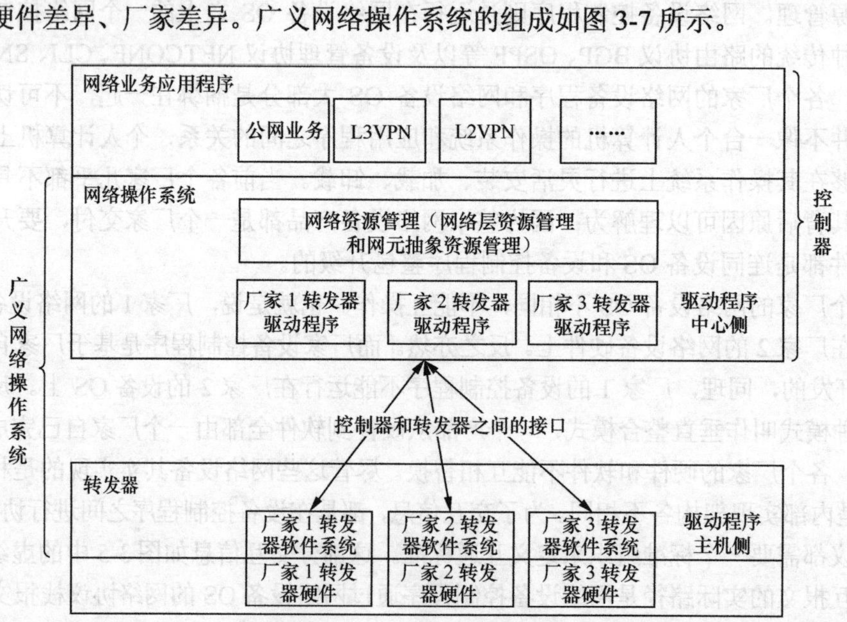

图 3-7　广义网络操作系统

在图 3-7 中，首先，广义网络操作系统包含转发器软件系统和控制器内部的网络操作系统。其中转发器软件系统是运行在转发器上的软件系统，通常包括转发器的设备 OS 和转发器上的各种本地程序（比如和控制器的连接协议）。这个转发器内的软件系统可以认为是广义网络操作系统的驱动程序的主机侧软件，因为它（转发器驱动程序主机侧）运行在转发器本地的硬件系统里面。控制器内的网络操作系统部分又分为两个部分：一个部分是网络资源管理模块，该模块管理的网络资源是抽象的网络资源和抽象的转发器网元资源；另外一个部分是转发器设备的驱动程序中心侧部分（运行在控制器内的转发器驱动程序称为转发器驱动程序中心侧）。这些驱动程序中心侧部分会将网络资源管理系统的抽象资源管理接口转换为转发器厂家自己具体的转发器资源管理接口（其功能也就是常说的从抽象网元资源模型到具体厂家转发器模型之间的转换），并通过一个接口协议和转发器进行对接。这个接口协议可以使用通用的 Netconf、BGP、PCEP、TL1、QX 等协议，也可以采用厂家私有的协议进行驱动程序中心侧到位于转发器的驱动程序主机侧的通信。

图 3-7 所示的广义网络操作系统是把 SDN 所控制的一个网络看成一台物理硬件设备，这个物理硬件设备是由很多转发器硬件以及连接这些转发器硬件的物理线路组成的。而广义网络操作系统是管理这个物理硬件设备的一个操作系统。这一点就如同传统的计算机操作系统一样，计算机操作系统管理很多物理硬件，包括 CPU、内存、总线、磁盘等。

把广义网络操作系统的图示重新展示一下，按照交付主体不同可以得到如图 3-8 所示的结果。

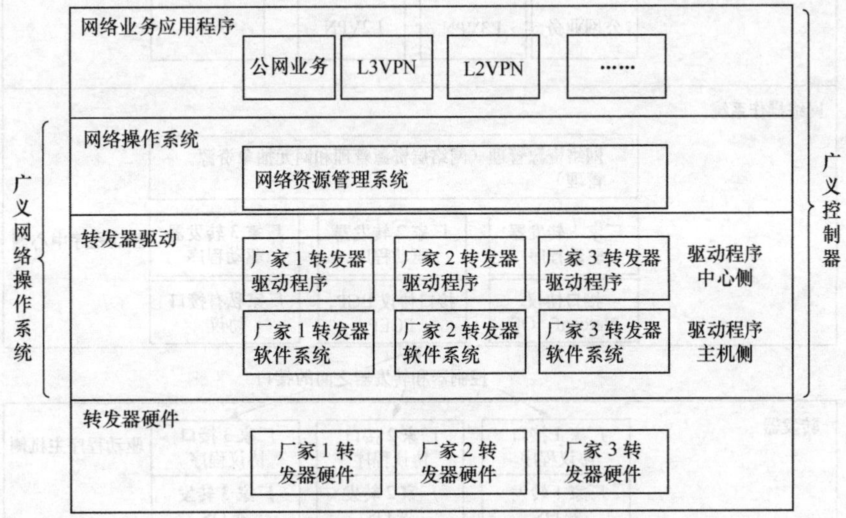

图 3-8　广义网络操作系统和广义控制器

从图 3-8 中可以更加清晰地看出，广义网络操作系统包括两大部分：网络操作系统和转发器驱动。而广义控制器对应广义网络操作系统，是在广义网络操作系统基础上，增加了网络业务应用程序构成的。在这种 SDN 网络架构下，整个网络的软件系统是由广义网络操作系统和上面的网络业务应用程序组成的，这两部分一起也称为广义控制器。而整个 SDN 网络系统则是由转发器硬件和广义控制器构成的。

这里按交付主体的意思是，通常产业分工模式是，转发器硬件厂家提供转发器硬件、转发器驱动程序主机侧、转发器驱动程序中心侧，网络操作系统厂家提供网络操作系统部分，控制器交付厂家提供网络业务应用程序，最后可以由集成商完成整体集成交付。

这里还要强调一个概念，用户购买广义网络操作系统本身，并不能直接进行网络的运营，因为广义网络操作系统和网络操作系统都是网络资源管理系统，它仅仅提供网络资源管理功能，并不能为用户提供网络业务。只有用户购买了网络业务应用程序后，才可以利用这些网络业务应用程序来进行网络运营。

4. 狭义网络操作系统

这里的狭义网络操作系统是和广义网络操作系统对应的，下文也称之为网络操作系统。

在实际讨论 SDN 控制器和网络操作系统的关系时，通常更应该从网络管理员视角来看整个 SDN 网络系统。网络管理员并不关心哪个厂家交付整个网络系统的哪个部分，而关心网络由哪些实体构成，这些实体之间是如何交互的。所以对于网络管理员更加容易理解的概念是，网络是由控制器和转发器构成的，而控制器和转发器之间是通过控制协议通道进行通信的；网络管理员还关心一个用户报文是如何穿过转发网络的，关心用户报文在网络内部的转发路径。这样从网络管理视角上看待这个 SDN 网络应该按照图 3-9 所示来展示系统。

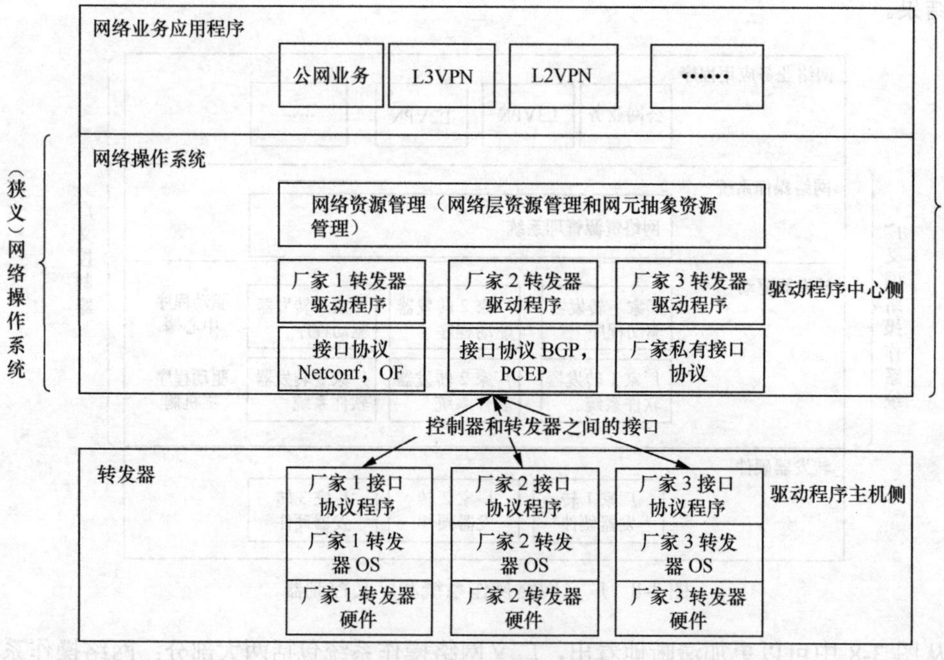

图 3-9 狭义网络操作系统

在图 3-9 中，把 SDN 网络清楚地分为控制器部分和转发器部分，控制器和转发器之间通过接口协议进行互通。这些接口协议主要负责几个方面的数据交互功能，包括从转发器收集转发器资源信息、转发器的协议报文、控制器下发的配置信息、控制器下发的转发表信息。

转发器由厂家独立交付，其系统内部包括硬件、转发器 OS 和接口协议。而控制器则分为两部分，一部分是狭义网络操作系统，另外一部分是网络业务应用程序。这两部分可以由一个厂家提供也可以由不同厂家分别提供，比如一个厂家专门提供网络操作系统，其他很多厂家提供网络业务应用程序，最后由集成厂家提供控制器集成。

网络操作系统的功能，除了网络资源管理系统外，还包括驱动程序和接口协议层。驱动程序是各个厂家开发的接口转换程序。接口协议层的接口协议部分，范围上属于驱动程序的一部分，但是网络操作系统厂家通常会提供很多标准的接口协议，比如 Netconf、OpenFlow、BGP、PCEP 等，而厂家也可以自行定制自己的接口协议，这个接口协议主要用于厂家驱动程序和自己的转发器对接，所以是否为私有协议其实并不那么重要。如果转发器厂家希望采用标准协议互通，则要求转发器和控制器之间的协议都采用同样的标准才能进行互通。

网络操作系统部分和驱动程序之间需要定义一套标准的接口，这样才能使得各个厂家按这个标准的接口来完成自己的驱动程序。这里提到的标准接口，是网络操作系统需要针对网元进行抽象，规定一套具体的交互接口来和转发器交换信息。这样相当于转发器可以千差万别，但是经过这个网元抽象后，所有的转发器对上面的操作接口就只有一套抽象接口了。这样的网络操作系统的架构如图 3-10 所示。

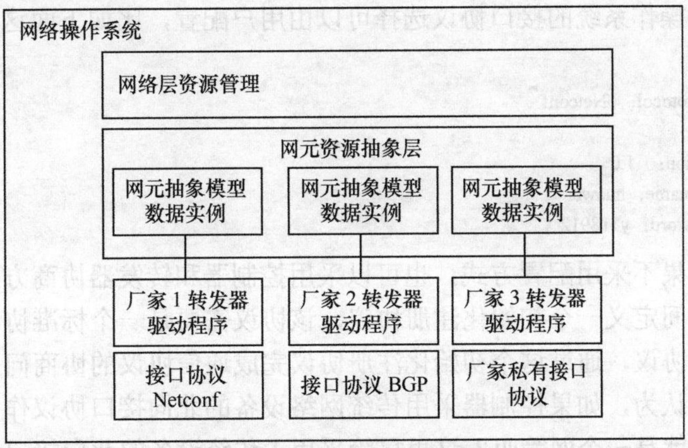

图 3-10　网络操作系统

这里，定义了网元资源抽象层，通过网元资源抽象层定义了一套标准接口，各个厂家驱动程序能够对接到网元抽象层的标准接口，然后相关的转发器资源数据实例会被按照逻辑网元的形式组织管理。经过网元抽象层后的转发器资源数据组织都是同构的，对于同一类型的转发器，其资源模型都是同构一致的，已经不存在具体的转发器的详细物理细节、厂家信息等的差异。

3.2.2　网络操作系统的管理范围

网络操作系统，顾名思义，就是一个网络的操作系统，主要负责网络中各种资源的管理。从总体上，可以把这些资源管理进行分层，主要包括网络资源管理、网元资源管理、网元硬件管理、驱动程序管理、接口协议管理。网络操作系统的总体层次如图 3-11 所示。

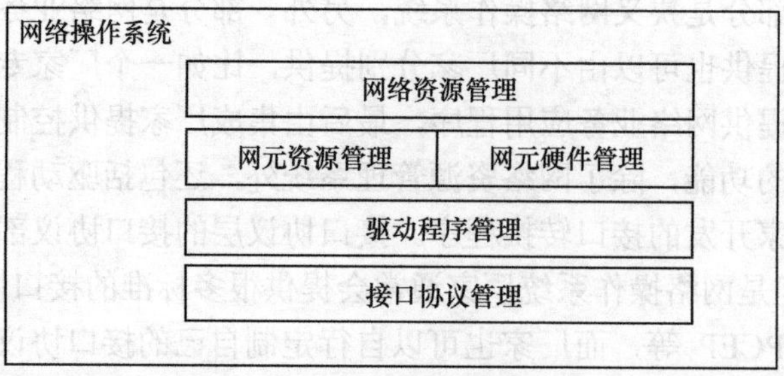

图 3-11 网络操作系统的分层

接下来分别介绍这些资源管理。

1. 接口协议管理

控制器和转发器之间需要建立控制协议，通常包括 OpenFlow、Netconf、BGP、PCEP、TL1、Qx 等接口协议。其中 OpenFlow 协议是典型的控制器和转发器之间的控制协议，其他的协议则是在 SDN 提出之前就已经存在的网络设备的北向接口。采用传统网络设备的北向协议作为转发器和控制器之间的通信协议，其好处是从现网向 SDN 演进更加方便，因为可以避免传统网络设备的软件大规模改造升级。

具体的网络操作系统的接口协议选择可以由用户配置，比如下面这样：

```
FP 100
    Connect Protocol:  Netconf
    Netconf
        Version:  1.0
        Username: huawei
        Password: y118912
```

连接协议如果不采用配置方式，也可以采用控制器和转发器协商方式，这要求在控制器和转发器之间定义一个初始化注册协议，该协议需要是一个标准协议。各个转发器厂家都实现这个协议，通过这个初始化注册协议完成通信协议的协商问题。

有一种观点认为，如果控制器采用传统网络设备的北向接口协议作为控制协议，那么这个控制器不就是一个网管吗？这里尽管采用了传统设备的北向接口协议，但和传统的网管仍然是有差别的。本来控制器和转发器之间采用什么接口协议，并不是判断网络是否是 SDN 网络架构的标准，而控制器和转发器传递的数据才是重要的。控制器和转发器之间传递的数据如果是控制数据，则符合 SDN 网络架构。比如控制器为转发器下发一条静态路由，直接指定转发器按照这条路由来转发，而当网络状态发生变化时，控制器可以撤销这条静态路由，并重新下发其他静态路由，这就是一种控制行为。下发静态路由本身是一种控制数据，而传统业务的网管不具备对网络进行实时反馈控制的能力。

理论上，在一个 SDN 网络实例中，各个转发器和控制器可以采用不同的控制协议，但是在实际部署中，建议所有的转发器采用相同的控制协议，这样对于网络的管理会更加容易。

网络操作系统对这些接口协议的管理主要是为每个转发器配置接口协议类型和接口协议参数。网络操作系统还会管理接口协议的连接参数数据，这些参数数据包括连接 IP 地址、安全认证方式和认证密钥等，以确保控制器和转发器连接的安全性。

网络操作系统会根据配置来加载正确的接口协议程序，并负责监控这些接口协议的连接状态。如果接口协议的连接状态发生变化，比如连接状态从 UP 变为 DOWN，那么这个事件必须能够通告给关心这个事件的上层网络业务应用程序。因为控制器和转发器的连接中断，也就意味着控制器和该转发器无法通信。这种故障可能是因为通信链路中断，也可能是转发器本身崩溃。不管什么原因，结果都是这台转发器失去控制了。此时网络业务应用程序就需要进行必要的调整，比如重新选择网络交换路径或者重新生成网络接入业务路由。

2. 驱动程序管理

网络操作系统需要针对每个转发器安装特定的驱动程序。当然，网络操作系统内部可以内嵌一套默认的驱动程序，比如采用 OpenFlow 的数据模型作为默认的驱动程序。当不特别指定驱动程序时，可以采用默认驱动程序来驱动转发器。当然，默认驱动程序能够工作的前提是，这个默认驱动程序是一种通用的标准协议，且各个厂家的转发器都实现了默认的驱动程序。

这里要区分驱动程序和接口协议的区别。接口协议是一个通信协议，定义了通信实体之间的通信原语；驱动程序则是利用接口协议和转发器进行通信。

驱动程序的重要作用是完成网络操作系统的标准数据模型到转发器的具体数据模型的转换，转换生成的数据实例可以通过不同的接口协议下发到转发器。系统也可以实现一个默认的驱动程序，这个驱动程序定义了一套标准的驱动模型和接口协议，比如 OpenFlow 协议，当无法找到驱动程序时，可以试着用这个默认驱动模型驱动转发器。

网络操作系统会根据转发器的三个主要信息来找到驱动程序：转发器厂家、转发器设备类型、转发器软件版本号。比如，通常的网络操作系统允许用户配置这些参数：

```
FP 100
    Vendor: Huawei
    Product name: NE5000E
    Software version: VRPV8R1B01D05
```

这样，网络操作系统会根据这些信息在驱动程序库中搜索对应的驱动程序，并加载运行。

当然，这些参数也可以通过转发器上报自己的设备信息获得。当转发器向网络操作系统注册时，上报这些信息，网络操作系统会根据这些信息找到驱动程序并安装。同上面的接口协议协商一样，要解决设备初始注册的过程，转发器要先与控制器建立连接才能通信，而当没有安装驱动程序时，转发器是没有办法和控制器进行通信的。为了解决这个问题，需要有一个初始的标准控制器、转发器协商协议。这个协议应该是一个公开的标准协议，所有转发器都实现这个标准的初始化注册协议，就如同个人计算机中的 BIOS 系统。通过这个标准化的初始化协议，转发器和控制器可以直接建立连接并通告一些信息，这里就可以通报自己设备的信息，以便网络操作系统能够安装驱动程序。

网络操作系统现在可以根据设备信息找到合适的驱动程序，安装到系统来驱动转发器了。网络操作系统安装的驱动程序通常是第三方开发的，为了解决安全问题，网络操作系统必须对驱动程序实施认证管理，以避免驱动程序可能带来的恶意破坏；同时，在技术上还要解决驱动程序的权限问题，仅仅提供必要的系统调用权限给驱动程序，使得驱动程序使用的系统服务是满足其功能的最小集合。

3. 网元硬件管理

这里的网元是指转发器。网元硬件资源管理是转发器的硬件管理，对应传统网络中的网元管理系统（EMS）。网元硬件资源管理包括管理网元的物理硬件信息，比如框、槽、板、卡、电源、风扇、温度监控等。这些物理硬件的管理不是控制系统的一部分。前面介绍了网络包括转发面、控制面、管理面，网元硬件管理属于管理面。作为一个完整的网络操作系统，可以把这个功能作为网络操作系统的一部分来看待。如何对待这部分功能是有争议的，有人认为这部分功能原本是网元网管的一个管理功能，在 SDN 网络架构下，仍然可以把这个部分单独地作为一个独立网络管理模块部署，而不是集成到网络操作系统中。

这部分的硬件管理功能通常不会影响网络控制部分的功能，因为网络业务应用程序在实现逻辑中，通常不会考虑任何与物理硬件相关的物理信息，而是依赖网络操作系统提供的资源抽象接口。这样存在争议是正常的。

4. 网元资源管理

网络在高层抽象层次上，可以看作是由网元以及网元之间的连接构成的，这一点对于 SDN 网络和传统网络都是正确的。网络操作系统需要对网元资源进行管理。网元的哪些资源需要网络操作系统进行管理，取决于网元的类型，比如网元类型可以分为 0 层和 1 层的光传输设备、2 层交换机设备、2.5 层 MPLS 交换设备、3 层 IP 设备、3 层以上的增值业务处理设备（防火墙、缓存等）。针对具体的网元类型其网元资源是不同的。

网络操作系统对这些网元资源进行管理，都需要对特定类型的网元进行抽象。抽象后只对上层的网络业务应用程序提供抽象的资源访问接口，而抽象后的网元资源也可以作为一种标准，供各个转发器厂家开发自己的驱动程序，对接这个抽象后的网元资源访问接口。正是这种机制，使得网络操作系统中的上层网络应用程序能够屏蔽底层转发器的物理、厂家差异，使得这些网络业务应用程序构建在这个抽象基础上，而不必去关心具体的物理细节。

网元资源管理中包含网元转发所需的流表信息，这些信息通常是由网络业务应用程序计算出来的，用于指导转发器如何对从线路进入的数据进行转发。流表有时也称为路由表、转发表，都是一个概念。流表资源管理功能需要能够缓存流表，当转发器重启动、与转发器的连接重建过程，都需要把这些流表重新下发给转发器，以保证控制器和转发器的数据一致性。另外，流表资源管理同其他资源管理一样，通常需要提供增、删、改、查、状态变化通知功能。

网元资源中的流表需要一个抽象的标准接口，以便多个网络业务应用程序能够同时操作一个转发器流表。有一种观点认为，采用 OpenFlow 协议定义的流表可以作为网络操作系统的 API 提供给网络业务应用程序使用。这种观点和使用抽象的标准流表接口是不同的。抽象的标准流表实际上根据转发器类型定义了一套标准的转发模型，开放的接口只能操作这个标准的转发模型，而各个厂家的转发器为了能够被网络业务应用程序控制，通常需要实现一个驱动程序，来完成标准的转发模型到厂家转发器的转发模型转换。而 OpenFlow 协议对于一种特定的业务，可以定义出不同的转发模型，这样网络业务应用程序就需要感知多种转发模型，这给网络业务应用程序的编写造成麻烦。这两者的区别可以如图 3-12 所示。

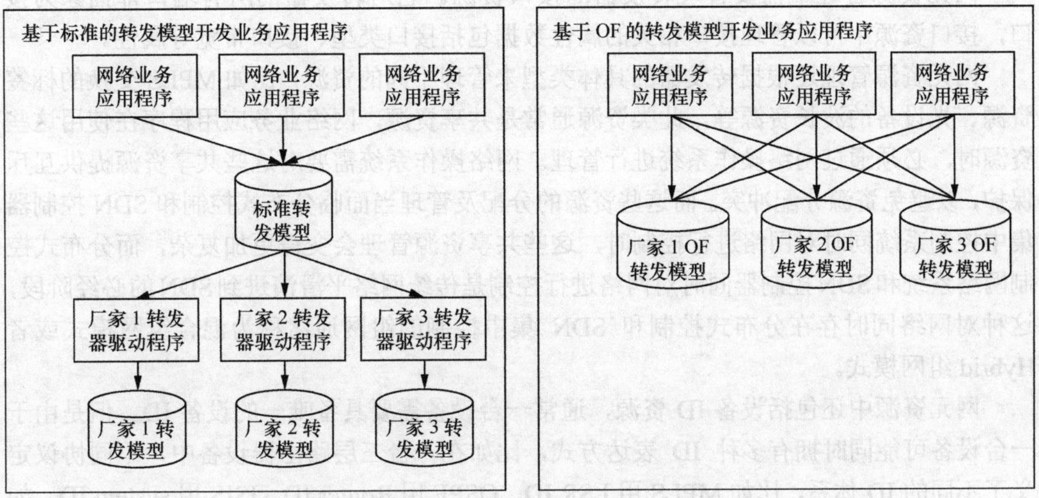

图 3-12　基于标准的转发模型和基于 OF 的转发模型开发业务应用程序

显然地，作为一个网络操作系统，应该屏蔽底层转发器的转发模型差异。而基于厂家各自的 OF（OpenFlow）转发模型方式，没有达到对网络业务应用程序屏蔽底层转发器转发模型的差异，是不合适的。

图 3-13 所示的是另外一种针对基于厂家 OF 转发模型的有趣实现。

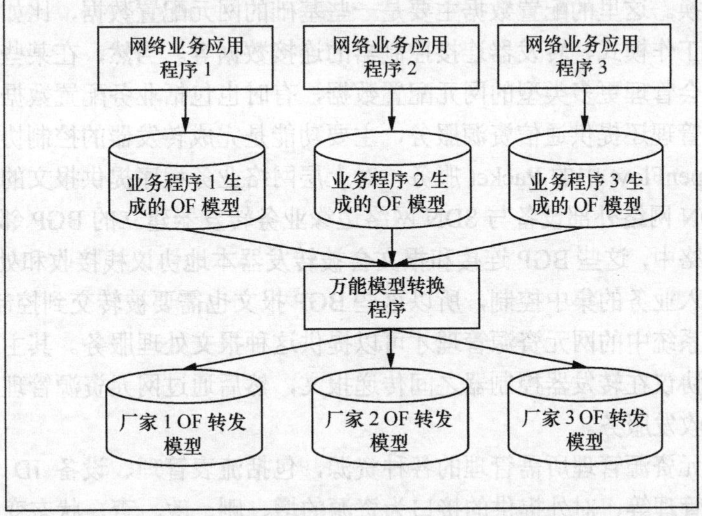

图 3-13　使用万能模型转换程序对模型进行转换

该模型希望能够通过一个万能的转发模型变换程序，使得任意的 OF 转发模型可以转换为其他任意形式的转发模型。这种想法是好的，但是限于其实现难度，很难设计出这样的万能模型转换程序。

总体来说，网络操作系统的转发器资源管理中的流表管理，需要由网络操作系统定义出一套标准的抽象转发模型，来隔离转发器转发模型上层网络业务应用程序，使得转发器和上层网络业务应用程序可以解耦。

网元资源管理中需要管理转发器的接口资源。它对转发器的所有端口都抽象为接口，接口资源中可以管理接口相关的属性数据包括接口类型、接口带宽等属性。

网元资源管理还根据转发器的具体类型来管理不同的资源，比如 MPLS 交换的标签资源、光设备的波长资源等。此类资源通常是共享资源，网络业务应用程序在使用这些资源时，必须通过网络操作系统进行管理。网络操作系统需要对这些共享资源提供互斥保护，以避免资源分配冲突。而这些资源的分配及管理当面临分布式控制和 SDN 控制器集中控制系统同时对网络进行控制时，这些共享资源管理会变得更加复杂，而分布式控制网络系统和SDN控制器同时对网络进行控制是传统网络平滑演进到SDN的必经阶段，这种对网络同时存在分布式控制和 SDN 集中控制的组网通常称为混合组网模式或者 Hybrid 组网模式。

网元资源中还包括设备 ID 资源，通常一台设备需要具备唯一的设备 ID。但是由于一台设备可能同时拥有多种 ID 表达方式，比如在一台三层路由器设备中，不同协议定义了不同的 ID 体系，比如 MPLS 用 LSR ID、OSPF 用 Router ID、ISIS 用 system ID，如此等等，这样就需要网元资源中管理这些设备 ID 的关系。

网元资源管理中也包括网元配置数据管理。这部分功能主要是由控制器管理网元的一些基本配置数据，这些配置数据是通过类似 OpenFlow 的配置协议或者直接通过 Netconf 等配置协议配置到网元的。除了负责管理这些配置数据之外，作为网元的配置数据的管理中心，控制器同样需要对这些配置数据进行抽象，提供一套由控制器定义的配置数据模型。当需要下发配置给转发器时，由驱动程序完成到各自厂家的转发器的配置数据模型的转换。这里的配置数据主要是一些基础的网元配置数据，比如一些接口物理属性、转发器工作模式、转发器连接控制器的连接数据等。当然，在某些解决方案中，配置数据可能会管理更多类型的网元配置数据，有时也包括业务配置数据。

网元资源管理还提供通信资源服务，主要功能是完成转发器的控制协议报文的转交服务，对应 OpenFlow 中的 Packet 服务，对上层网络业务程序提供报文的接收和发送服务。比如，SDN 网络外部设备与 SDN 网络边缘业务转发器建立的 BGP 邻居，原本在传统的分布式网络中，这些 BGP 连接和报文会被转发器本地协议栈接收和处理，而现在希望进行边缘接入业务的集中控制，所以这些 BGP 报文也需要被转交到控制器完成处理，这样网络操作系统中的网元资源管理才可以提供这种报文处理服务。其主要机制也是采用 OpenFlow 协议在转发器控制器之间传递报文，然后通过网元资源管理层统一对上层提供协议报文收发服务。

综上，网元资源管理所需管理的各种资源，包括流表管理、设备 ID 管理、接口管理、通信资源管理等，对外提供的接口为资源的增、删、改、查、状态变化通知等。

5. 网络资源管理

(1) 网络拓扑资源管理

网络操作系统中包括网络资源管理，其中最重要的网络资源是拓扑资源。拓扑资源包括转发器节点（node)、转发器节点上的接口（interface)、接口之间的连接关系（link）三个主要对象。拓扑资源管理主要是管理这三个对象以及这些对象的属性。拓扑资源管理的重要功能是提供这些对象的增、删、改、查和状态变化通告。拓扑资源数据的主要使用者是位于网络操作系统上层的网络业务应用程序，这些网络业务应用程序需要根据拓扑来计算网络内部交换路径和网络边缘业务的路由。

拓扑资源管理中的拓扑数据有几种方法获取。第一种方法是通过专门的拓扑收集协议进行拓扑收集。典型的拓扑收集协议包括传统的 OSPF 协议、ISIS 协议、LLDP。其中，LLDP 可以作为网络操作系统的接口协议的一部分，而 OSPF/ISIS 协议则不能看作是接口协议的一个部分，原因是这两个协议和特定的转发器没有关系，通常这个协议是控制器设备本身作为一个协议邻居和路由器运行 OSPF/ISIS 协议，此时控制器设备本身就是一台普通路由器。拓扑收集协议还包括 BGP-LS 协议，它可以收集转发器上 ISIS、OSPF 协议的拓扑数据，并可以通过一个 BGP-LS 协议连接收集多个 IGP 域的拓扑数据。在很多网络场景下，比如分层控制器之间的拓扑收集或者网络中存在 IGP 多域时，BGP-LS 可以有效地完成拓扑收集功能。

第二种拓扑数据收集方法是，网络管理员通过北向接口直接在网络中增加拓扑对象。在某些网络场景下，由于网络现存条件的限制，控制器需要的拓扑信息无法从转发器收集，则可以采用由网络管理员配置的方式加入拓扑。管理员对拓扑数据的配置还包括对对象的带宽属性、时延属性等流量工程数据进行配置。原本这些数据是需要配置在转发器的接口对象上的，现在则可以直接配置到控制器的拓扑资源管理模块中。

第三种拓扑资源数据是一些拓扑状态数据，这些状态变化可以来自拓扑收集协议，有时也来自于转发器驱动程序。当转发器驱动程序发现接口状态变化时，可以直接通过网元资源管理的接口状态管理通报给拓扑资源管理模块，这样可以更加快速地感知网络状态变化。拓扑数据来源如图 3-14 所示。

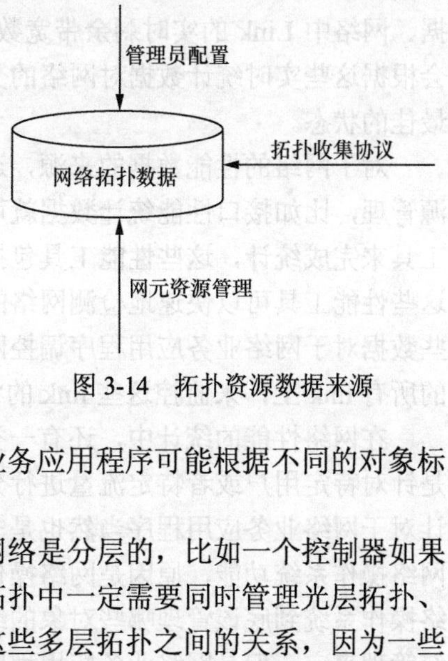

图 3-14 拓扑资源数据来源

在一个具体的 SDN 网络实例中可能包含多种拓扑收集协议，而这些拓扑收集协议之间对拓扑对象的 ID 标记并不相同，比如，ISIS 采用 System ID 作为对象标记，OPSF 则采用 IP 地址作为标记。拓扑资源管理既要能够统一标记拓扑对象，又要能够提供基于各种标记体系之间的互相转换。因为网络业务应用程序可能根据不同的对象标记体系来查询请求拓扑信息。

在拓扑资源管理中，拓扑是分层的。这是因为网络是分层的，比如一个控制器如果同时控制光网络、二层交换网络和三层网络，那么拓扑中一定需要同时管理光层拓扑、二层网络拓扑、三层网络拓扑。控制器还需要管理这些多层拓扑之间的关系，因为一些网络业务应用程序在计算路径时，希望对多层网络进行联合路径优化，它需要了解这些拓扑之间的关系，才能完成任务。多层拓扑示意如图 3-15 所示。

在拓扑资源管理中，拓扑数据除了包含 SDN 网络范围内的网络拓扑外，有时为了解决方案的需要，还需要增加那些连接在 SDN 网络上的非 SDN 网络控制范围的网络设备。比如，数据中心解决方案，希望在拓扑中增加服务器或者虚拟机信息，这样做是为了确定服务器或者虚拟机在网络中的位置。这些位置信息是网络业务应用程序在计算转发表时需要的。广域网解决方案中的 L3VPN，出于同样理由也需要在拓扑中标注 CE 设备的位置信息。

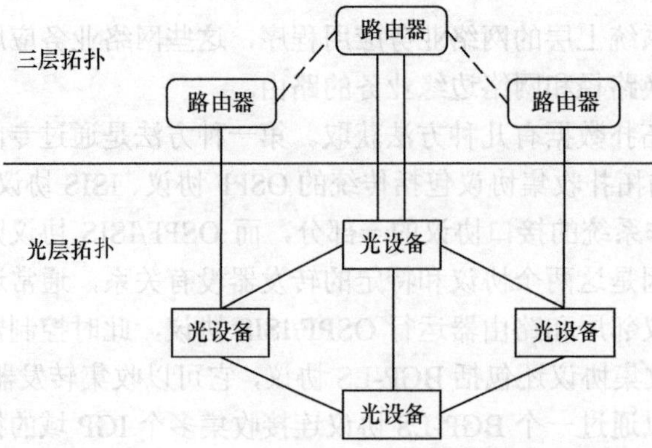

图3-15　多层拓扑示意

拓扑资源数据中的对象属性需要设计成可扩展的，当需要向拓扑对象增加新的对象数据时，拓扑资源管理应该可以在不修改代码的情况，完成拓扑对象属性的增加。这样的设计才能满足灵活的拓扑对象属性数据的扩展。

（2）网络性能数据

通常的网络拓扑数据是相对静态的数据，如果网络的节点、链路没有故障，网络数据就不会有变化。而网络的性能数据则是网络运行时的实时统计数据，是时刻变化的。网络操作系统需要管理网络性能数据，这些网络性能数据包括网络中接口的报文统计数据、网络中 Link 的实时剩余带宽数据、网络中 Link 的时延数据等。网络业务应用程序会根据这些实时统计数据对网络的交换路径和边缘业务路由进行优化，以使得网络达到最佳的状态。

对于网络的性能数据的来源，通常地，性能数据可以由设备驱动程序上报给网元资源管理，比如接口性能统计数据就可以这样做。而网络的时延数据等则需要专门的性能工具来完成统计，这些性能工具包括 BFD、MPLS TP OAM、以太 OAM、IP FPM 等。这些性能工具可以快速地检测网络的连接状态、时延、抖动、网络端端流量等数据，这些数据对于网络业务应用程序调控网络非常有用。这些性能监控工具会部署在网络内部的所有 link 上，来监控这些 link 的状态和性能情况。

在网络性能的统计中，还有一类统计是对网络的流量进行详细的分析和统计，而且是针对特定用户或者特定流量进行分析统计，比如传统的 Netstream 流量统计。这些统计对于网络业务应用程序当然也是非常有价值的。这里不打算把这部分性能统计归属到网络操作系统功能，原因是网络操作系统并不管理这些特定用户的特定流量的对象。网络操作系统到底该管理哪些对象的统计数据？一个原则是根据对象是否归属网络操作系统管理来定。但是网络业务应用程序有时还需要此类数据，所以建议单独部署这些性能统计工具，然后把分析结果通过控制器北向接口直接输入给网络业务应用程序。

由于控制器的实时性非常关键，如果大量的性能统计信息对控制器和转发器之间的带宽占用以及控制器的计算资源消耗过大，将影响控制器的实时性，有时甚至影响重要的交换路径的计算和业务路由的计算。因此，性能统计数据的采集时间间隔需要控制，比如有一些性能统计数据可以采用秒级上报，而一些关键的通断数据则需要事件触发方式上报，以达到网络实时性，能够快速对业务进行收敛。或者这部分性能统计由单独的系统来进行收集分析，这个单独的系统先进行初步筛选，分析出关键数据，再输入给网络操作系统。这个独立的系统可以作为网络操作系统的一部分，只是要和控制器的实时控制程序进行分离部署。

（3）网络主机数据

网络主机数据主要负责管理那些连接到SDN网络上的外部网络设备的数据和信息，比如数据中心虚拟机的IP、MAC地址、物理服务器IP地址以及位置信息，也包括WAN网络中企业租户的网络设备信息。这些数据的来源通常有两种方法。一种方法是采用控制器北向接口把这些数据配置给网络操作系统。但采用的是静态配置方式，很难解决用户接入设备的移动性问题。另外一种方法是采用虚拟接入感知方法来获得这些主机数据。虚拟接入感知技术通常利用网络设备接入SDN网络的协议来感知这些主机位置信息，这些协议包括ARP、DHCP、802.1x、802.1Qbg等。采用虚拟接入感知接入设备位置信息的方式可以很好地解决接入设备的移动性问题。在虚拟接入感知技术中，出于安全考虑，仅仅采用虚拟接入感知技术来感知接入设备位置，而这些接入设备的大部分信息仍然需要从控制器北向接口配置。

之所以要管理这些信息，是因为网络业务应用程序在提供网络业务时需要获得这些数据，以便为这些接入设备生成业务路由。

（4）网络虚拟交换网（FABRIC）管理

网络的基本模型是，从网络边缘设备的业务接入接口接入业务流量，然后根据业务路由把这些业务流量转发到网络的另一台边缘设备的接入接口，中间会穿过一个或者多个网络设备。在SDN网络架构下，会在边缘接入设备到其他边缘接入设备之间建立虚拟交换路径。这些虚拟交换路径统称网络虚拟交换网或者Fabric。网络内部的虚拟交换网如图3-16所示。

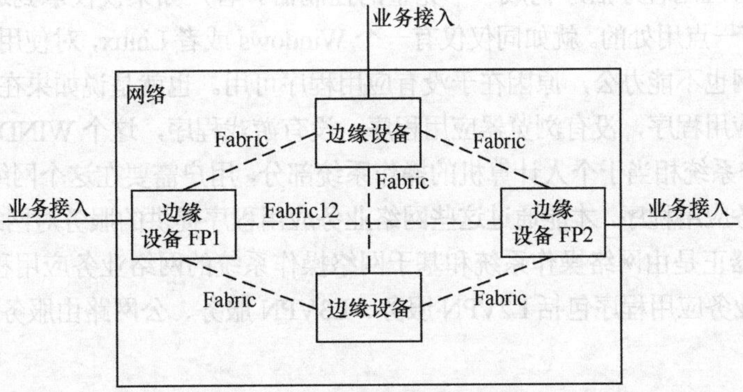

图3-16 网络内部的虚拟交换网

这些网络虚拟交换网是连接网络边缘设备的虚连接，这些虚连接可能经过网络中的多台转发器。在表现上，这些虚连接和一个接口是一样的，当业务流量进入边缘设备时，根据业务路由，转发器可以把业务流量路由到该接口上。这些接口到另外一个边缘设备表现为一跳可达。这个接口称为Fabric接口（interface fabric）。这些Fabric接口和普通接口一样，存在带宽、时延、MTU等属性。

网络操作系统负责这些Fabric接口的管理的目的，是能够让网络业务应用程序使用这些 Fabric 接口完成路由计算。比如一个网络业务应用程序可以为一个转发器 FP1 生成下面的路由信息：

```
FP1
IP prefix 10.9.8.9/16 Nexhop FP2 OutInterface Fabric 12
```

这里的意思是说，去往 10.9.8.9/16 的 IP 报文，需要经过 Fabric 接口 12 转发给 FP2。

尽管网络操作系统管理这些 Fabric 接口资源如同管理网络内部的互联物理接口资源一样，但是网络操作系统通常不需要实现生成这些 Fabric 路径的程序组件。网络操作系统可以内部嵌入一种基于最短路径的默认 Fabric，各种网络业务应用程序根据网络管理员的策略和特定约束，实现各种各样的算法来生成 Fabric 接口，并把这些 Fabric 接口资源加入虚拟交换网资源管理模块管理，以便其他应用程序可以使用这些接口。当然，这些接口会在多层拓扑中体现，接口类型为网络内部的 Fabric 接口，这样网络业务应用程序就更加容易使用它们了。

这些 Fabric 接口本质上对应传统网络的隧道。在 SDN 网络中，Fabric 接口的实现技术可以有多种，比如 MPLS Fabric、IP Fabric、光 Fabric 等。采用 MPLS 技术实现 Fabric，网络内部采用 MPLS 交换技术来实现。如果采用 IP Fabric，中间可以采用类似 GRE 等隧道技术。至于采用什么样的 Fabric 技术，可以根据网络实际应用来选择。这些 Fabric 的实现技术也会作为一种属性保存在 Fabric 接口对象中。

3.2.3 控制器和网络操作系统的区别

关于控制器和网络操作系统的区别，这里再次强调一下。网络操作系统是控制器的一个平台层，是一个资源管理层，提供各种资源管理，提供这些资源的增、删、改、查、状态变化通知服务。也就是说，网络操作系统只是控制器的一个部分，只有在网络操作系统上面增加了网络业务应用程序后才构成一个完整的控制器。客户如果仅仅拿到这个网络操作系统，其实是没有一点用处的。就如同仅仅有一个 Windows 或者 Linux，对使用者是没有用的。因为既不能上网也不能办公，原因在于没有应用程序可用。也就是说如果在 WINDOWS 上没有办公软件应用程序，没有浏览器应用程序，没有游戏程序，这个 WINDOWS 没有什么价值。网络操作系统相当于个人计算机的操作系统部分，用户需要在这个网络操作系统上增加各种网络业务应用程序，才能通过这些网络业务应用程序提供的服务对网络进行运营、部署业务。控制器正是由网络操作系统和基于网络操作系统的网络业务应用程两大部分构成的。这些网络业务应用程序包括 L2VPN 服务、L3VPN 服务、公网路由服务等。

3.3 网络业务应用程序

3.3.1 网络业务应用程序的基本原理

网络业务应用程序是控制器实现网络控制的逻辑程序，是真正实现用户希望网络为其提供服务的实体部分，也就是说，控制器对网络的控制是通过网络业务应用程序来实现的，这些网络业务应用程序才是网络的真正控制者。前面介绍的网络操作系统是一个控制器平台，提供网络的资源管理功能，其管理的数据主要来自网络本身，这些数据包括网元数据、网络数据和周边网络的通信协议数据等；也包括用户对网络资源数据的一些配置，比如一个特定的网络内部的性能监控工具选择、性能统计周期、网络内部的交换技术等。用户配置这部分数据主要是对网络内部的一些预置条件进行配置，也就是通常说是对网络模型的选择过程。而网络业务应用程序则更多的是要实现用户对网络的期望，这部分程序所依赖的数据包括网络操作系统提供的各种资源服务、用户策略和用户业务请求输入、其他应用系统输入的数据。其中网络操作系统的资源服务可以分为两类资源：

① 和外部网络通信获得的资源，比如和外部网络进行的协议连接，比如通过 BGP 获得 IP 前缀位置信息，通过 ARP 获得主机的 IP 和 MAC 地址对应信息等；

② 网络本身的资源，比如网元资源、拓扑资源等。

这样，一个网络业务应用程序的基本逻辑视图如图 3-17 所示。

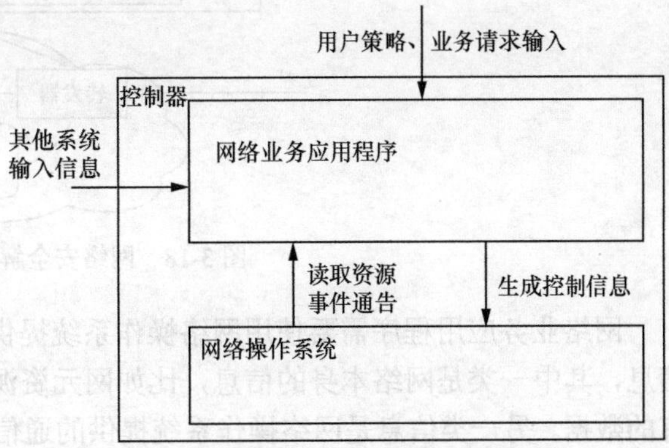

图 3-17　网络业务应用程序的逻辑

网络业务应用程序主要利用三个方面的数据：用户输入、其他系统输入、网络操作系统资源数据，其根据这些输入数据进行特定的逻辑架构，生成对网络的控制数据，这些数据包括网络内部的交换路径的建立数据、网络接入业务的业务路由数据等。

用户输入通常包括用户的策略配置和用户的业务请求数据。用户业务策略配置通常是对网络业务应用程序进行一些预置的策略配置；用户业务请求数据通常是要真正地对外提供的网络业务的数据，比如创建一个专线 PW 业务，用户需要输入专线的接入接口和专线带宽数据。网络业务应用程序为什么没有直接归类到网络操作系统中？原因正是网络业务应用程序需要处理大量用户策略和用户定制需求，不同的用户、不同的网络、不同的时间段，用户都会提出各种各样的需求，这些需求最终通过数据形式输入给控制器。这样实现这部分用户需求的程序就会面临复杂多变的情况，是非常不稳定的，而网络操作系统是一个控制器平台，其负责管理的资源是相对稳定的。这样把多变的业务逻辑作为应用程序实现，把稳定的、变化少的资源管理作为平台实现，把易变和稳定的业务逻辑进行解耦，有利于系统的稳定和扩展，也更加有利于厂家快速交付稳定的商用控制器。在实际交付中，可以由不同厂家来交付一些特定的网络业务应用程序，这也促进了竞争，有利于产业发展。

其他的数据输入系统可能包括网络安全分析系统、网络详细流量分析系统等，这些系统通常都是对网络的流量进行类似大数据分析。这些大数据分析的数据不一定仅仅来自 SDN 网络本身，甚至有时不是来自网络本身。这些系统通过分析得出的数据，会希望对网络进行控制并调整网络的行为。这样可以把这些数据输入给网络业务应用程序，网络业务应用程序会完成后续的网络行为调整。一个简单的例子是网络安全的例子，基本实现原理如图 3-18 所示。

网络安全分析系统在对网络进行分析后，发现某些网络中的某些流量是攻击流量，会把这个信息输入给网络业务应用程序；网络业务应用程序会根据用户的策略决定是对该流量进行清洗还是丢弃，并把生成的路由信息通过网络操作系统下发给转发器；转发器根据这些路由会把攻击流量识别出来并进行丢弃或者转发给流量清洗设备进行流量清洗。

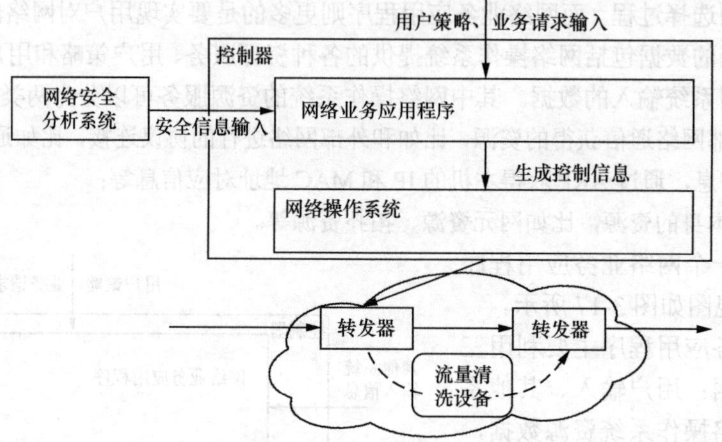

图 3-18 网络安全解决方案

网络业务应用程序需要使用网络操作系统提供的资源服务。这些服务可以分为几类信息，其中一类是网络本身的信息，比如网元资源信息或者网络资源信息，都是网络固有的数据。另一类信息是网络操作系统提供的通信资源信息，比如周边网络设备和 SDN 网络的边缘设备建立了 BGP 连接，那么网络操作系统会根据网络业务应用程序的要求，把此类 BGP 通信协议报文信息送交给对应的网络业务应用程序，当然也会为该网络业务应用程序提供报文发送服务。另外，网络业务应用程序为了能够实时对网络进行控制，必须及时了解网络状态变化。网络操作系统会根据网络业务应用程序的要求，把特定的网络状态变化事件通告给网络业务应用程序。

3.3.2 两类的基本网络业务应用程序

前面讨论过，网络的基本模型包括两个部分：网络内部的交换网（Fabric）和网络边缘业务接入点。通过网络内部的交换网使得用户业务流量可以穿过网络，到达网络的另外一个边缘业务接入点；网络边缘业务接入点需要根据业务路由决定到底该把业务流量送交到哪个边缘业务接入点。这样，总体上有两类基本的网络业务应用程序：网络内部 Fabric 控制程序和网络边缘业务控制程序。这两类业务应用程序不是必须分离的，有时一个网络业务应用程序本身集成了 Fabric 控制和边缘业务控制两个部分的功能。

1. 网络内部 Fabric 控制程序

网络内部的 Fabric 控制程序是负责网络内部 Fabric 的路径计算和建立的程序。这部分程序会根据用户要求的各种约束条件，结合网络资源状态，计算出符合用户期望的交换路径，并生成网络交换路径转发信息，然后调用网络操作系统提供的流表服务把网络交换路径转发信息下发给转发器。在传统网络中，典型的交换路径是通过 SPF 算法计算出最短路径。所有的交换路径都通过最短路径，也就是说网络流量都会集中到最短路径上转发。网络的各个方向的流量本身可能是不均衡的，有的地方流量拥塞，有的地方还很空闲，现在由于网络内部的 Fabric 交换路径都由控制器进行集中控制，因此控制器可以灵活地根据网络流量状态和用户业务带宽需求计算出所需要的 Fabric 交换路径。

网络内部的 Fabric 交换路径程序还需要根据网络状态变化进行 Fabric 路径重新计算，以确保 Fabric 交换路径始终保持正常工作。为了提升网络 Fabric 的计算速度，通常地，这部分计算程序需要对算法进行优化，比如仅仅对那些受到变化的路径进行重新计算。另外，为了提升网络收敛速度，网络 Fabric 控制程序还可以像传统网络一样，预先计算出主备两条路径，这样，当面临单点故障时，边缘业务转发器可以在本地直接完成主备路径切换，使得故障对网络业务影响降到最低，这种技术对应传统的 FRR 技术。

Fabric 控制程序除了计算路径和生成交换路径转发表外，为了能够快速检测交换路径的状态，这个控制程序会自动为这些交换路径部署监控工具，比如 BFD，TP OAM 等，对生成的交换路径进行端到端监控。这样一旦网络故障，监控工具会快速发现，可以触发转发器本地主备路径倒换，并通过控制器的 Fabric 控制程序进行重新路径计算。这些性能监控工具通常是部署在转发器的，它们不是控制程序，是网络的性能工具，是 Fabric 的监控工具。此类性能监控工具只有运行在转发器才能有效发挥其作用。

2. 网络边缘业务控制程序

网络边缘业务控制程序是使网络接入业务生成路由信息的，而生成的这些接入业务的路由信息是下发给网络边缘的业务接入节点（业务接入转发器）的。边缘业务控制程序通常需要根据通信实体（指通信主机）相对于网络的位置信息来生成业务路由。这些网络位置信息在传统网络中是通过类似 BGP 这样的路由协议进行扩散的，其他的网络位置信息感知方法还包括虚拟接入感知技术，通过一些类似协议 ARP、DHCP 等感知接入设备位置，也可以由用户从北向接口配置给控制器。

这里还是以一个常见的传统 L3VPN 业务为例，介绍网络边缘业务控制程序。传统的 L3VPN 业务的组网如图 3-19 所示。

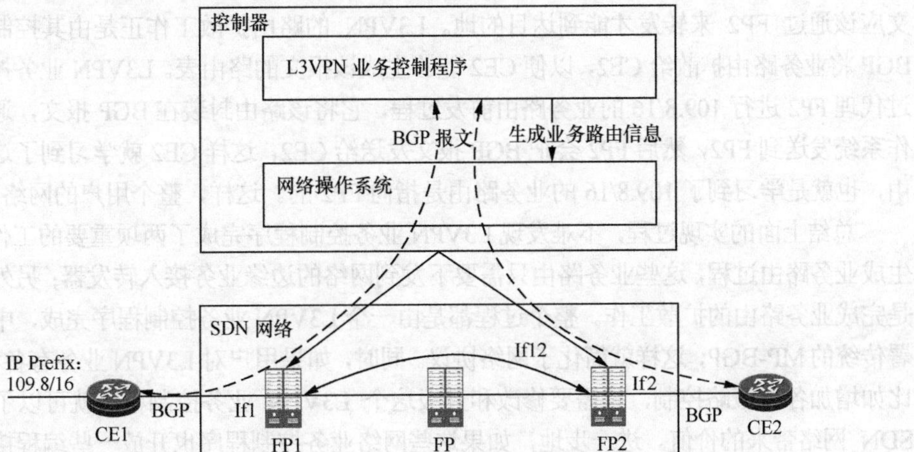

图 3-19　L3VPN 业务实现过程

假定在一个 VPN 用户网络设备 CE1 一侧有一个网络前缀 109.8/16，CE1 通过 BGP

通告给 SDN 网络设备的 FP1。由于采用了边缘业务集中控制，此时 FP1 会把 BGP 报文通过 OpenFlow 协议上送给控制器的网络操作系统。L3VPN 业务控制程序启动时会向网络操作系统订阅 BGP 报文的处理，此时网络操作系统会把 BGP 报文送交给 L3VPN 业务控制程序。L3VPN 接收 BGP 报文后，解析出来内部信息，发现 109.8/16 网段位置是在 FP1 的 If1 接口连接的 CE1 设备，也就是说，网络中的各个边缘业务接入转发器如果收到该 VPN 用户携带目的地址为 109.8 网段的 IP 报文，都需要转发给 FP1，然后 FP1 会把它转发给 If1 接口，这样这个 VPN 用户去往 109.8 网段的 IP 报文就转发到了 CE1。为了达到这个目的，L3VPN 业务控制程序需要了解网络中有多少个网络边缘设备已经发现该 VPN 客户的接入设备，然后把对应的业务路由信息下发给它们。在本例中，L3VPN 业务控制程序会给 FP2 下发一条业务路由：

```
FP2
    IP prefix 109.8/16 Nexthop FP1 Out interface If12
```

为了区分不同客户的 VPN 路由，这里假定采用传统的 BGP VPN 方式转发，这样一来，实际的 VPN 路由还需要增加 VPN 区分符，传统 L3VPN 网络采用 MPLS 标签作为 VPN 路由区分符，通过给不同 VPN 路由分配不同的 MPLS 标签来区分不同的 VPN 路由。这样，业务路由信息会修改为：

```
FP2
    IP prefix 109.8/16 VPN label 10989 Nexthop FP1 Out interface If12
```

同时会为 FP1 生成这样的业务路由：

```
FP1
IP prefix 109.8/16 Nexthop CE1 Out interface If1
```

这样，L3VPN 业务控制程序就完成了 SDN 网络的业务路由的生成了。

L3VPN 还需要做一个路由扩散工作。如果 L3VPN 仅仅生成业务路由，不进行 VPN 业务路由扩散，结果用户的网络是断开的。比如，CE2 如果接收到一个目的 IP 地址为 109.8.11.2 的 IP 报文，CE2 将无法转发这个报文，因为 CE2 不知道这个网段的位置，或者不知道该报文应该通过 FP2 来转发才能到达目的地。L3VPN 的路由扩散工作正是由其控制程序通过 BGP 将业务路由扩散给 CE2，以便 CE2 能够生成该报文的路由表。L3VPN 业务控制程序通过代理 FP2 进行 109.8/16 的业务路由前发过程，它将该路由封装在 BGP 报文，通过网络操作系统发送到 FP2，然后 FP2 会把 BGP 报文发送给 CE2，这样 CE2 就学习到了这个业务路由，也就是学习到了 109.8/16 的业务路由是指向 FP2 的。这样，整个用户的网络就打通了。

总结上面的实现过程，不难发现 L3VPN 业务控制程序完成了两项重要的工作。一项是生成业务路由过程，这些业务路由只需要下发到网络的边缘业务接入转发器；另外一项工作是完成业务路由的扩散工作。整个过程都是由一个 L3VPN 业务控制程序完成，中间没有部署传统的 MP-BGP，这样就简化了网络协议。同时，如果用户对 L3VPN 业务有各种新需求，比如增加各种策略控制，只需要修改和升级这个 L3VPN 业务控制程序就可以了。这正是 SDN 网络带来的价值。进一步地，如果这些网络业务控制程序也开放一些编程接口，那么 VPN 用户甚至可以通过这些编程接口定制自己的业务，增加了整个网络的灵活性。

在控制器的需求中，由于需要 SDN 网络和传统网络互通的场景，比如本例中的控制器需要和外部的 CE 进行 BGP 交互路由数据，这要求在网络业务应用程序中实现一些传统的互通协议。根据 SDN 控制器的部署情况不同而需要支持不同的互通协议。为了简化互通过过程，通常建议 SDN 控制器可以按照传统的自治系统方式部署，这样 SDN 控制器只需要运行原来的跨域路由协议，比如 BGP。这样对于 SDN 控制器来说就简单很多。同时，网络的运行维护管理也相对简单，因为可以按照原来的自治系统划分方式来管理网络，对用户原来的网络运行维护管理流程修改相对较小。

3.3.3　分布式操作系统

前面讨论了控制器的构成，控制器是一个网络控制系统，是一个软件系统，包含网络操作系统和网络业务应用程序两个大部分。这些都是软件程序，既然是软件程序，就需要运行在一台服务器上（其实可以运行在个人计算机甚至手机上，由于控制器通常会选择运行在服务器上，因为服务器相对于其他计算机系统可靠性更高，实际部署场景也都会选择服务器部署，所以这里把控制器软件所依赖的计算机定为服务器）。但软件程序通常不能直接运行在服务器硬件上，而是运行在一个特定的服务器操作系统上。也就是说，软件程序并不会直接依赖硬件，而是依赖计算机的操作系统。运行在服务器上的控制器软件的结构如图 3-20 所示。

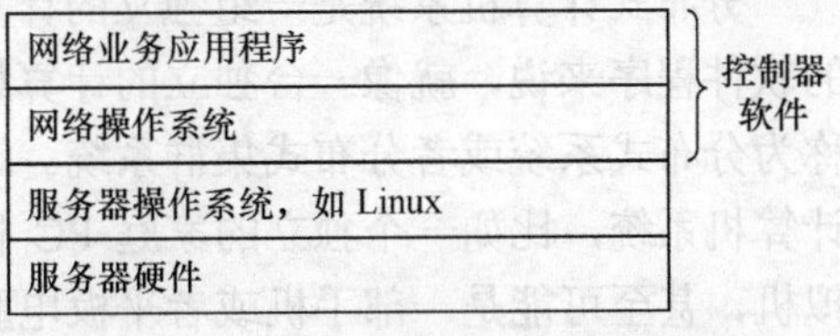

图 3-20　运行在服务器上的控制器软件

这里的服务器操作系统可以是 Linux 系统也可以是 Windows。本身是商用操作系统，控制器软件运行在其上层，并不会对其进行修改。这些商用操作系统存在的价值，是因为通过这些操作系统进行抽象，可以屏蔽底层具体的服务器硬件细节，让上面的应用程序软件（如控制器软件）不需要了解具体服务器的各种硬件细节，也不需要关心这些服务器的生产厂家。

控制器是一个软件系统，作为一个产品交付时，不同厂家可能有不同的交付策略。有的厂家会提供多个选项，可以仅仅提供控制器软件，包括网络操作系统和网络业务应用程序；也可以把控制器软件和商用操作系统捆绑提供。一个理由是出于安全考虑，厂家可能对商用的服务器操作系统进行了加固；还可以连同服务器硬件和服务器操作系统、控制器软件一起提供一个产品销售和交付，这样做的理由是控制器的运行维护界面更加清楚。

图 3-20 所示的控制器软件是运行在一台服务器上的。前面提到在控制器设计中，包括两个重要的需求，一个是大规模的网络控制，另一个是实时性。大规模的网络控制需要支持海量的转发器控制，需要计算出大量的内部交换路径，需要实现海量的接入业务路由的处理；实时性要求控制器能够在尽可能短的时间内完成路由的计算和收敛。单台服务器的处理能力是无法满足这些需求的，需要考虑用多台服务器一起组成一个系统来提供并行处理，以解决大规模扩展和实时性问题。当网络规模变大，业务路由数量增加时，可以通过增加更多服务器来解决性能问题，这种能力是一个系统的伸缩性。这就需要控制器系统采用分布式技术，使得控制器软件能够分布式运行在多台服务器中，为此控制器系统的结构修改为如图 3-21 所示。

运行在分布式系统上的控制器软件和图 3-20 中运行在单个服务器上的控制器软件有两个不同。一个不同是控制器软件现在运行的硬件环境是多台服务器，另外一个不同是增加了一层分布式操作系统。多台服务器是因为需要提升计算能力来满足控制器的计算需求。为了能够简单有效地利用这些服务器资源，需要增加一个分布式操作系统来对上层的软件提供服务。这个分布式操作系统有时也称为分布式中间件，作用是屏蔽底层多服务器的差异，使得上层软件程序不必关心底层到底有多少服务器在运行，简化了上层软件程序的设计和实现。

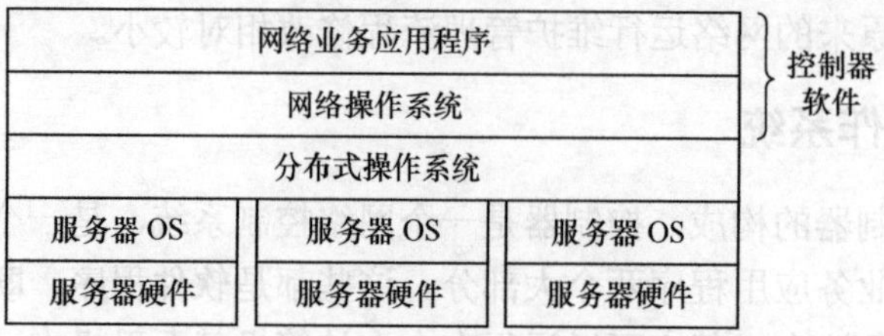

图 3-21　运行在分布式操作系统上的控制器软件

下面详细介绍分布式操作系统的相关概念。

1. 分布式计算机系统和分布式操作系统

分布式计算机系统是一组独立的计算机的集合，而这个计算机集合对运行在它上面的软件程序来说，就像一台独立的计算机一样。为了简单，后文也把分布式计算机系统称为分布式系统或者分布式集群系统。这里独立的计算机通常是人们日常工作中见到的计算机系统，比如一个独立的家庭 PC 机或者一个独立的服务器，或者是一个独立的虚拟机，甚至可能是一部手机或者平板电脑。这里的独立计算机系统通常是以一个操作系统为界限的，比如运行 Linux 或者运行 Windows 的系统，算是一个独立的计算机系统。不能把一个 CPU 或者一个 CPU 的一个内核作为划分计算机系统的标准。现代计算机操作系统通常都能够支持多核、多 CPU 架构，而对外仍然表现为一个操作系统或者一个独立的计算机系统，在这个操作系统上面的应用程序不感知具体有多少个 CPU 和多少个内核。

分布式计算机系统包含两部分：一部分是独立的计算机，包含计算机硬件和上面运行的一个商用操作系统（Linux）的计算机；另外部分是把这些计算机组成一个系统的软件程序，这个软件程序通常称为分布式系统中间件或者叫作分布式操作系统。一组独立的计算机本身不能构成分布式系统，甚至不能构成系统，只有这些独立的计算机之间发生了关系，它们才构成了系统。分布式操作系统是分布式系统的一种实现，这个分布式操作系统把一组独立的计算机以特定的方式组合成一个分布式系统，并使得上层的应用程序并不感知多个独立的计算机的细节，这些运行在分布式操作系统上的应用程序会以为它自己是运行在一台独立的计算机上，其设计和运行、内部通信都是和独立计算机上的一个应用程序相同。分布式计算机系统和独立计算机系统的原理如图 3-22 所示。

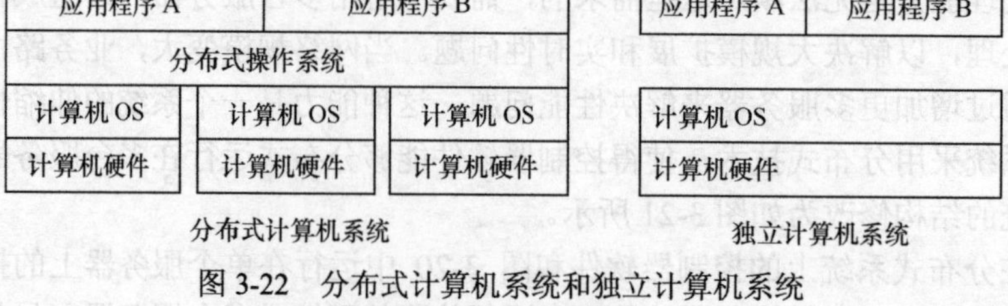

图 3-22　分布式计算机系统和独立计算机系统

下面再看一下整个分布式系统的运行视图，如图 3-23 所示。

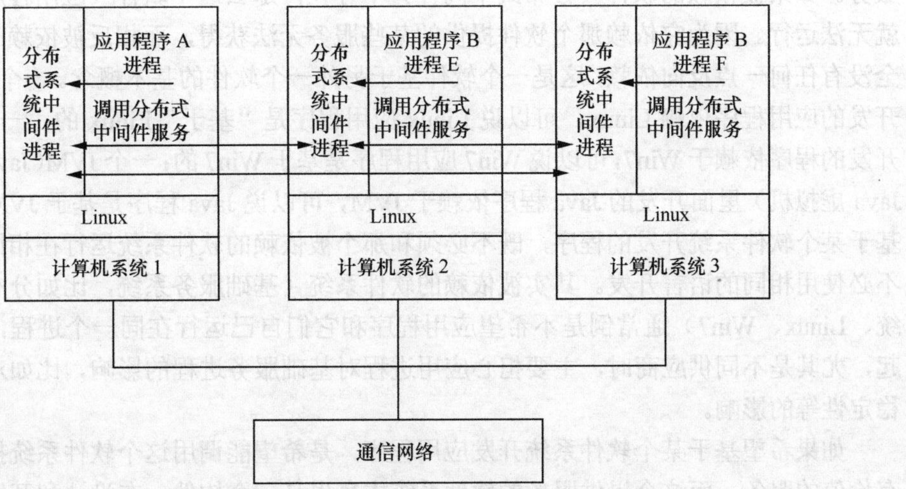

图 3-23　分布式系统运行视图

分布式系统运行视图解释了实际系统运行的原理。首先，每台计算机都会连接到一个可以通信的网络上，这是构成系统的物理条件。然后，在每台计算上启动了分布式系统中间件进程，这些分布式系统中间件进程互相通信，协调和管理这些独立计算机的资源。接着，这个分布式系统中间件可以在计算机 1 上启动应用程序 A 的进程，在计算机 2 和计算机 3 上启动应用程序 B 的进程 E 和进程 F。而这些应用程序进程会调用分布式中间件进程提供的编址、寻址、通信服务，这样，应用程序 B 的两个进程 E 和进程 F 其实并不知道各自的具体位置，它们之间是通过分布式系统中间件提供的通信地址进行通信的。分布式系统中间件也可以把应用程序的进程 E 和 F 部署在一个计算机 2 上，而应用程序 B 的进程 E 和进程 F 完全不感知这种部署运行位置的变化。

另外，在理解这个分布式计算机系统的本质之前，还希望读者有一个基本的软件程序的概念。通常的软件程序可以分为单进程程序和多进程程序。单进程程序通常就是指操作系统（比如 Linux）的一个进程，这个进程是不能再进一步地进行多台计算机的分布式部署的。所以分布式计算机系统部署的基本单位就是进程。关于进程的概念，可以参考任何一本操作系统书籍中的介绍。上面应用程序 B 本质上是在两台计算机上各自部署了一个进程，比如应用程序 B 有两个不同功能的进程 E 和进程 F，并且它们要交换数据，可以把进程 E 和进程 F 分别部署在两台计算机上，也可以部署在同一台计算机上。但是无论怎么部署，应用程序 B 都不需要修改一行代码，应用程序 B 的进程 E 和进程 F 的通信不会因为它们是部署在一台还是两台计算机上而有区别。能做到这一点，正是因为它们是通过分布式系统中间件提供的服务来完成分布式的，使得它们无论如何部署，应用程序 B 的进程都如同在一台计算机上工作和交换数据一样。

这里有一个有意思的问题，上面说应用程序 A 和 B 是基于分布式系统中间件的，很多人对这里的“基于”感兴趣：什么叫一个软件程序（应用程序）是基于另外一个软件程序（分布式式系统中间件也是一个软件程序）？明明看起来都是对等的计算机软件进程。其实一个软件是基于另外一个软件的意思是：一个软件（应用程序 A 和 B）在运行时必须依赖另外一个软件（分布式系统中间件）的存在，或者说依赖于这个软件提供的服务。如果被依赖的软件（分布式中间件）不存在，那么这个软件（应用程序 A 和 B）就无法运行。因为它依赖那个软件提供的某些服务无法获得，而相反被依赖的软件却完全没有任何一点反向依赖，这是一个软件基于另外一个软件的基本概念。一个基于 Linux 开发的应用程序依赖 Linux，可以说 Linux 应用程序是“基于”Linux 的；一个 Win7 上开发的程序依赖于 Win7，可以说 Win7 应用程序是基于 Win7 的；一个 JVM（Java machine，Java 虚拟机）里面开发的 Java 程序依赖于 JVM，可以说 Java 程序是基于 JVM 的。但是基于某个软件系统开发的程序，既不必须和那个被依赖的软件系统运行在相同进程，也不必使用相同的语言开发。其实被依赖的软件系统（基础服务系统，比如分布式操作系统、Linux、Win7）通常倒是不希望应用程序和它们自己运行在同一个进程，耦合在一起，尤其是不同供应商时，主要担心应用进程对基础服务进程的影响，比如对安全性、稳定性等的影响。

如果希望基于某个软件系统开发应用程序，是希望能调用这个软件系统提供的某些有价值的服务。而这个提供服务的软件系统本身也是一个软件，在设计和开发这个软件的时候，这个提供服务的软件系统可能又依赖于另外一些更为基础的软件系统服务。一个直观的例子是，在 Linux 上面开发了一个服务程序，这个服务程序对外提供了一个特定的服务，比如 IPSEC 服务，而这个服务对外提供了开放的调用接口。此时服务程序是基于 Linux 开发的，会依赖 Linux，假定这个服务程序设计开发时还使用了 Java 的一个 OSGI 框架，但是使用这个 IPSEC 服务程序的应用程序其实仅仅关心如何调用 IPSEC 服务，那么这个基于 IPSEC 服务构建的应用程序就不一定非要基于 IPSEC 服务程序所依赖的 Linux 系统、JVM 和 OSGI 框架。通常上面的应用程序可以通过标准的 C/S（Client/Server）架构来开发应用程序并访问所需 IPSEC 服务。这样避免了应用程序依赖具体的某个特定基础系统和编程框架而带来日后的可移植性问题。所以，当我们说应用程序基于某个系统时，是指在设计应用程序架构时更希望基于或者调用这个系统服务，而不是基于和使用这个系统服务本身相同的编程框架和所依赖的基础系统。一旦应用程序也依赖服务提供者相同的基础系统和编程框架，这种绑定关系就耦合了，因为应用程序以后很难进行跨基础系统和编程框架的迁移。

有不少人问什么是基于开源控制器 ODL 开发的应用程序？通常，基于开源控制器 ODL 是要调用 ODL 提供的网络服务，而不希望使用 ODL 的相同的编程框架，比如 OSGI/MD-SAL。一旦一个应用程序使用 ODL 所使用的相同编程框架开发程序，以后要是想迁移这个程序到另外一个开源平台上，就基本上等于要重新设计和编写代码。另外一个问题是，如果 ODL 的基本编程框架重构，那么这些应用程序也需要修改。而如果仅仅希望使用 ODL 提供的网络相关的服务，那其实没有必要非依赖它的编程框架，依赖它同样编程框架反而不好。通过类似 C/S 架构调用 ODL 的网络服务就可以了。

2. 分布式计算机系统和并行计算

分布式计算机系统的基本概念在上面已经介绍。分布式系统强调是把一组独立的计算机系统组合成一个计算机系统，其本身提供了并行计算的能力。在图 3-22 中，可以看出应用程序 B 的进程 E 和进程 F 是并行计算的，因为它们本身分布在两个独立的计算机系统中。如果把进程 E 和进程 F 都部署在一个独立的计算机系统中，它们是否还是并行的呢？从计算机应用程序 E/F 角度上看，它们依然是并行的，因为它们是两个独立的进程，可以独立运行。但是对于下面不同的计算底层硬件，这个概念会有所变化。假定运行进程 E 和进程 F 的计算机仅仅有一个内核的 CPU，就是说 CPU 任何时刻只能执行一条指令，那么在硬件层面，两个进程实际上是串行执行，进程 E 执行指令然后进程 F 执行指令或者相反。硬件执行机构不能同时执行两条指令，就是说在应用程序看来是并行的，但是在硬件执行机构可能是串行的。如果 CPU 有两个内核，这两个内核可以独立并行同时执行指令序列，那么操作系统可以做出这样的安排，就是让进程 E 在一个内核上执行，进程 F 在另外一个内核上执行，这样它们在硬件执行上也是并行，于是进程 E/F 就是真正地并行执行了。这样，分布式计算机系统能够提供并行计算能力。并行计算不一定需要分布式计算机系统，一个独立的计算机系统也可以提供并行计算能力。

当然，上面分析的并行执行问题，说的是进程，而实际上，在主流的现代操作系统中，一个进程内部可以有多个线程，操作系统真正执行的是线程代码，也就是说在一个进程内的多个线程是并行执行的。从软件程序角度看，这些线程都以为自己独占 CPU，整体看起来每个线程都在并行执行，而操作系统根据 CPU 内核数量，会进行一定的运行调度，比如可能使每个线程对应一个内核，也可能使一个 CPU 内核执行多个线程。当每个 CPU 内核都执行一个线程时，这些线程是完全并行的，就是某一个时刻，两个线程的指令是同时被执行的。而如果一个内核执行多个线程指令，那么在某个时刻上，这个内核只执行某个线程的指令，这些线程的指令执行就不是并行的，本质上是串行的，但在一个大的时间尺度上看，这两个在同一个内核运行的线程也可以看作是并行的。

上面讨论的并行还有一个问题，如果两个并行线程之间没有任何直接或者间接的数据交互，那么它们之间当然就是完全可以并行的，但如果线程之间存在数据依赖或者状态依赖，那么它们之间在执行过程中就必须采用同步机制。一旦采用同步机制，这两个线程就不会那么流畅地总是并行执行，其中一个线程可能需要等待另外一个线程的一些数据或者事件，这样这个线程就会挂起等待。所以计算机系统提供了并行执行的基本能力，包括多核 CPU、多 CPU、多计算机系统，其中多核 CPU 和多 CPU 可以有单个操作系统（比如 Linux）来提供并行执行能力，而多计算机的分布式计算机系统通常由分布式系统中间件提供并行执行能力。当然，提供了并行能力并不意味着应用程序就可以真的并行执行，还取决于应用程序本身所完成的业务是否能够真正并行。

独立的计算机系统也能够提供并行计算，那为什么需要分布式计算机系统呢？主要是性能问题。当有大量数据要处理，并且需要在指定的时间内处理完成时，一台独立的计算机处理起来几乎无法完成。在某些情况下，确实通过提高 CPU 的主频或者甚至采用专用计算机加速部件，能够提升一台计算机的计算处理性能，这种做法我们叫作 SCALE-UP。但是这种方法总是有上限的，而且对于大部分应用系统来说，这个上限很容易就达到。比如，现在互联网社交系统、电子商务系统、新闻系统、大数据处理系统等，都不是通过 SCALE-UP 能够解决的，必须使用另外一种方式，通过增加更多普通计算机系统（比如通用服务器）来快速完成更多工作，这种方法称为 SCALE-OUT。就如同一个人再能干，也无法和很多人一起干来得快，比如搬运箱子，一个人一次只能搬运一个 50kg 的箱子，有一个人特别厉害，可以一次搬运 3 个这样的箱子，效率提升了 2 倍。但是如果多雇佣一些人，同时搬运箱子，比如 100 个人，那一次就搬运 100 个箱子，同样时间内效率是只用一个人搬运箱子的 100 倍，分布式系统提升性能就是这个原理。

当然这样做人力成本也上升了 100 倍。幸运的是，增加一台服务器的成本比多雇佣一个人要低得多，所以 SACLE-OUT 方法是可行的。

当然，使用分布式系统还有一个原因，就是通用服务器集群后的性价比远远比一个专用的高性能大型计算机要高得多。传统的一些大型机价格非常昂贵，需要专门的维护费用，部件替换也不容易，用户容易被锁定。而通用服务器集群系统的服务器供应商很多，市场容量非常大，这样使得通用服务器的价格便宜，可替代性强，配件和整机替换都非常简单易行，这样使得越来越多的大规模数据处理系统几乎都在采用通用服务器集群架构，而不是专用的大型机。互联网厂家几乎都是采用通用服务器集群，现在只有少数银行系统还没有采用通用服务器集群，但是未来肯定也都会逐步走向通用服务器集群的分布式系统架构。

总结起来，就是分布式系统是并行的系统，而并行也可以不用分布式系统，可以在一个独立的计算机内进行多线程或者多进程并行。但是其实现性能的上限则是受到单个计算机能力的限制，而分布式系统的并行则可以几乎无限制地扩展，解决大规模并行计算问题。

3. 分布式操作系统的功能

分布式操作系统需要完成的主要功能就是把多个计算机系统资源组织在一起，并对外提供统一的单个的计算机服务，让运行在其上的应用程序能够像一个单个的计算机应用程序一样工作。从另外一个角度上，分布式操作系统还需要对系统周边通信实体提供透明性，使得其他通信系统也不感知分布式计算机系统是由多台计算机构成的事实。分布式计算机系统对外表现为一台计算机的基本示意如图 3-24 所示。

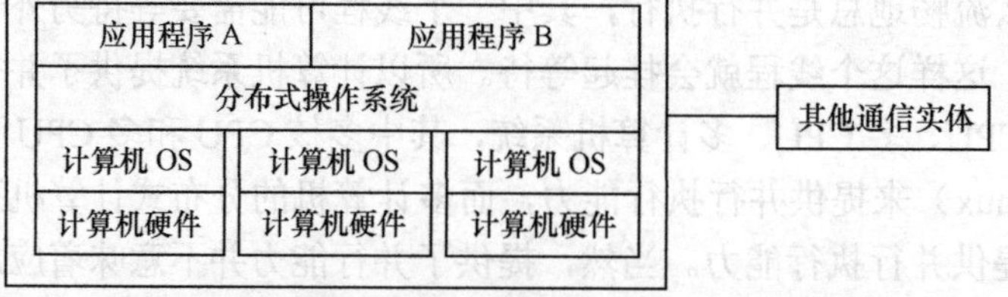

图 3-24 分布式计算机系统对外表现为一台计算机

（1）分布式操作系统对外提供的 UNI-IP 服务

分布式计算机系统要对周边通信实体表现为一台计算机，需要对其他通信实体屏蔽多台计算机的细节，这些通信实体包括系统的管理程序、系统周边的协议邻居等。为了达到这样的目的，最重要的是分布式操作系统需要支持两个功能：一个是要对外提供一个连接 IP 地址，而不使其他邻居感知到具体的服务器地址；另外一个功能是要支持分布式计算机系统的故障透明性，也就是说分布式系统中任何一个计算机出现故障，都不应该让邻居感知这个事实。

第一个功能，关于分布式系统对外暴露一个 IP 地址的技术，这里称为 UNI-IP 技术。下面以控制器的分布式系统和转发器之间的通信来说明这个技术。

一个良好的分布式系统的架构设计，需要对外部周边邻居屏蔽这个分布式系统内部的多服务器的细节，让外部不感知内部有多少服务器以及它们的位置，否则当需要增加服务器或者减少服务器的时候，需要对周边邻居进行配置调整，比如如果把分布式系统的每个服务器的 IP 地址都暴露给外部，那么当某个服务器离线或者离开系统时，周边和这个 IP 进行连接的设备就会受到影响。分布式系统暴露多服务器细节的情况如图 3-25 所示。

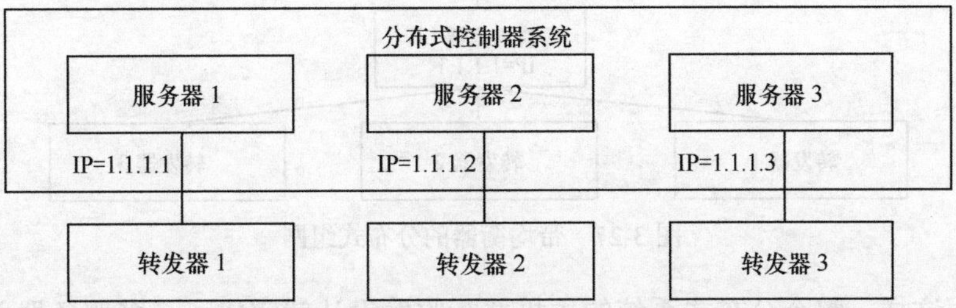

图 3-25　分布式系统暴露多服务器细节

假设服务器 3 因为某种原因离开了集群，那么转发器 3 将受到影响。而如果把整个集群都只暴露一个服务 IP 地址（UNI-IP 技术）时，那么这个分布式系统的接入 IP 就仅仅有一个，如图 3-26 所示。

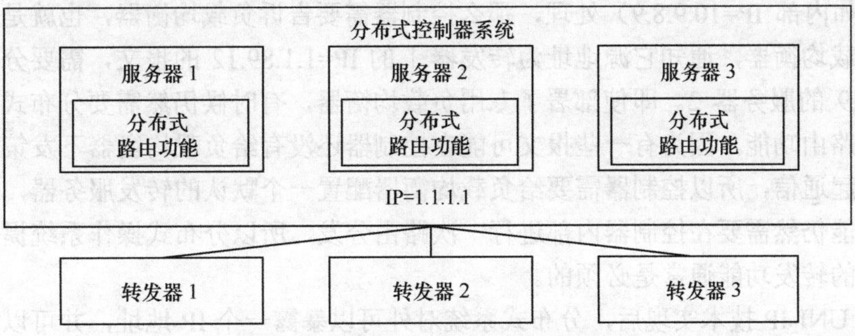

图 3-26　UNI-IP 分布式控制器系统

分布式集群对外暴露一个 IP，这样内部服务器状态和数量的变化，外部邻居不用感知。这需要分布式操作系统实现一个分布式路由功能来把邻居进入的报文分发给正确的服务器。也就是说，报文可以从任何一个服务器的接口进入控制器集群，控制器的分布式操作系统会根据报文的处理组件分布位置自动路由给对应的服务器。但是考虑到实际的组网，由于这些服务器暴露相同的 IP 地址，那么这些服务器的三层路由网关如何把报文送给这个 IP 地址呢？比如网关发送一个 ARP 请求，这些服务器谁来应答？当然，可以让这些服务器的其中一台，比如服务器 1 进行应答，那么报文就相当于都送交给了服务器 1。服务器 1 利用分布式中间件来把报文转发给集群内部的真正处理这个报文的服务器。此时这个服务器 1 实际上是系统的一个负载均衡器。

另外一个方法是，在这些服务器前面额外增加一个专用的负载均衡器进行报文分发，使得进入系统的报文能够真正地分发给多个服务器并行处理，那么分布式系统的组网就变为如图 3-27 所示。

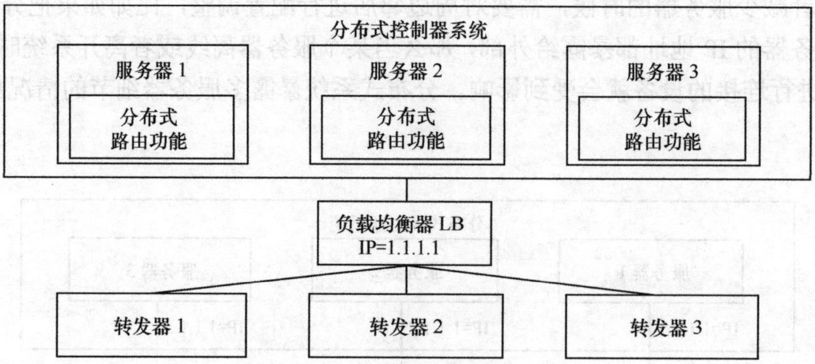

图 3-27　带均衡器的分布式组网

像上面这样，整个分布式系统的主机并行收发设计就完成了。多服务器并行发送不是问题，因为它们可以直接通过本地网口发送报文。图 3-27 中的负载均衡器可以内置在分布式集群中，作为分布式操作系统的一个部件，也可以独立部署。如果独立部署一个专用的负载均衡器，这个负载均衡器的报文分发规则不能采用常规的 HASH 算法进行分发，而是需要控制器根据自己内部的处理实例的部署位置来控制负载均衡器根据报文源地址进行分发，比如控制器把一个转发器 1（比如 IP=1.1.89.12）的报文处理放在了服务器 2（比如内部 IP=10.9.8.9）处理，那么控制器需要告诉负载均衡器，也就是下发一个策略给负载均衡器，通知它源地址为转发器 1 的 IP=1.1.89.12 的报文，需要分发给目的 IP=10.9.8.9 的服务器 2。即使部署了专用负载均衡器，有时候仍然需要分布式操作系统提供内部路由功能，因为有一些报文可能在控制器还没有给负载均衡器下发策略时就已经开始发起通信，所以控制器需要给负载均衡器配置一个默认的转发服务器，这些报文的处理可能仍然需要在控制器内部进行一次路由分发，所以分布式操作系统提供内部分布式路由的转发功能通常是必须的。

这种 UNI-IP 技术实现后，分布式系统对外可以暴露一个 IP 地址，并可以充分利用这些服务器的接口进行并行主机收发，提高整个分布式集群系统的报文处理能力。

故障透明性是指当分布式系统中的某些计算出现故障时，这种故障不应该让周边邻居感知。为了实现这样的目的，需要分布式系统中间件和应用程序配合来完成。通常的分布式中间件会提供系统监控和 HA（高可靠性）功能，而应用程序则需要完成通信协议数据和状态的备份。当分布式系统中间件的 HA 功能检测到某个服务器崩溃时，它会对系统进行恢复。在传统网络设备中的故障恢复有 NSR 和 NSF 技术两种技术。NSR 技术能够达到系统故障倒换时，周边协议邻居不感知；而 NSF 技术需要周边邻居配合，才能完成系统倒换过程中的转发业务不间断。

（2）分布式操作系统对其上应用程序提供的服务

分布式操作系统为上层应用程序提供屏蔽底层多台服务器的功能，使得应用程序可以不感知底层多服务器的存在。对于一个应用程序到底该在多台服务器的哪一台上启动合适？这个应用程序状态是否正常呢？如果出现故障，该如何处理？这些都属于应用程序生命周期管理。只有把生命周期管理由分布式中间件接管，才能使应用程序可以如同在一台服务器中运行一样。分布式操作系统有如下几点功能。

第一，分布式操作系统需要提供应用程序的部署管理，并监控所有应用程序的运行状态。监控应用程序的状态主要是为了解决可靠性问题，当监控到应用程序故障时，可以及时地进行主备应用程序的倒换，使得系统可以继续工作。

第二，分布式操作系统需要提供分布式通信服务，因为分布式应用程序之间和内部功能部件之间需要进行通信。这个通信不能因为运行计算机系统的个数、种类、位置而不断调整，而是提供一种统一的通信方式，使得这些分布式应用程序就如同运行在一台计算机上面一样进行通信，而不用关心计算机个数以及通信对方的位置细节。它只要调用分布式中间件提供的统一的通信服务就能够完成相互之间的通信任务。分布式中间件之所以能够完成这样的任务，是因为运行在上面的应用程序的部署都是由它完成的，所以分布式中间件可以建立一套逻辑编址机制，使得应用程序之间采用逻辑地址进行通信，而分布式中间件负责把逻辑地址映射为物理地址，比如计算机节点、进程、线程等信息，以完成通信过程。这样分布式中间件就需要提供一套服务编址和寻址功能，应用程序需要找到一个具体的服务，那么这个应用程序需要向分布式系统中间件发起一个服务请求，以便获得提供这个服务的程序地址，然后就可以向这个服务地址发起通信，以便获得相应的服务了。

第三，分布式操作系统需要处理应用程序的数据配置服务。一个分布式系统内部的应用程序在运行时，都需要进行一些行为调整，通常是通过提供配置手段来完成这些程序行为的调整。这些配置手段包括人机界面和机机界面，比如典型的配置手段可以通过TELNET协议或者NETCONF协议等进行系统的配置。那么这个分布式中间件要提供一种统一的方式为应用程序提供配置数据的能力，无论这些应用程序部署在分布式系统中的哪个地方，配置数据都能够送给指定的应用程序，使得这些应用程序可以根据这些配置数据进行后续的相关行为的调整工作。

第四，为了分布式应用程序的便利，通常的分布式操作系统还提供分布式数据库存储服务。这种分布式数据存储服务需要对应用程序提供数据访问透明性，应用程序只需要调用数据访问接口，而不必关心数据的存储位置和形式以及副本的个数。

第五，分布式操作系统还需要对应用程序提供故障透明性。在解释这一点前，先介绍一下分布式系统的基本可靠性机制。系统可靠性问题主要是通过冗余来解决的。通过分析系统的故障模式，针对易于失效的部件进行冗余保护，当失效部件出现故障时，系统会执行主备部件倒换，备用部件会接替主用部件工作，使得系统能够持续服务。在分布式系统中，易于失效的部件包括服务器本身以及软件程序故障，服务器故障通常是整个服务器崩溃、掉电等；软件故障则通常是进程异常、进程崩溃等。那么分布式系统的多台计算机通常就会有一部分计算机是用于备份其他计算机的。备份方式可以有两种模式：一种模式是一台主用计算机，同时配备一台备用计算机，上面运行的应用程序部件互为主备；另外一种模式是两台计算机互为主备，每台计算机都运行主用进程，同时提供另外一台计算机的备用进程。两种模式如图3-28所示。

这两种模式从另外一个角度看，其实是一种模式，就是基于进程的备份模式。所谓故障透明性是指，如果应用程序A和应用程序B在通信，而如果应用程序B崩溃了，备份的应用程序B就会接替工作，但是应用程序A要能够继续用原来应用程序B的通信地址进行通信，尽管应用程序B的物理通信地址因为进程倒换已经发生变化了。分布式操作系统需要提供这种故障透明性功能。

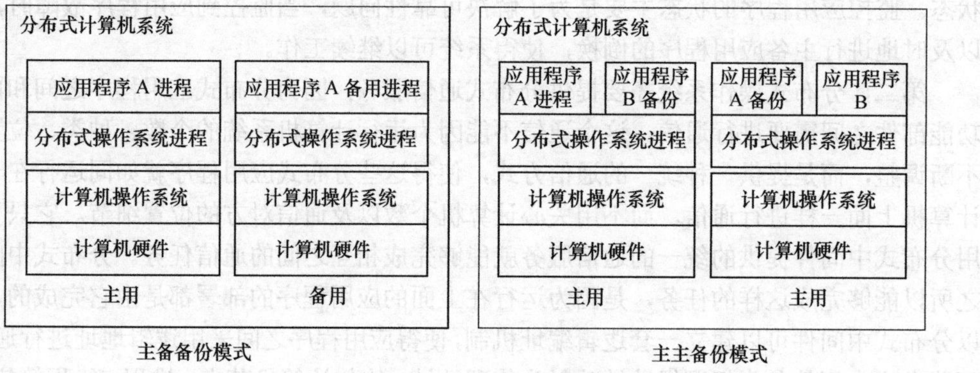

图 3-28　分布式系统备份模式

第六，分布式操作系统需要为上层应用程序提供统一的分布式协议栈功能。这个功能能够让分布式应用程序在任何位置都可以调用和单个计算机相同的协议栈功能，以便和外部实体进行通信。而结合前面介绍的 UNI-IP 技术，由于所有这些应用程序可能使用的是相同的 IP 地址作为通信地址，所以分布式协议栈需要能够完成分布式系统内部的报文路由功能，以便把报文路由到正确的应用程序。

第七，分布式操作系统当然还需要管理自己的集群系统，这是基本功能。这个集群中包含很多独立的计算机，分布式操作系统必须监控管理集群成员、监控成员状态、管理成员资源。集群管理也是一个软件程序，这个程序通常部署在集群的一台计算机上，那么到底部署在哪台计算机上呢？如果该计算机发生故障又该如何处理呢？分布式操作系统的集群管理软件中有一个选举程序，负责选举出一个集群主计算机，该计算机运行集群管理程序，如果该计算机崩溃，选举算法会重新选举出新的集群主计算机。为了保证集群系统正常工作，集群主通常会预先指定或者选举算法选出产生备用集群主计算机，这样它们之间可以进行必要的数据备份，以保证系统故障倒换后系统数据得以恢复。

3.3.4　网络操作系统、分布式操作系统和控制器

其实分布式操作系统软件是一个通用软件程序，它解决的问题是如何把多台独立计算机组合成一个独立虚拟计算机。在这个分布式软件系统上，可以编写任何分布式软件程序，比如社交程序、电子商务、游戏等。控制器软件不过是它们中的一个软件而已。也就是说分布式操作系统和通用计算机操作系统类似，不是特别为某个程序设计的，不像网络操作系统是针对网络设计的。网络操作系统的运行是需要一个分布式操作系统支持的。而现在很遗憾的是，在工业界分布式操作系统并没有像计算机系统那样收敛到主流的系统不过两三家：微软的 Windows、苹果的 MAC OS、开源的 Linux，现在分布式操作系统还是各家用各家的。网络操作系统也是一样的情况，目前有多种网络操作系统存在。如果未来分布式操作系统和网络操作系统能够收敛，那对于产业来说是非常有利的。这也就是说，网络操作系统交付厂家必须自己研发自己的分布式操作系统，这样整个控制器的软件交付范围就包括三个大部分：分布式操作系统、网络操作系统和网络业务应用程序。把图 3-21 的范围做适当修改，可以得出图 3-29 的架构。

控制器系统的范围增加了分布式操作系统部分。正如前面讨论的，关于服务器硬件和服务器 OS，客户可以自行采购。当然，控制器软件系统对服务器 OS 是有一定要求的，比如有的厂家支持某个版本的 Linux，有的厂家支持某个版本的 Windows Server。那么客户自行采购就要注意和控制器软件系统的配套。当然一些厂家更愿意同时提供集成服务——集成服务器 OS 和服务器硬件，形成一个完整的产品交付给客户。这样做在安全方面和维护责任等方面对客户都是有益的。

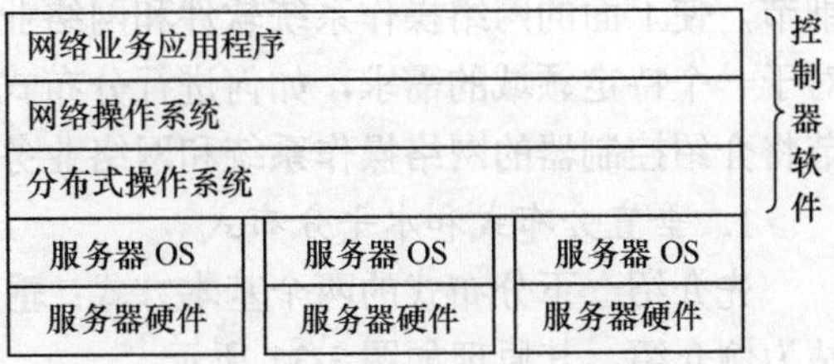

图 3-29　控制器软件系统范围

上面讨论了网络操作系统、分布式操作系统和控制器的关系，接下来把几个操作系统的概念进行一个对比，希望读者能够认识它们之间的关系（如图 3-30 所示）。

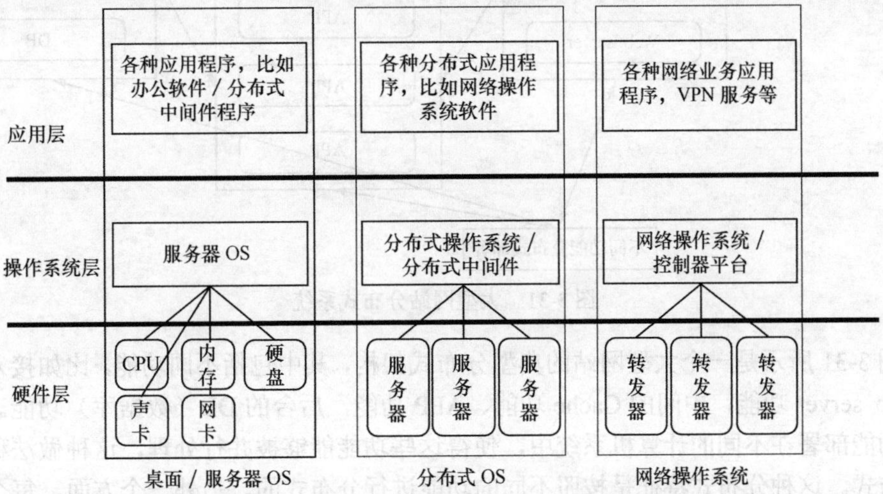

图 3-30　服务器 OS、分布式操作系统、网络操作系统的关系

其中服务器 OS 的作用是屏蔽底层服务器的硬件细节，对上提供统一的抽象资源调用；分布式 OS 是屏蔽底层多服务器的细节，对上提供一台独立的计算机服务；网络操作系统屏蔽底层多转发器的差异，对上提供统一的抽象网络资源服务。控制器软件则是一个分布式软件系统，通常包括分布式操作系统、网络操作系统以及上面的网络业务应用程序。

3.4　控制器实现技术

3.4.1　控制器分布式实现技术

前面讨论了控制器的三个组成部分：分布式操作系统、网络操作系统、网络业务应用程序，其中分布式操作系统是为分布式系统提供基础服务的，屏蔽了底层多服务器的细节，使上面的网络操作系统软件和网络业务应用程序可以像在一台计算上运行。但是对于一个特定领域的需求，如何进行分布式设计，通常是和特定的业务领域相关的。本节将介绍控制器的网络操作系统和网络业务应用程序的分布式实现中的一些技术。

1. 垂直分布式和水平分布式

先介绍一下分布式的两个基本方式：垂直分布式和水平分布式。以一个大型 Web 网站为例介绍，其原理如图 3-31 所示。

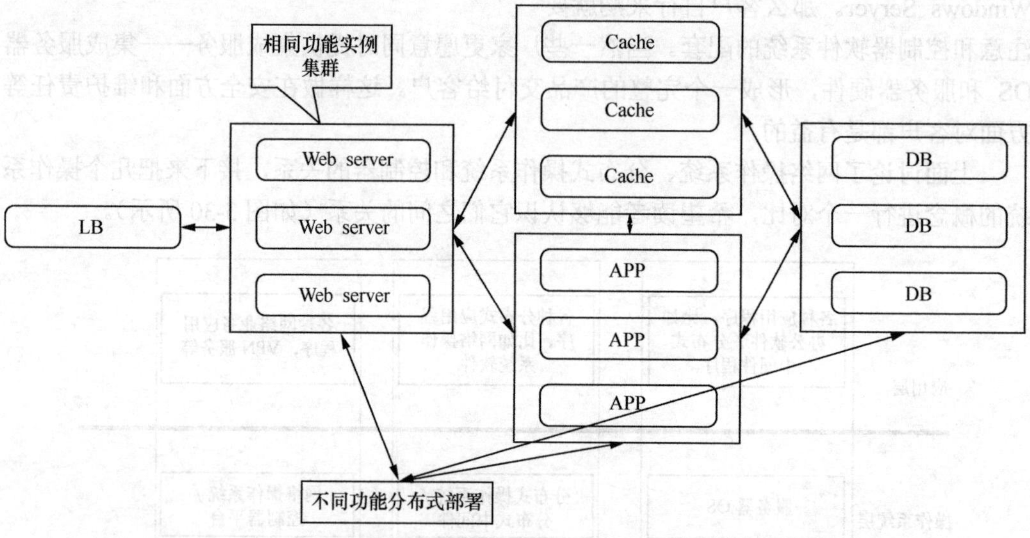

图 3-31 大型网站分布式系统

图 3-31 所示是一个大型网站的典型分布式架构，其中包括不同功能，比如接入前端的 Web server 功能，中间的 Cache 功能、APP 功能，后台的 DB（数据库）功能。把不同的功能部署在不同的计算机系统中，使得这些功能能够被并行处理，这种做法称为垂直分布式。这种分布式特征是按照不同的功能进行分布式的。另外一个方面，每个相同的功能，比如 APP 或者 Cache，又部署在不同的计算机中，构成一个集群，这种系统功能的分布式部署，称为水平分布式（如图 3-32 所示）。在一个大型分布式应用系统中，通常会使用到这两种分布式。

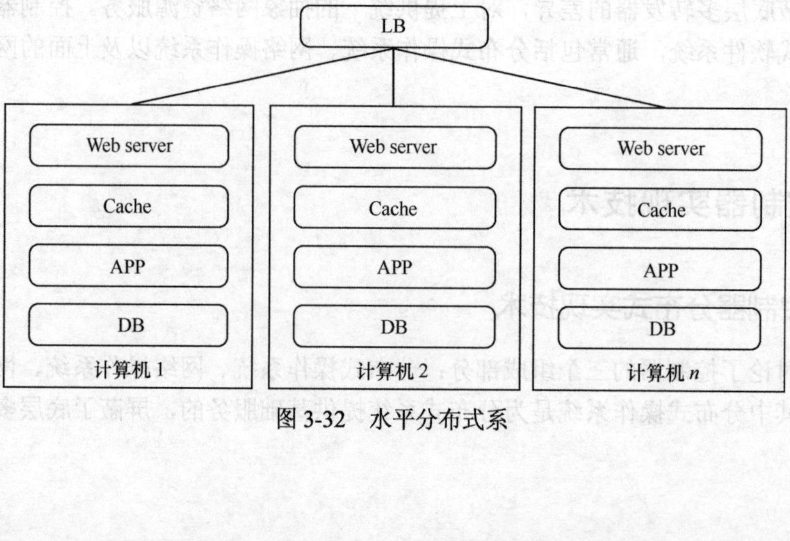

图 3-32 水平分布式系

图 3-22 所示的架构，在每个计算机内部署的功能都是一样的，是一种水平分布式。这种架构存在一个问题，各个功能部件在实际的业务过程中，它们内部的功能分布式要求不同。比如，在一个侧重计算的大型分布式系统中，DB 的处理可能需要 10 台计算机，APP 计算可能需要 50 台计算机资源，而 Web 服务器可能只要 20 台计算机。那么上面的这个架构就不能灵活地根据哪个功能部件负载高就添加哪个功能部件来得灵活。所以目前大规模分布式系统都是采用类似前面的水平分布式和垂直分布式结合的方式。当然，一些小规模的系统，则是可以按照上面的纯水平分布式部署，比如只需要几台计算机就能完成的业务，甚至在一些小的服务网站，也许一台计算机和一台备份的计算机按照上面的集成部署就能够满足业务要求。

2. SDN 控制器分布式设计

通常理论上对于不同系统的分布式设计方式可能因业务的不同而不同，但是有一些基本的过程是相同的。

① 对系统进行分析，找出哪些可以并行，并且需要并行的功能部件；需要寻找系统中一些关键性能瓶颈，这些性能瓶颈无法通过 SCALE UP 方式解决，需要对这些瓶颈进行分布式设计。

② 对可以并行的功能部件建立通信关系。

③ 对通信关系进行分析，把那些通信密集型的功能进行归并，以避免因为分布式却由于通信密集导致性能下降的问题。

④ 最后，把整理出来的可以并行的逻辑功能形成物理功能部件，并部署到逻辑并行执行机构上，逻辑并行执行机构通常包括分布式系统提供的用户线程，分布式操作系统会根据用户策略自动把这些用户线程映射到物理执行机构上。物理并行机构通常就是多计算机的多线程系统。

下面介绍常用的控制器分布式方法。

（1）基于数据的分布式设计

一般的分布式并行设计有一些常见的分布式算法，比如对于大规模数据处理的并行设计，通常会把数据切分成很多段，用一个程序专门对每段数据进行处理。这个程序可以部署多个，每个程序分别处理一段数据，这样的程序通常叫作 MAPING 程序。另外，当每段数据完成了处理，生成一个结果，可以作为另外一个程序的输入，这个程序完成后续的数据处理，这个程序叫作 Reduce 程序。这个过程就是大数据处理过程中的 MAP-reduce 架构，如图 3-33 所示。

图 3-33 所示为论文中介绍的 MAPReduce 基本原理。这里的 MASTER 程序是整体协调控制程序，负责把数据进行切分，并启动 MAP 程序分别处理分段的数据，然后再启动 REDUCE 程序进行数据的最后归并处理。MASTER 程序本质上算是一个分布式系统中间件，它负责部署 MAPReduce 程序，负责数据切分、状态监控等任务。举一个简单例子，一个大数组求和功能，就可以使用一个 MAP 程序，分别计算一部分数据的和，然后用一个 Reduce 程序把所有的结果再进行一次求和。这种基于数据分割进行分布式处理的方法是控制器领域中最常用的方法。无论路由协议处理、业务路由处理、网元资源处理，都可以根据数据分段类似方法对数据进行切分处理。通常切分后的各段数据有一个互不相关的特点，比如，路由协议可以按照协议邻居分组，网元资源处理可以按照转

发器分组。

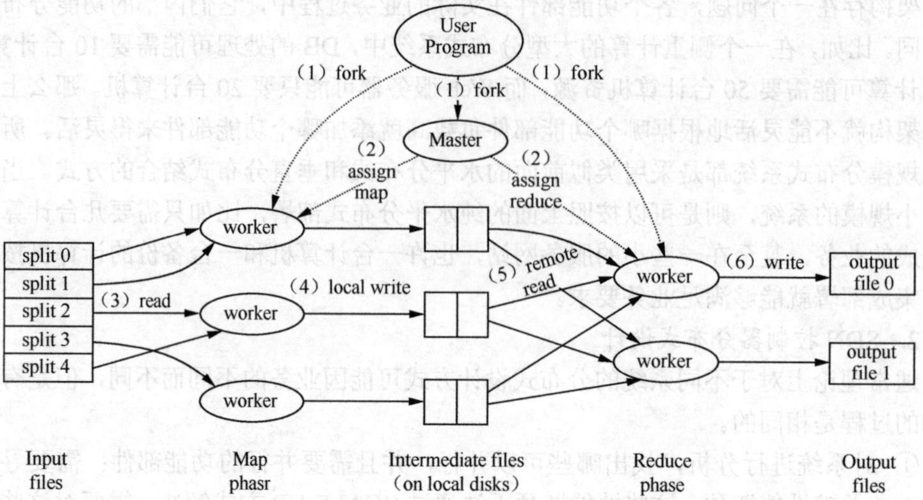

图 3-33 MAPReduce 架构（图来自互联网，引用自 Google 论文：MapReduce: Simplifed Data Processing on Large Clusters; http://labs.google.com/papers/mapreduce-osdi04.pdf）

在 IP 领域，当有大规模 IP 前缀路由需要处理时，可以采用类似的基于 IP 前缀的分布式路由选路，比如把 IP 前缀的第一个字节的 0～255 进行分段划分为并行处理组，比如进行 8 个段的分布式并行选路，那么每个选路程序实例分别负责一段 IP 前缀的路由计算：

```
0.0.0.0-31.255.255.255,
32.0.0.0-63.255.255.255,
64.0.0.0-95.255.255.255
...
224.0.0.0-255.255.255.255;
```

这样选路程序实例就可以进行并行路由选路了。

基于数据分布式是常见的一种分布式处理方法。在控制器中，每个网元都有自己的资源数据要进行处理，于是可以考虑把网元资源处理程序进行分布式多实例部署。这些实例可以并行处理各自的网元资源数据。分布式中间件会部署很多个相同的网元资源处理程序实例，在不同的计算机系统上运行，然后让每个程序实例处理一部分网元的资源数据。比如，转发器网元 1～100 的资源处理让一台计算机上的网元资源处理程序实例处理，转发器网元 101～200 的资源在另外一台计算机上的网元资源处理程序实例处理。通过这种方法可以有效地解决控制器对于大规模网络控制的需求。这种分布式方法是一种水平分布式方法。

基于数据分布式处理的一个前提是这些数据和处理任务是可以进行并行划分，它们之间是独立的，无论是前缀还是一个网元的资源数据，它们互相之间没有关系，不需要互相同步。当程序实例在处理它负责的数据时，完全不会受到另外的程序实例处理的数据的干扰。但这种基于数据划分的并行分布式处理方式存在的一个问题，是其他程序如何寻址这些程序实例处理的数据，需要仔细设计。当把一些数据分配给一个程序实例而另外一些数据分配给另外一个程序实例进行处理时，假如有一个部件要求查询一个数据，比如一个路由协议 BGP 部件希望向 IP 路由选路功能部件查看 51.2.2.2/24 的路由计算结果，那么该向哪个实例发起这个查询请求呢？通常有如下几个方法：

① BGP 可以向所有的分布式程序实例发起同样的请求，知道结果的程序实例返回结果。这样做的问题是它需要向所有分布式程序实例发起请求，性能会受到影响。

② BGP 向任何一个程序实例发起请求，程序实例本身可以维护一个表。这个表记录着每个程序实例处理的数据的分段信息，然后把请求重新定向到真正的程序实例，由那个实例返回结果。这要求每个程序实例都保存这个信息表，需要寻址信息表数据全分布式，每个实例都有这个信息表，资源消耗大。

③ BGP 可以向一个专门的分布式程序中心处理程序发起请求，这个中心处理程序只是维护一个关系表，维护哪段数据在哪个程序实例处理的信息。这个中心处理程序可以返回程序实例地址，BGP 根据返回的地址进行重新请求。

④ BGP 本身可以通过某种方式自己维护上面提到的寻址关系表。当它需要访问查询某个 IP 前缀路由信息时，根据本地的表就能够找到该向哪个程序实例发起请求。

在实际设计中，可以根据实际情况采用其中的一个。如果分布式系统中间件负责部署程序实例、分派数据给这些程序实例，分布式中间件就拥有了这些数据和数据处理实例的关系信息，这样 BGP 可以通过向分布式中间件发起一个服务实例定位请求，然后根据返回结果再向返回的程序实例地址发起数据请求。为了提升性能，BGP 也可以本地缓存这些关系表。

（2）控制器分布式设计中的数据一致性问题

上述基于数据的分布式方法在控制器中有很多网络业务应用程序都适用，比如基于 VPN 业务的分布式。把一组 VPN 业务归属一个 VPN 程序实例处理，另外一组 VPN 业务归属另外一个 VPN 程序实例处理。如果数据之间基本没有关系，直接进行数据切分并进行分布式处理，这样的差事当然是美差了，设计也相对比较容易。可是现实总是不尽如人意，总有一些任务不是这样的，比如 TE 隧道的带宽预留问题，假如需求是要计算满足一定带宽要求的路径，并把这个带宽资源预留下来，使得其他 TE 隧道不能重复使用这些带宽资源。这里的业务需求是隧道请求数量多，而且隧道计算程序基于拓扑进行路径计算，会消耗大量的计算资源，因此不进行分布式并行计算会导致系统响应性能急剧下降，因此希望进行分布式并行计算，来提升 TE 隧道计算请求的响应速度。图 3-34 显示了一个网络应用程序在计算网络内部的 TE 交换路径的过程。

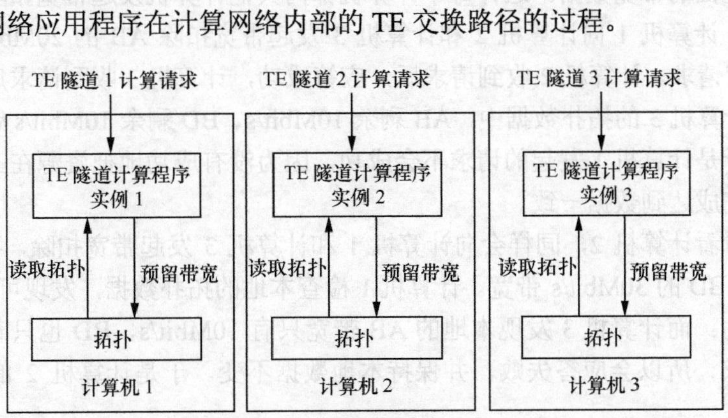

图 3-34　TE 隧道计算程序示例

如图3-34所示，在三台计算机上部署三个隧道计算程序实例，每个隧道计算实例根据输入的隧道计算请求，读取计算机本地拓扑（一开始这些计算实例内的拓扑数据是同步的），然后计算满足隧道请求的隧道路径信息，之后会向拓扑进行带宽资源预留，比如：

① TE隧道1请求，要求计算节点A到节点D的20Mbit/s带宽的一个路径。

② TE隧道2请求，要求计算节点A到节点D的30Mbit/s带宽的一个路径。

③ TE隧道3请求，要求计算节点A到节点D的40Mbit/s带宽的一个路径。

假定拓扑如图3-35所示。

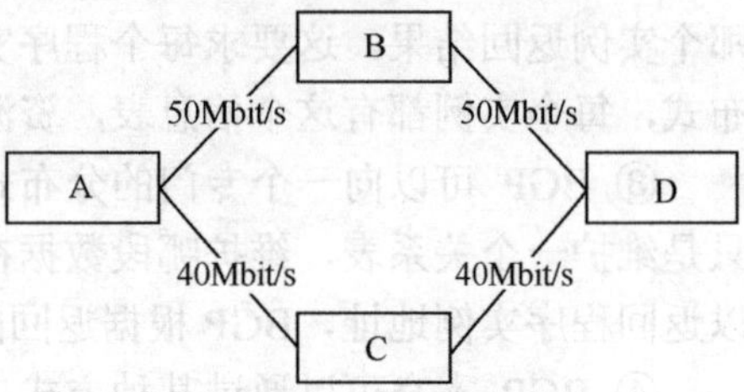

图3-35　拓扑示例

因为初始三个计算实例拓扑数据是一样的，于是三个计算实例各自根据自己的数据计算出的三条业务路径都是一样的：

① TE隧道1路径A-B-D。

② TE隧道2路径A-B-D。

③ TE隧道3路径A-B-D。

但是当都去扣减带宽资源的时候，就变得复杂了。因为拓扑数据更新需要向所有其他实例同步数据，这里保证数据的一致性非常重要。如果不进行任何控制，就没有办法保证这三个隧道业务请求完成后，数据仍然是保持一致的。下面分析扣减带宽过程。

计算机1计算完成，进行本地带宽资源扣除，于是计算机1的拓扑数据更新为：

```
计算机1 拓扑数据： AB BW= 30M, BD BW=30M, AC BW= 40M,CD BW=40M
(这里AB BW指的是A和B之间的剩余带宽数据，BW是Bandwidth,下同。同理，BD是指B和D之间，AC是指A和C之间。)
```

同样道理，计算机2计算完成并扣除本地带宽资源后，拓扑数据为：

```
计算机2 拓扑数据： AB BW =20M, BD BW =20M, AC BW = 40M,CD BW = 40M
```

计算机3计算完成本地带宽资源扣除后，拓扑数据为：

```
计算机3 拓扑数据： AB BW = 10M, BD BW =10M, AC BW = 40M, CD BW = 40M
```

处理过程到此并没有结束，因为需要确保每个计算机实例上的拓扑数据最终达到一致，于是本地资源扣除后不得不到其他计算机的拓扑中去同步数据，扣除其他计算机实例上的拓扑里面的带宽数据。这样每个计算机都向其他计算机发起带宽扣除请求，等待应答。比如，计算机1向计算机2和计算机3发起带宽扣除AB的20Mbit/s和BD的20Mbit/s带宽请求。计算机2收到请求后，应答成功，计算机3收到请求后，会应答不成功。因为计算机3的拓扑数据中，AB剩余10Mbit/s、BD剩余10Mbit/s带宽，所以会返回失败。于是计算机1发起的请求不会成功，因为没有成功地把资源在三个拓扑处理实例中扣减完成达到数据一致。

同时，看看计算机2，同样会向计算机1和计算机3发起带宽扣除，要求扣除AB的30Mbit/s、BD的30Mbit/s带宽。计算机1检查本地的拓扑数据，发现可以满足要求，于是应答成功；而计算机3发现本地的AB带宽只有10Mbit/s，BD也只有10Mbit/s，无法满足需求，所以会应答失败，并保持本地数据不变。于是计算机2的隧道请求也失败了。

同时，计算机 3 同样会向计算机 1 和计算机 2 发起带宽扣除，要求扣除 AB 的 40Mbit/s、BD 的 40Mbit/s 带宽。计算机 1 检查本地的拓扑数据，发现无法满足，因为其本地数据是 AB 剩余 30Mbit/s、BD 剩余 30Mbit/s，于是应答失败；而计算机 2 发现本地的 AB 带宽只有 20Mbit/s、BD 也只有 20Mbit/s，也无法满足需求，所以会应答失败，并保持本地数据不变。于是计算机 3 的隧道请求也失败了。

那么它们各自本地计算成功的路径，经过一番向其他拓扑数据同步数据请求的过程，结果全部都返回失败了。

假定计算失败，系统需要重新进行一次计算。那么它们如果还是这样并行地进行计算，结果可能还是一样的，全部失败。其实上述状态是一种共享资源占用的互锁状态，也就是形成死锁。在系统设计中，上述例子有一定概率永远也不会收敛，就是永远也不会有业务成功。

看看这个拓扑图，期望能够取得以下这样的两种结果。

第一种，TE 隧道 1（A-B-D）成功，TE 隧道 2（A-B-D）成功，TE 隧道 3（A-B-D）失败，拓扑数据同步，隧道 3 重新计算，然后隧道 3 走 A-C-D 也成功。

第二种，TE 隧道 1（A-B-D）失败，TE 隧道 2（A-B-D）失败，TE 隧道 3（A-B-D）成功，拓扑数据同步后，TE 隧道 1 或者 TE 隧道 2 有一个能够通过 A-C-D 成功完成隧道的建立和资源预留。

那么到底什么地方出了问题呢？其根本就是因为并行分布式计算时，共享的带宽资源数据管理也进行了分布式处理，而分布式情况下共享资源的数据同步问题导致了这样的死锁问题。

解决上述问题的方法在理论上有很多种，这里仅仅提供一种工程上常见的可行的方法。这个方法笨拙但是简单，也是解决死锁问题最常用的方法。这种方法就是对共享资源的处理串行化，就是说把每个带宽资源扣减申请在一台计算机上进行串行化处理，这样面对隧道 1、隧道 2、隧道 3 的资源扣减工作就会被排序进行，一个一个地进行带宽扣减，扣减不成功的则返回重新计算，同时带宽扣减还要进行拓扑数据同步。工作过程如图 3-36 所示。

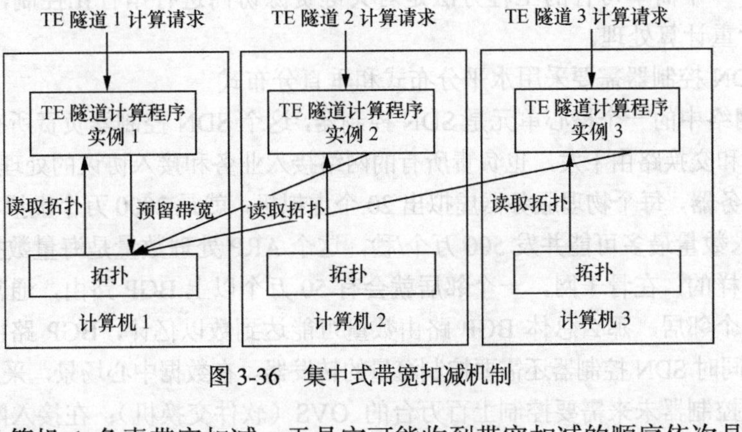

图 3-36 集中式带宽扣减机制

比如，计算机 1 负责带宽扣减，于是它可能收到带宽扣减的顺序依次是 TE 隧道 1 的 A-B-D 的 20Mbit/s 扣减请求、TE 隧道 3 的 A-B-D 的 40Mbit/s 扣减请求、TE 隧道 2

的 A-B-D 的 30Mbit/s 扣减请求。经过处理后，TE 隧道 1 成功，TE 隧道 3 失败，TE 隧道 2 成功。同时每个隧道带宽扣减完成后，拓扑数据会同步给计算机 2 和计算机 3 的拓扑管理部件。这样最后 TE 隧道 1 成功，隧道 3 失败，TE 隧道 2 成功。失败的隧道 3 请求会被计算机 3 重新计算，如果此时计算机 3 的拓扑数据已经更新，那么 TE 隧道 3 的重新计算结果就是 A-C-D。于是再次申请带宽扣减，计算机 1 会成功扣减带宽，TE 隧道 3 也成功建立。如果 TE 隧道 3 重新计算时，拓扑数据没有更新还是原来的数据，结果还会计算出 A-B-D，于是就会再次发起扣减请求，此时计算机 1 仍然返回失败。这样几次下来，计算机 3 的拓扑数据一定会更新，计算机 3 的计算结果也会是 A-C-D。于是所有的 TE 隧道都成功建立了。

所以，在工程上解决此类分布式数据一致性问题，一个简单的办法是串行化。也就是集中扣减带宽处理，而不是进行分布式处理，当然计算仍然是分布式的。尽管解决分布式数据一致性问题的理论方法在专业书籍中有不少论述，但是工程上简单可行的仍然是集中处理。当然，某些场景不排除仍然可以采用各种分布式事务，方法根据数据一致性要求的严格程度不同而不同。详细信息可以参考相关文献，但是作者还是推荐使用上述方法。

在控制器上的一些单一共享资源分配上，也有同样问题，比如标签的分配。标签资源作为一个转发器的协议资源，应用程序申请标签时，是不能分配重复的。如果要进行分布式并行标签分配该怎么做呢？初始状态下，每个标签分配实例都拿到同样个数的可用标签，比如 1～10000。但是每个实例进行独立分配标签，然后向其他实例申请标签保留确认。这样的处理过程也会带来上面描述的类似问题，就是无法保证各自分配的标签不冲突。冲突后再次重新分配并重新向其他人申请标签保留，这种方法可能概率性不收敛。解决这样的问题除了上面说的进行串行化处理方法外，也可以采用类似数据分段的方法。比如，每个标签分配实例仅仅负责一个段的标签分配，比如 1～200 由一个标签分配实例分配，201～400 由另外一个标签分配实例分配。但是这个方法有一个问题是分段不够灵活，我们不知道给每个计算机实例分配多少个标签够用。工程上很难配置这数据。总之，存在共享资源死锁问题，是因为采用了分布式并行计算导致的，一个简单可行的工程方法是对关键资源访问进行串行化控制，然后对失败的请求进行重计算处理。

（3）SDN 控制器需要采用水平分布式和垂直分布式

SDN 网络中的一个核心单元是 SDN 控制器，这个 SDN 控制器负责所有的内部交换路径的计算和交换路由下发，也负责所有的网络接入业务和接入协议的处理。如果有 100 万台物理服务器，每个物理服务器虚拟出 20 个虚拟机，就是 2000 万个虚拟机，需要处理的 ARP 请求数量最多可能并发 500 万个/秒，这个 ARP 处理数量是海量数据处理。BGP 路由也是一样的，在骨干网，一个邻居就会有 50 万个以上 BGP 路由，通常一个骨干网会多到几百个邻居，那么总体 BGP 路由数量可能达到数以亿计，BGP 路由处理要求也是海量的。同时 SDN 控制器还需要控制海量的转发器。在数据中心场景，采用 OVERLAY 方式组网，控制器未来需要控制上百万台的 OVS（软件交换机）；在接入网场景，可能要控制几万台转发器；在骨干网可能需要控制几千台骨干设备以及处理海量 BGP 路由计算。总结起来就是 SDN 控制器由于其管控网络规模非常大，使得其内部路径计算、转发器资源管理、接入业务路由处理都面临巨大的挑战，不是一台计算机通过 SCALE-UP 技术能够解决的，必须提供分布式集群系统来满足上述海量计算需求。

再看一下 SDN 控制器的参考实现架构，如图 3-37 所示。

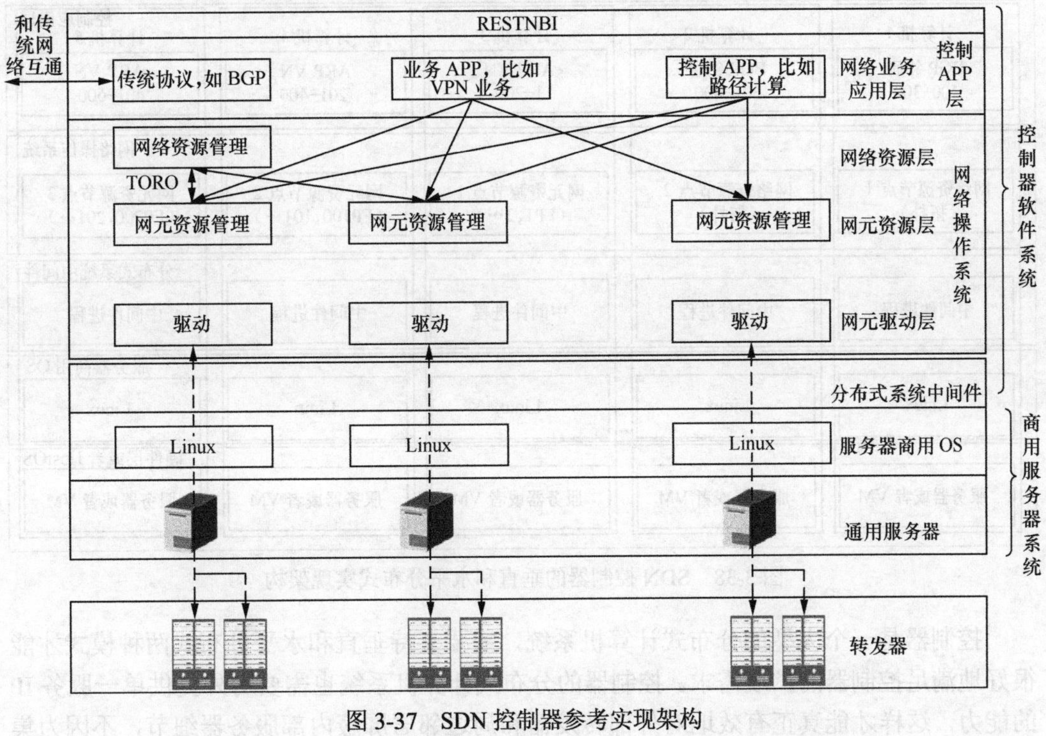

图 3-37　SDN 控制器参考实现架构

其中的网元资源管理，是随着控制网元数量的增加而增加的；而拓扑资源管理功能的数据量却没有像网元资源管理功能那样，随着网元数量而增加；应用层的各种协议处理和业务处理，在某些场景下也是要支持海量协议处理和数据处理的。比如前面介绍的 ARP、BGP 等协议，都需要处理海量请求和路由处理。也有一些路由协议处理不需要进行分布式并行处理。根据这种情况，控制器系统的分布式不应该采用单一的水平扩展方式，而是应该采用水平分布式和垂直分布式混合使用。

如果仅仅采用水平分布式，在每个服务器上都部署同样的应用程序功能，则是没有必要也是不合适的。比如，拓扑资源管理就应该和网元资源管理进行不同的部署方式，即按照功能进行垂直分布式，网元资源管理功能倒是可以简单地按照水平分布式来进行扩展；拓扑管理功能没有必要和网元资源管理功能一起扩展，在每台服务器上都部署，而是在某些服务器上部署拓扑管理就可以了。因为网元资源管理的部署模型和拓扑管理的业务需求导致部署模型不同，不能简单地采用相同的模型进行水平分布式部署，必须考虑采用不同的部署模型进行垂直分布式部署。

实际上控制器的分布式部署方式可能如图 3-38 所示的架构。网元资源管理可能随网元数量增加而不断增加，而网络拓扑资源可能只需要部署在几台服务器上。网络业务应用程序中的协议和业务处理也可以根据本身的需要进行分布式部署。这样做的灵活之处在于如果部署的网络协议处理要求更多的计算资源，则只要增加计算机并部署这些协议处理组件就可以了；而如果是转发器网元不断增加，只要增加计算机资源，并部署网元资源管理组件就满足要求。这种方式本质上就是垂直分布式和水平分布式都使用了。

图 3-38　SDN 控制器的垂直和水平分布式实现架构

控制器是一个大型的分布式计算机系统，需要支持垂直和水平分布式两种模式才能很好地满足控制器的扩展需求。控制器的分布式计算机系统也需要对外提供单一服务 IP 的能力，这样才能真正有效地对外部转发器和周边邻居屏蔽内部服务器细节，不因为集群内部的变化而影响邻居。

关于分布式设计的一个建议是，尽可能避免使用分布式设计。

3.4.2　SDN 控制器的可靠性和开放性

1. SDN 控制器可靠性

SDN 控制器常见的两种故障是运行控制器软件的服务器故障和控制器软件本身故障。针对这两种故障，系统需要对故障部件进行冗余备份，这样，当服务器故障时，可以使用备份服务器接替工作；当一个软件部件故障时，也可以用其备份部件接替工作。本章前面也提到过，这两种故障最后可以使用一种技术来实现，都可以归结为进程冗余备份。只要把系统中每个进程都安排一个备份进程，那么当主用进程崩溃时，备份进程就可以接替工作。服务器故障也可以分解为是服务器上的多个进程崩溃。这样，备份技术就都归结到进程的备份技术了。

作为可靠性实现方案，首先需要能够感知故障，这个过程是监控过程。分布式操作系统会对分布式系统中的每个进程进行监控，一旦发生故障，分布式操作系统会用备份进程接替崩溃的主用进程工作，这个过程是备升主过程（也称为主备倒换过程）。分布式操作系统完成的重要工作是修改内部的通信关系表，以便其他与原主用进程通信的进程能够正确地把数据发送给新的主用进程，并且确保这个过程中其他进程并不感知。备份进程能够接替主用进程工作的前提是必须拥有能够接替工作的数据，没有这些数据，备份进程是无法接替主用进程工作的。这就需要主用进程平时就进行数据备份。数据备份过程相当复杂，如果崩溃的最后一刻备份数据丢失了，但是其他相关进程数据已经更新，那结果备用进程升主用后，其数据和其他相关进程的数据会不一致。所以备用进程升主用进程后，需要对系统数据进行平滑，以确保相关进程的数据一致性。而主备倒换触发数据平滑的事件也是由分布式操作系统完成通知的，这样进程状态从备用转换为主用后，会收到一个事件，它可以自己进行相关业务数据平滑。

整个备份恢复过程的示意如图 3-39 所示。

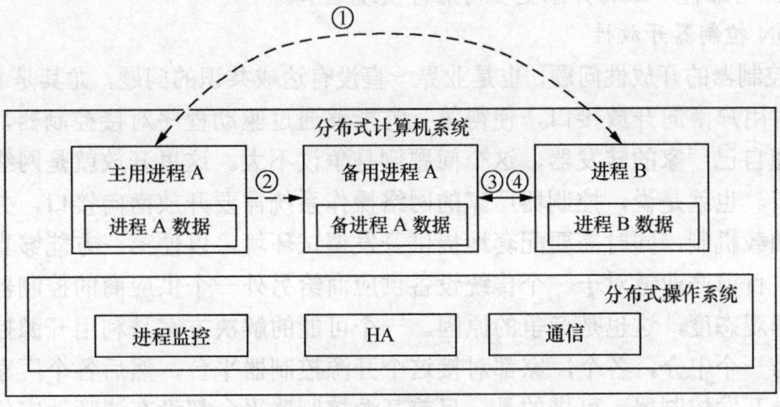

图 3-39　主备进程倒换过程

图中，原来进程 B 和主用进程 A 通信，见①；同时主用进程 A 会备份数据到备用进程 A，见②；当主用进程 A 崩溃时，分布式操作系统监控到这个事件，会修改物理通信关系表，这样进程 B 的实际通信者修改为备用进程 A（此时在分布式操作系统看来它已经升为主用进程，其状态发生变化了），见③。这样进程 B 事实上不知道目前与之通信的进程 A 其实已经换了一个进程。同时分布式操作系统会通知这个备用进程 A 进行数据平滑，也就是④过程。

在进程备份方案中，重要的是数据的冗余备份。对于一些应用程序，尤其是非实时应用程序，通常仅仅备份数据，而不会运行备用进程（这里的备用进程是一个进程的一种角色。在实际的实现案例中，可以使用专门的一个独立进程作为备份进程，也可以是一个工作的主用进程承担其他进程的备份进程角色）。在仅仅备份数据的可靠方案中，当主用程序崩溃，需要重新启动一个备用程序利用备份数据进行系统恢复，这样整个业务恢复时间相对较长，业务可能中断。而如果在系统中不仅仅备份数据，同时还有一个热备份的程序同时在运行，那么主用程序崩溃，备用程序可以立即接管系统，业务可以做到不间断。仅仅备份数据而不运行备份进程的做法在一些实时性要求不高的场景是可行的。但是，控制器对实时性要求非常高，需要考虑运行备用程序，加速系统故障恢复过程，减短业务受到影响的时间。而备份的数据通常有无状态数据和状态数据，控制器为了做到故障周边邻居不感知，需要对状态数据进行备份。比如，网络业务应用程序 BGP 所在的进程发生崩溃，不希望其 BGP 邻居感知其故障，那就需要对 BGP 的状态数据进行备份，并且需要保持 TCP 的整个倒换过程的连续性，这些技术都是相当复杂的。传统网络称这种技术为 NSR（Non-Stop Routing，直达路由）技术，能够实现的厂家寥寥无几。

控制器的可靠性问题，进程监控是由分布式中间件完成的。而分布式中间件也是进程，谁来监控这些系统进程呢？通常的分布式系统中间件进程需要部署一个或者多个备份进程，一方面是因为这些备份进程需要获得主用进程数据，另一方面是它们同时也监控主用系统中间件进程，如果发现主用分布式系统中间件故障，这些备份中的一个会接管系统。这些系统进程对可靠性要求更高，通常需要应对双点同时故障的问题。不像业务进程，可以部署一个备份进程。如果出现主备业务进程同时故障，分布式系统中间件会重新启动这些进程，业务中断时间就会长一些。

在 SDN 可靠性一章将介绍更多可靠性实现细节。

2. SDN 控制器开放性

SDN 控制器的开放性问题，也是业界一直没有达成共识的问题，尤其是北向接口开放问题。对用户南向开放接口，使得第三方能够通过驱动程序对接控制器，使得控制器能够管理自己厂家的转发器，这个问题倒是争议不大。这里开放就是网络操作系统的南向接口。也就是说，控制器厂家的网络操作系统需要开放南向接口，并且提供第三方驱动加载机制，同时需要配套地提供开发调试环境，以便第三方能够真正地开发驱动程序。目前产业链对于一个传统设备供应商给另外一个供应商的控制器开发驱动程序抱有悲观态度，这也是竞争的原因。一个可能的解决方案是利用开源控制器平台在其中作为一个中介，各个厂家都对接这个开源控制器平台，然后各个厂家基于开源控制器平台开发控制器。可惜的是，目前开源控制器平台都没有清晰地定位自己是网络操作系统，而是试图把自己定位为控制器。这种模糊的定位对产业链有很不利的影响。开源控制器平台应该定位为网络操作系统，把网络应用业务留给控制器开发商，这样各方利益都有保证。

至于北向，到底控制器开放哪些接口？有一种观点认为主要开发网络北向业务模型，这样外部的协同层应用程序就可以调用这些北向业务模型接口来开发网络业务了，这些北向网络业务模型接口通常是网络业务应用程序提供的。另外一种观点是希望开放更加底层的接口，比如网络操作系统的接口，开放这些接口有助于快速开放网络业务。当然后者适合资深网络编程人员来开发，因为需要实际操作网络中的网元资源数据，并且对网络内部实现细节要求掌握非常深入。而开放北向业务模型接口，对程序员的要求会低一些，主要是直接开放业务接口，这些接口更加高层和容易理解。

开放接口包括开放接口形式和开放接口的内容。接口形式包括 Netconf 协议、RESTFUL、Java API 等，其实这个形式并不重要，重要的是内容。上面讨论的开放哪个层次接口就是内容。作者认为，开放的控制器，应该包括开放网络操作系统接口和网络业务应用程序开放的北向业务模型接口。

后面章节有专门针对 SDN 开放性的介绍，这里不详细描述。

3.4.3 混合控制网络设计

1. 混合控制种类

在现网向 SDN 演进过程中，需要考虑混合网络控制的场景。网络混合控制示意如图 3-40 所示。

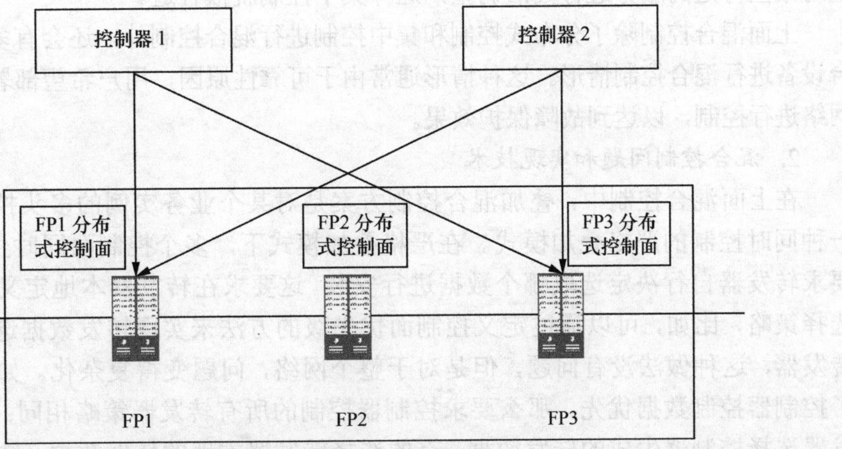

图 3-40　网络混合控制示意

混合网络控制场景包括三种类型。第一种类型是采用叠加混合控制。对于一个特定的业务实例，由多个控制面进行控制。比如一个 VPN 业务实例，或者一个公网业务，由集中的 SDN 控制器为它们生成转发表信息，同时系统还保留该业务实例的分布式控制面，这个分布式控制面也为该业务实例生成转发表信息。这样转发器会收到两份针对同一个业务实例的转发表数据，转发器可以根据一定的策略选择其中一个控制面的转发表安装到转发引擎。这里多个控制面还可能是来自多个控制器对同一个业务实例的控制，转发器本身需要根据策略来决定到底选择哪个控制系统的数据作为转发引擎最后使用的数据。这种叠加混合控制通常用于希望通过外置的 SDN 控制器对业务进行一定的优化调整，当控制器出现故障时，网络可以选择另外一个控制面，比如分布式控制面继续完成这些业务的控制，这样达到了一个可靠性保护效果。当然，通常情况下，分布式控制面业务处理可能不是最优的，仅仅是提供最低服务保障。

第二种类型是按业务实例混合控制。此类混合控制是把特定的业务实例归属一个控制面，而另外一个业务实例则由不同的控制面来控制。比如一个 VPN 业务实例让控制器 1 进行控制，而另外一个 VPN 业务实例则由分布式控制平面控制。这样做的原因是从现网向 SDN 迁移过程中，网络中可能已经部署了一些业务实例，用户不希望立即调整这些业务实例，而是希望让控制器先部署一些试验性的业务实例，以便用于积累经验和检验 SDN 系统。随后，可以把一些业务实例部署在 SDN 上进行运营，并可以考虑逐步地把原来的分布式控制的业务实例也迁移到 SDN。

第三种类型是按业务功能混合控制。这种混合可以是把网络内部的 Fabric 控制交给控制器控制，把业务控制仍然由分布式控制面来控制；或者相反的情形。这种做法是用户希望解决特定的网络问题。比如，用户可能关注网络内部的路径流量调优，以便更加有效地利用网络，简化网络内部的协议，提高可维护性。这样就可以先集中控制 Fabric。而有的用户则希望对其发放的业务能够有更高的灵活性，那么就可以把业务集中控制，便于灵活调整。这种类型除了按照边缘接入业务和网络内部 Fabric 划分外，还可以按照不同的网络服务，比如 L2VPN 服务和 L3VPN 服务、组播服务、IPv6 服务等，把某些网络服务集中到控制器控制，而其他的部分则保留在分布式控制面。这种情形也是用户希望对某些特定的服务进行灵活调整，这样集中控制就很合适。

上面混合控制除了分布式控制和集中控制进行混合控制外，还会有多个控制器对一台设备进行混合控制情形。这种情形通常由于可靠性原因，用户希望部署多台控制器对网络进行控制，以达到故障保护效果。

2. 混合控制问题和实现技术

在上面混合控制中，叠加混合控制方案是对某个业务实例的多头控制，实际上是一种同时控制的严格叠加模式。在严格叠加模式下，多个控制面同时生成转发数据，要求转发器自行决定选取哪个数据进行安装。这要求在转发器本地定义一个转发数据选择策略，比如，可以通过定义控制面优先级的方法来实现转发数据选取。对于一台转发器，这种做法没有问题，但是对于整个网络，问题变得复杂化。如果转发器选择了控制器控制数据优先，那么要求控制器控制的所有转发器策略相同；否则，有的转发器选择控制器生成的转发数据，有的选择转发器本地的转发数据，结果它们之间的数据可能冲突。在传统的分布式网络中，为了避免路由选择的不一致导致环路问题，给出的解决方案是所有路由器采用相同的最短路径算法来计算路由。而现在的问题是一样的，当一台转发器选择控制器数据，另一台转发器选择本地数据时，结果可能造成环路。

全网采用相同的转发数据选择策略后，仍然面对一个问题：当转发器和控制器失去连接时，转发器到底该多长时间后开始使用另外一个控制面的数据？假定控制器优先级高，转发器开始选择了控制器数据，当和控制器连接中断后，转发器需要确定何时切换为本地数据。这个时间也需要全网配置一致，否则就会出现前面讨论的网络数据不一致问题。一方面，这个时间不能太短，太短可能出现抖动，控制器可能只是连接闪断，这样可能造成频繁切换，网络处于不稳定状态。对于连接闪断可以考虑增加惩罚机制。另一方面，时间也不能太长，如果时间太长不进行切换，网络状态可能已经发生变化，控制器失去控制能力，导致网络无法收敛。所以通常地建议设置为几秒。

解决上面两个问题后，如果网络一部分转发器和控制器连接中断，另外一个部分和控制器链接是正常的，结果导致一部分转发器使用本地控制面，一部分转发器使用控制器作为控制面，这样最后的结果可想而知。但是，如果转发器和控制器之间的控制通道是采用了传统尽最大努力方案建立的，那么这种情况不应该发生。一旦发生，说明网络出现了孤岛，孤岛本身各自采用各自控制面是没有问题的。

另外两种混合控制类型实际上是非同时控制，是一种非严格叠加模式，就是对一个业务的数据总是归属一个控制面来进行控制，同时一个业务实例仅仅由一个控制面进行控制，所以不会有上面实时控制的一些问题。不管是实时控制还是非实时控制，现在采用的方式都是在宏观上看，一个转发器有多个控制器，这样就存在一些共享资源冲突问题需要解决。比如转发器的隧道 ID 资源、接口 ID 资源、VRFID 资源、标签资源等，这些资源会被多个控制面申请使用，可能存在冲突。解决资源冲突问题可以考虑采用资源虚拟化，比如一些转发器本地的 ID 资源。标签资源由于是一种协议资源，不能进行虚拟化。解决此类资源的冲突问题需要采用分段，或者系统中由一个实体负责集中串行化分配，都可以解决此类问题。

【本章小结】

本章主要介绍了控制器的需求。控制器的需求主要包括需要考虑规模网络控制、可靠性、实时性、开放性、现网互通能力。还介绍了控制器的三个主要层次：分布式操作系统、网络操作系统和网络业务应用程序。接着介绍了控制器的分布式实现参考架构，控制器需要同时支持水平分布式和垂直分布式来满足大规模可扩展能力。最后对控制器的可靠性和开放性以及混合控制网络的一些技术问题进行了简单介绍。

第4章 SDN网络的可靠性

SDN 是对传统网络的一种重构，SDN 网络的三个基本技术特征是转控分离、集中控制、开放可编程。SDN 网络带来的核心价值点如简化网络、业务快速创新等，正是由这种集中控制的架构带来的。但是这种集中控制的架构，却潜在地产生了一个问题，就是 SDN 网络的可靠性可能不如以前的传统全分布式 IP 网络。传统的 IP 网络是诞生于冷战时代，起初设计就是重点考虑了通信网络的生存性。这种设计可以保证网络系统受到类似核攻击时仍能够自组织完成网络连通性，这种能力是因为传统 IP 网络采用了全分布控制网络架构。这种分布式网络架构一直影响着后续的各种网络业务的设计，其基本的分布式控制网络架构要素或者其基因一直没有变化，尽管也出现了类似 BGP RR 这样的集中点，但是路由计算并没有任何集中控制的意图。

当今运营商的各种运营网络以及 Internet 网络，其运行维护、管理、用户业务快速创新能力、网络的简单性，成为一个可运营的网络的基本诉求，所以 SDN 网络架构出现了。然而这种架构的可靠性却由于其存在天生的集中点而下降。但是我们也不能因噎废食，要考虑如何在新的架构下解决这些可靠性问题。

4.1 什么是可靠性

可靠性（Relaibility）和另外一个词可用性（Availability）经常混淆。可靠性是使用平均失效间隔时间 MTBF（Mean Time Between Failures）来描述的。失效是指应该提供的业务无法提供，是衡量一个产品或者系统（尤其是电气产品）的可靠性指标；而可用性是用 Availability=MTBF/（MTBF+MCT）这个公式描述的，其中，MCT 是失效平均修复时间。经常说的可用性要达到 5 个 9，是指 Availability=99.999%，大概相当于系统运行 1 年宕机不超过 5min 时间。

可用性高不代表可靠性高，比如系统 1h 故障 1ms，可用性是 99.9999%，但是这系统并不可靠。可用性提升通常需要提升 MTBF 时间，就是提升可靠性，并且要求降低停机时间。因为如果 MTBF 时间很长，比如 3 年出一次问题，但是如果一次问题出现需要 4 个月才能修复，那可用性只有 90%，这就不是一个好的系统。通常是希望系统能够改进 MTBF 和 MCT 两个指标，才能达到用户的要求。本章讨论的 SDN 网络可靠性设计问题，就是指如何改进这两个指标。

这里主要讨论如何提升可靠性。可靠性技术是在解决网络出现故障时，如何让故障不对业务产生影响，也就是说故障没有引起失效从而没有对业务造成损失，这样就提升了 MTBF 指标；如果一个故障会导致失效，就需要采用一些技术手段，尽量降低失效时间，尽快恢复业务，就是降低 MCT 时间。

在可靠性设计中，最为广泛的技术就是冗余设计，也就是容错设计。通常需要对系统进行故障模式分析，对于系统容易出现故障的地方进行冗余设计。比如，如果认为系统的主控板出现故障概率较大，就需要设计系统支持主备两个主控板，其中任何一个主控板出现故障，另外一个可以接替继续工作，即使故障发生了，系统也没有因此而失效，提升了 MTBF，提升了系统可靠性。

4.2 SDN 网络可靠性故障模式分析和对策

可靠性的设计是基于故障模式的，如果能够识别出故障模式，也就能够设计出针对这些故障模式进行的冗余设计。因此，首先需要从故障模式入手来分析 SDN 网络可靠性。图 4-1 给出了 SDN 网络架构下主要的故障模式。

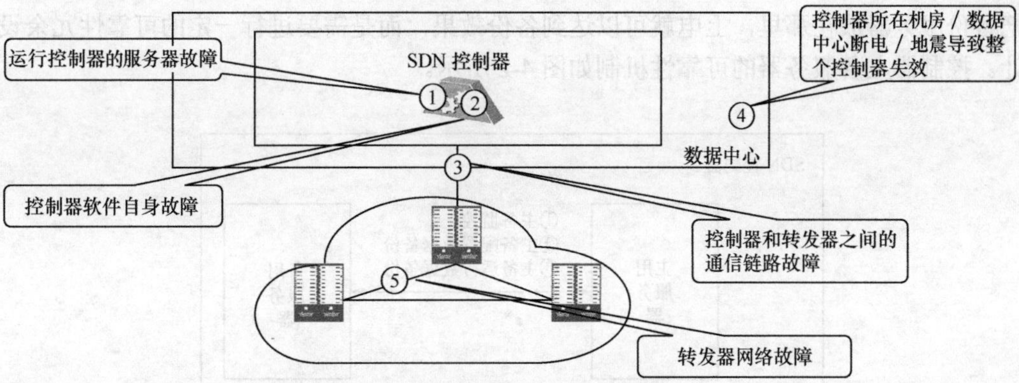

图 4-1 SDN 网络的基本故障模式

图 4-1 中给出了最常见的五种故障模式：

① 运行控制器的服务器故障；

② 控制器本身的软件故障，或者软件部件故障；

③ 控制器和转发器之间的通信链路故障；

④ 整个控制器所在的数据中心崩溃；

⑤ SDN 转发器网络故障。

这五种故障模式中的前四种，对网络的转发业务本身似乎没有影响，因为转发器可以根据既定的转发流表，也就是控制器失去控制之前发下的那些流表进行工作。但是此时如果发生网络拓扑变化，比如某些链路中断了，那么受到影响的业务将无法恢复。因为没有控制器为它们重新计算路由和生成转发流表了，也就是失去了控制，所以这些故障必须尽快得到修复，以使得 SDN 网络恢复控制器的控制。提高可靠性的常用手段就是冗余，所以需针对这些故障进行冗余设计。第五种故障模式是转发器网络的节点或者链路出现了故障，这种故障的处理需要控制器介入，控制器根据网络拓扑的变化，进行重新计算路由，完成业务的收敛。

冗余设计，可分为空间冗余和时间冗余两种冗余模式。空间冗余是一种部件冗余方式，比如上文提到过的主备单板设计，还有如主备链路设计、数据的多份副本，也都是空间冗余技术。这种空间冗余技术通过一个或者多个备份部件来保护可能失效的主用部件，使得当主用部件失效时，备用部件可以继续接替其工作，保证业务不受到影响。时间冗余是指当系统出现错误时，系统重复执行发生错误的事务，或者说利用时间的连续性，多次传递同样的数据来达到数据的可靠性，比如 TCP 的重传机制就是一种利用时间冗余来解决可靠性的例子。后文将介绍的可靠性技术主要是空间冗余技术，但是实际控制器设计中也存在很多时间冗余设计。下面我们看看如何利用冗余来解决上述五种基本的故障模式。

4.2.1 运行控制器的服务器故障的可靠性设计

根据可靠性冗余设计的方法，需要为可能失效的服务器增加备份服务器。这里提供服务的服务器称为主用服务器，用于备份的服务器称为备用服务器（或者备份服务器）。假定控制器仅仅运行在一台服务器上，那么可以考虑增加一台备份服务器。但是并不是把备份服务器放在那里，上电就可以达到备份效果，而是需要进行一定的可靠性冗余设计。控制器主备服务器的可靠性机制如图 4-2 所示。

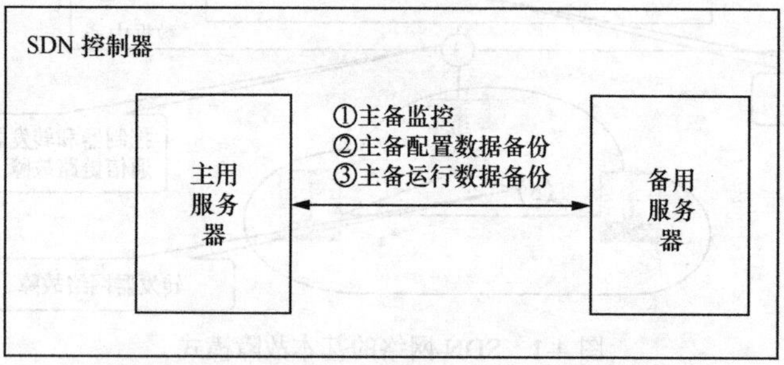

图 4-2 控制器主备服务器的可靠性机制

第一，系统需要有监控机制。备用服务器需要了解主用服务器的状态，当主用服务器故障时，备用服务器要感知到这个故障。第二，主用服务器也需要监控备用服务器。因为如果不进行主用服务器对备用服务器的监控，备用服务器由于某种原因崩溃而不进行及时处理，主用服务器此时也崩溃了，结果相当于系统的主用和备用服务器都崩溃了，系统将无法恢复。当然，不管是主用监控备用服务器，还是备用监控主用服务器，一旦发现对方崩溃都应该立即执行重启那个崩溃的服务器过程，以便系统总是保持主用和备用服务器的同时运行。所以，第一个要实现的技术就是主备监控技术。

主备监控完成之后，如果主用服务器发生故障，备用服务器又如何来接管系统呢？这就是第二个问题，备用服务器能够接管网络必须具备如下三个条件。

① 备用服务器拥有可执行的和主用控制器一样的控制器软件；

② 备用服务器必须有运行时所需的配置数据，通常是和主用服务器相同的配置数据；

③ 备用服务器和被控制网络本身也必须保持连接。

这里第三条涉及链路可靠性问题，不在这里讨论。第一条，控制器备用服务器拥有和控制器主用服务器相同的控制器软件系统，这个软件系统可以是相同的软件版本，也可以是不同的软件版本，其本身关系不大。第二条，需要主备拥有相同配置数据问题。这个问题相对比较复杂，因为任何运行的软件要想工作都需要一个正确的数据。对于控制器来说最重要的数据是配置数据。控制器备用服务器获得这些数据后，利用自己的控制器软件就应该可以接管系统。但必须有一个前提，这个控制器软件能够正确识别这些配置数据，就是所谓的数据兼容性。当然，如果控制器备用服务器和主用服务器的软件版本是同一个厂家同一个版本的，那么这个备份数据的兼容性或者说控制器备用服务器读取这些数据就不会有什么问题。既然读取这些数据没有问题，那当然就可以继续后面的配置恢复和系统恢复工作了。

上面讨论过，备用控制器的软件版本可能与主用控制器的不同，可能比主用控制器版本高或者低，那么此时数据一致性就变得复杂。如果要想不同的控制器软件版本能读取和理解一份数据，就需要软件设计者进行精心设计，确保它们之间备份的配置数据能够被正确地读取和理解。当然，当数据不能被正确读取时，通常需要在版本之间的数据传递过程中增加一个数据格式转换部件，这个转换部件可以把数据转换为目标控制器软件版本能够读取的格式。既然问题这么复杂，为什么还要让不同版本之间同步数据呢？答案是在软件系统升级的时候，不得不在不同版本之间同步数据。这样，在相同版本之间和不同版本之间的数据同步、备份功能都是可靠性需要支持的技术。

不同版本之间的数据同步存在升级模式和降级模式两种模式。对于升级模式，数据是低版本的，而目标系统是高版本的，高版本的系统读取低版本的数据，一般不会有什么问题，这种也就是前向兼容技术，就是说高版本系统能够读取低版本数据。对于降级模式，也就是低版本系统要能够读取高版本数据，这种也叫作后向兼容技术，相对就比较困难。设计上一般采用类似 TLV（Type-Length-Value，一种通信消息的定义方法）模式设计，可以解决前后向兼容问题。但是随版本的变化，这种兼容在技术和工程上实现都变得非常困难，所以通常的前后向兼容都仅仅能够支持邻近几个版本的兼容。

解决了配置数据在相同版本和不同版本之间的兼容问题，也就使得备用服务器至少可以运行起来了。相同版本的保护备份是最为常见的技术，当然不同版本的问题在软件升级过程中也很常见，业界提出的 ISSU（在线软件升级）技术就是为了解决以上问题。现在控制器的备用服务器有了软件也有配置数据，系统运行起来后，是可以和转发器建立连接的，因为配置数据中保存了该控制器到底和哪些转发器相连以及各种业务的配置数据。

再看看这个控制器备用服务器是如何接管系统的。在倒换过程中，转发器可以先按照原来的转发流表（原来的主用服务器计算生成的）进行工作，控制器的备用服务器并没有为转发器计算流表和下发流表。倒换后，控制器备用服务器利用配置数据恢复了和转发器的连接。接下来，它会收集网络状态信息，包括拓扑、设备等信息。然后和外部周边邻居建立连接，学习域外路由。它可以重新计算网络内部路径，重新学习路由，生成路由表，并把这些自己生成的路由表或者说流表下发给转发器，并且要求转发器老化掉原来的流表。上述讨论的备份过程就是通常说的温备份机制。温备份机制的典型特征是仅仅备份配置数据，不备份运行数据。运行数据是指系统运行时产生的各种数据，比如，各种路由协议学习过来的路由以及这些协议的状态数据等。这个倒换过程中协议邻居会间断，并需要重建邻居，路由表会重新学习计算并下发，在整个业务接管过程中，业务可能出现间断，接管过程的时间长度可能是分钟级别。

与温备份技术相对的一种备份技术是热备份。热备份的特征是：运行数据也进行备份，倒换过程中，协议邻居不间断，业务不间断，整个倒换过程时间比温备份短很多。热备份最重要的是备份系统平时也要运行，并且每时每刻都在接收主用控制器的运行数据并做好接管的准备。这里最复杂的技术是如何保证协议邻居不间断问题，尤其是面向 TCP 协议（比如 BGP/OpenFlow 等），是个非常困难的难题。其关键在于如何处理 TCP 的连续的序列号问题，这个技术传统上也叫 NSR 技术，即不间断路由技术。这种技术在业界能够实现并实际商用的厂家很少，华为公司实现了 NSR 技术，并且在设备上是默认运行的，在中国和欧洲主要的大的运营商都现网部署并经过了多年的考验。但是很多其他的 IP 设备供应商到目前为止还没有支持该技术。其原因在于，技术本身很困难，需要严格的工程管理能力，不是每个供应商都能轻易掌握这个技术的。这种 NSR 热备份技术可以应用到控制器上面，是解决控制器服务器故障问题的一种有效手段，可以保证故障不会引起失效进而导致业务损失，所以控制器通常需要支持 NSR 热备份技术。

前面控制器实现技术章节介绍过控制器通常不是仅运行在一台服务器上，而是运行在服务器集群上，这主要是因为 SDN 控制器需要管控大规模的网络。所谓控制器集群，是指控制器运行在多台服务器上，形成一个集群系统。其他和控制器通信的实体，无论是管理软件还是周边邻居设备，都认为这个多服务器系统是一个控制器，是一个系统，并不知道具体的控制器内部有多台服务器。前面介绍的控制器主用备用服务器系统是一个由主备服务器构成的控制器集群系统。然而控制器集群通常会有很多服务器，而不仅是两台服务器，由多服务器构成的控制器集群系统就是通常所说的分布式集群系统。在服务器集群情况下，如何解决集群中任意的服务器故障呢？其实，对照上面介绍的热备份技术，服务器集群情况下解决服务器故障的基本原理是类似的。比如，一个简单的方案，在集群内把所有服务器一分为二，一组为主用服务器，另外一组为备用服务器，每个主用服务器都有一个与之对应的备用服务器，任何一台服务器故障，都采用上面的热备份技术就可以解决了。集群的保护倒换机制如图 4-3 所示。

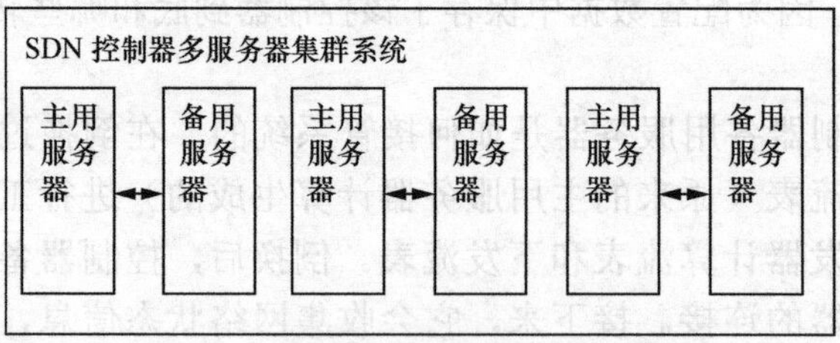

图 4-3　SDN 控制器集群系统的主备倒换机制

这种方案通常简单易行，易于部署，达到了热备份保护效果。其基本原理是在系统中形成主备服务器保护对，每对服务器的保护倒换机制都如上面两台主备服务器集群系统类似。这样可以有效地解决当任何一台服务器故障时，系统保持业务不间断和邻居不间断。

相对于采用主备服务器的备份方案，还有一种备份技术方案，即基于进程级别的保护倒换。每台服务器并行运行业务主进程，同时也运行其他业务的备份进程。主备进程备份机制的基本原理如图 4-4 所示。

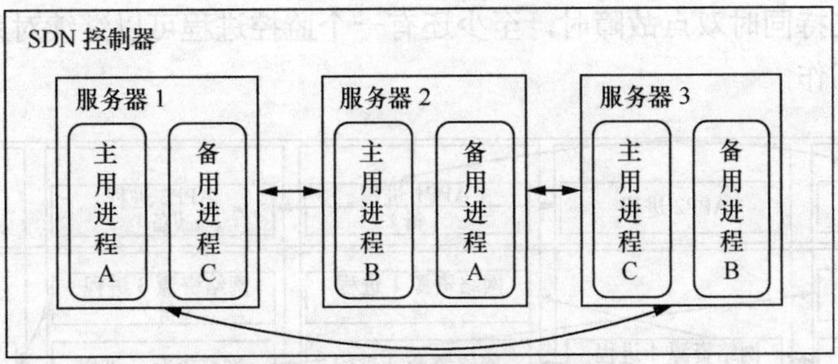

图 4-4　主备进程备份机制

这些业务进程的功能不同，比如进程 A、进程 B、进程 C 是不同功能的进程。这样，每台服务器平时都在处理主业务，也都在处理其他进程的备份业务。比如，图中的服务器 1 在处理业务进程 A 的功能，同时也在备份业务进程 C；服务器 2 在处理业务进程 B 的功能，同时也备份业务进程 A。相当于每台服务器平时都是在处理主用业务。当一台服务器崩溃，运行在其上的主业务进程就会倒换到其他服务器的备份业务进程上，系统会把这个备份业务进程升级为主用业务进程，来替代刚刚失效的那个服务器上的该业务的主进程。比如，如果服务器 1 故障，业务进程 A 会倒换到服务器 2 上运行。同时，分布式系统中间件会为失效服务器上的备份业务进程在另外合适的服务器上重新启动一个新的备份业务进程，上面主备业务进程倒换过程也是在分布式中间件协调下完成。因为涉及部署、倒换、寻址、通信等系统行为的重新调整，所以分布式集群的控制器系统 HA 机制需要分布式中间件来提供。

上面介绍了服务器故障的冗余保护倒换技术，包括温备份技术和热备份技术，实现这些备份技术背后需要有服务器监控技术、配置数据备份和恢复技术、运行数据备份和恢复技术、倒换协议邻居不间断、分布式中间件的 HA 等技术来支撑。

4.2.2　软件组件故障的可靠性设计

一个大的集群系统通常由很多功能组件构成，比如，协议处理组件，比如众多南向协议（NETCONF，OpenFlow，PCE 等）、北向协议（RESTFUL、SNMP、TELNET、Netconf 等），还有东西向协议（如 BGP、ARP 等），而且内部还有很多资源管理和路径计算组件。我们肯定不希望这些组件中的某个组件出现问题，进而导致系统整体崩溃。所以通常选择在不同进程部署这些组件，使得某些软件故障仅仅影响局部，而不是整体系统都崩溃，这也叫作故障隔离。软件系统故障通常表现为某个进程崩溃，某个功能组件失效，或者进程内出现死循环等各种不可预知的问题。控制器是个复杂的集群软件，必须支持多进程隔离故障能力，组件功能也应该能够支持独立替换。那么这个软件系统到底该如何解决软件内的故障呢？这个问题的解决方案通常跟特定的系统有关。以下介绍一种华为公司实现的控制器软件可靠性技术，如图 4-5 所示。

这是华为控制器的一个典型可靠性部署架构。与服务器可靠性一样，首先需要监控机制，没有监控就无法感知故障，所以监控机制对系统非常重要。如图 4-5 所示，在该系统的分布式系统中间件一层，包含一个节点监控主进程，这个主进程负责监控所有的集群系统中的软件组件状态、进程状态，也监控所有的集群系统的节点状态。除了一个主用监控进程外，还有两个备份监控进程，并且部署在不同服务器，这是为了确保这个监控进程可以支持同时双点故障时，至少还有一个监控进程可以继续对系统进行监控，保证系统正常工作。

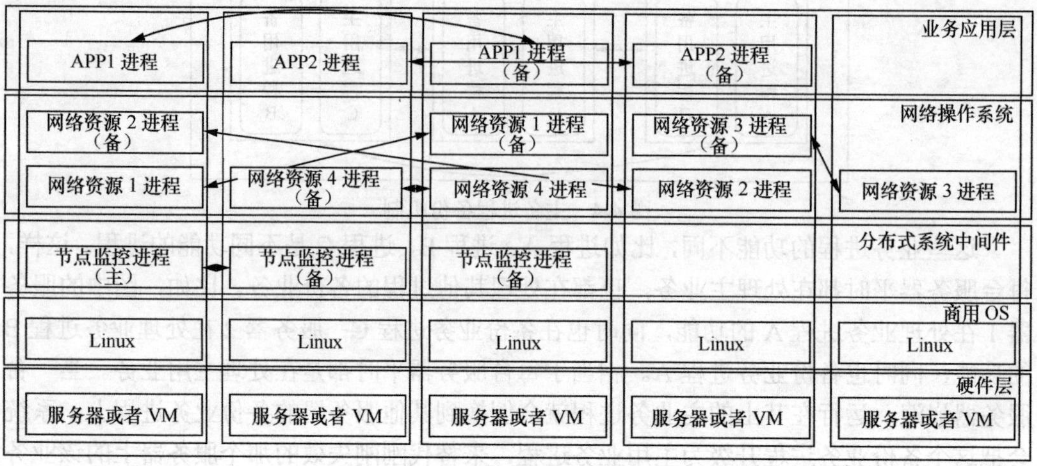

图 4-5　控制器软件可靠性实现技术

再看看图中的资源节点进程和 APP 进程，都部署了一个主用进程和一个备用进程，并且运行在不同的服务器中。这样，当任何一个主用进程崩溃时，通过备用进程都可以接管业务继续执行，并且保证是 NSR 机制的无缝接管，协议不间断。运行时，主用进程会一直备份运行数据给备用进程，系统也会给主用进程和备用进程都下发配置数据，使得它们能够完成倒换工作。当系统监控到主用进程崩溃时，会发送一个备升主信息给备份进程，备份进程会立即接管系统。同时分布式系统中间件还会更新系统内部的通信关系表，以确保其他进程的组件能够正确访问到新的主用进程的功能组件，并且还会在控制器集群内合适的位置重新启动一个备份进程，以便应对未来再次发生故障。

如果同时双点故障，主用备用进程都崩溃怎么办？答案是分布式系统中间件会感知到这个情况，因为它管理着系统中所有的业务进程。得知这个情况后，分布式中间件的部署模块会重新在集群的合适位置启动那些同时崩溃的业务进程，重新下发配置数据，走温备份的业务恢复流程。此时，双点同时故障，一主一备的系统是无法实现 NSR 的效果的。如果希望双点同时故障仍然能够保持 NSR 能力，只要部署两个备份副本就可以了，但是系统的资源和开销变得大了。经过权衡，我们认为业务进程可以不考虑做两个备份副本。当然，如果有需要，也可以给用户这个权利，让用户增加更多资源，对备份副本个数进行修改就可以实现双点同时故障的 NSR 效果。

上述说的都是业务进程，再看一下分布式系统中间件的功能组件，其默认部署了两个备份副本，目的是让这个分布式系统中间件具备应对系统同时双点故障的能力。如果说控制器是 SDN 网络的大脑，那么分布式系统中间件就是这个大脑的大脑。这个分布式中间件系统和控制器所控制的网络没有关系，它是控制器软件系统自己的基础服务系统，是控制器集群系统本身的管控系统，所以需要能够提供同时双点故障保护能力。也就是说，当系统在任何情况下发生双点故障时，控制器集群系统本身（多服务器集群系统）

的管理都不能有中断服务，它能够继续管理控制器自身的集群系统。

上面介绍了一个分布式控制器集群系统的软件可靠性机制。控制器集群系统本身的分布式系统中间件非常重要，它负责系统部署、监控、数据备份、倒换等机制。这个分布式中间件自身的可靠性也非常重要，所以要能够应对同时双点故障。而业务系统通常部署主备系统，可以应对单点故障，双点同时故障时可以由分布式中间件重新恢复业务。这里仅仅对业务进程部署一个主用进程一个备用进程，而没有像前面监控部件那样部署两个备用进程，原因是资源权衡的结果。如果对所有业务进程都部署两个备用进程，虽然可以解决同时双点故障问题，但也消耗了更多资源。实践中，客户可以根据需要部署双点故障业务不间断的高可靠系统，而控制器不需要修改软件，仅仅是把系统配置为业务进程使能两个备用进程就可以达到期望效果。

4.2.3 控制器和转发器之间的通信链路故障的可靠性设计

控制器和转发器之间的通信链路故障，相当于人的中枢神经的脊髓部分中断，大脑虽然没有崩溃但也没有用了。解决这个问题仍然需要冗余，把控制器通过多条链路连接到被控制网络上。这种控制通道通常可以走专门的管理控制网络，也可以走带内提供的控制通道，使得控制器和转发器之间有多条冗余路径，这样任何一条链路故障，控制器都可以通过其他链路控制网络。通常，控制器不会和每个转发器都有一个物理连接，而只是和其中的几个转发器连接，然后通过这几个转发器把控制报文转发给需要被控制但是却没有直接物理通路的转发器。那么这些控制报文在转发器之间转发的路由表是谁生成的？是否是控制器生成的？设想一下，如果是控制器生成了这些路由，是否会发生当网络出现故障时，控制器没有来得及更新这些路由，却需要把一些流表下发给这些转发器？下发的这些流表正是为了修正转发这些流表数据所需的数据，这样就存在一个鸡生蛋还是蛋生鸡的问题了。为了解决这个问题，在转发器之间转发控制报文的流表是不能由控制器下发的，就是说控制通道所依赖的转发表是不能由控制器生成的，那么该怎么办？这个过程其实就需要依赖传统的IGP，比如ISIS或者OSPF，来负责自组织方式打通一个控制通道，任何情况这个控制通道其实是具有传统网络的分布式控制的可靠性能力的。这样通过利用控制器到转发器的多条控制通道连接，并利用传统的分布式IGP来打通控制通道，使得控制器和转发器之间的通信能够达到传统分布式网络的可靠性能力。

4.2.4 整个控制器所在的数据中心崩溃的可靠性设计

冗灾备份是为了应对一些灾难发生的情况。控制器集群通常要支持大量运行数据的备份，所以一般不会把控制器集群的多台服务器分别部署在异地的数据中心（控制器集群实现本身并不应该限制不可以部署在异地）。这种把集群服务器部署在一个数据中心的建议主要是因为性能问题，异地备份会使得整个系统的运行速度下降，而且异地备份数据需要面对广域网不确定的时延和丢包等问题，使得大量的运行数据备份性能受到影响，进而影响系统的实时响应速度，所以通常的控制器集群会部署在一个数据中心或者机房范围内。如何解决整个数据中心出现灾难导致控制器崩溃问题呢？比如地震、火灾、电源等故障可能导致整个数据中心失去电力，控制器当然也就无法运行了。为了解决这个问题，通常选择在异地数据中心部署一个备份控制器。

这里需要区分控制器集群和多个控制器有何不同。控制器集群是一个控制器系统，只是运行在很多服务器上，它们是一个控制器，负责控制一个网络，是一个软件系统。而多个控制器则是互不相干的，每个控制器可以是集群也可以不是，它们之间其实没有什么关系。就好像在美国 ATT 网络上运行一个控制器集群和中国电信网络上运行一个控制器集群，它们每个都由一组服务器运行，但是它们之间没有一点关系，它们是两个控制器。也可以这样理解：在一个路由器设备上，有两个主控板，一个作为主用，一个作为备用，在一个多框路由器中，有很多主控板，一个主用，多个备用，但是这些所有的主控板都是一个路由器系统，就如同控制器有很多服务器形成集群一样，仍然是一台设备。而在组网过程中，通常部署两台路由器，接入设备可以通过双归属接入这两台路由器，这两台路由器对外是两台设备，是两个系统，这个就有点像多个控制器了。

解决冗灾问题的备份控制器，是指网络控制器有一个主用控制器，还有一个备用控制器（注意：主用控制器和备用控制器是两台独立控制器，它们互为备份。前面讨论的控制器主用服务器和备用服务器，是一台控制器内部的两台服务器），这是两台控制器，部署在异地不同数据中心。这样，当一个数据中心出现灾难，这个备用控制器系统可以接管主用控制器来完成网络管控任务。这两台控制器的目的是对同一个网络在不同时期进行管控，比如当主用控制器工作正常时，备用控制器不会对网络进行任何控制，但是当主用控制器因为某种原因出现崩溃宕机，备用控制器就会接替工作。为了能够达到备份目的，技术原理上这个备用控制器也需要获得主用控制器的配置数据，以便实现主用控制器和备用控制器之间的温备份能力。主用控制器备份给备用控制器的备份数据通常是业务数据，控制器本身的一些配置比如 IP 地址、控制器名字、集群内服务器数量等信息不能备份给备用控制器；相反，前面讨论的控制器集群内部的控制器主用服务器和备用服务器之间的配置数据备份则是全部的配置数据备份。这种区别还是因为主用控制器和备用控制器是两台控制器，而控制器集群内的主用服务器和备用服务器是一个控制器内部的两台运行硬件，这个两台服务器属于同一个控制器。当然，主控制器和备用控制器也可以同时备份运行数据，使得它们之间可以执行热备份保护机制。控制器集群通常是一个厂家提供的一个控制器集群，但是多控制器异地保护则未必是同一个厂家的。那就带来一个问题，不同厂家的控制器互为备份如何解决数据互操作能力？比如华为提供的主用控制器，如果另外一家控制器提供商提供备用控制器，它们之间如何进行配置数据和运行数据备份呢？这个不像集群系统内部，一个厂商内部系统，可以自己解决备份数据统一性。为了解决这个问题，可能的方案是主用控制器和备用控制器之间通过标准协议进行数据备份，这样只要大家按照标准设计就可以互通。可惜的是，控制器之间的备份数据协议还没有标准化，而且可以预期这个标准化难度比较大，短期是难以解决的。所以通常还是建议主用控制器和备用控制器都使用同一个供应商的好一些，避免麻烦。

那么，主用控制器和备用控制器之间是如何实现数据备份的呢？一个方法是让主用控制器直接和备用控制器进行通信，把数据直接备份给备用控制器。但这个方法使得主用控制器和备用控制器耦合了，不是很好设计。因为如果要多部署几个备用控制器，就需要把主用控制器和多个备用控制器建立通信关系，并实时备份数据，这样就需要修改配置，让主用控制器感知多个备用控制器的存在，这不是很合理。一个比较好的设计方案是，主用控制器把数据写入一个中间数据库系统，其他备用控制器从中间数据库系统读取这些数据并恢复系统。这种设计的基本原理如图 4-6 所示。

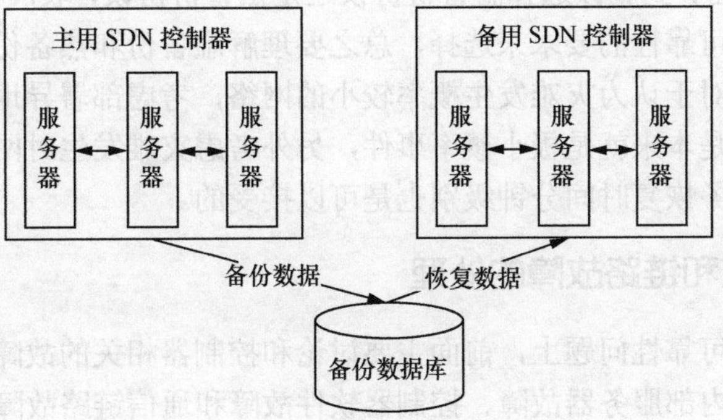

图 4-6 主备控制器的数据备份方法设计

这种设计使得主用控制器备份数据到这个中间数据库系统，看不见备用控制器存在，而备用控制器也看不见主用控制器存在（不是真的看不见，比如监控软件还是要感知主用、备用控制器状态的）。这种设计扩展性好，只是这个中间的数据库系统必需是一个高性能的分布式数据库系统，否则难以支撑控制器之间的高性能数据备份需求。

此外，主用控制器和备用控制器之间需要一个监控机制，这个监控机制能够有效地监控控制器的状态，备用控制器监控主用控制器，主用控制器也监控备用控制器。监控可能不仅仅限于连接中断，还要考虑当主用控制器仍然存活，但是其服务能力已经无法完成网络控制，比如服务器数量达不到所要求数量时，这种情况下也应该触发倒换。不过，这时的触发倒换是主用控制器主动发起，因为只有它自己根据资源评估，发现自己资源数量已经降低到不能满足需求的资源数量时，就主动降备，备用控制器升主接替工作。

主用控制器和备用控制器机制可以有效地解决异地容灾备份问题，也有人会把这种技术用于本地多控制器部署，来提高 SDN 网络的可靠性。但是，无论用于什么，都还有一个问题，就是系统的双主问题。当主用控制器和备用控制器的通信连接中断，备用控制器会升主，并试图控制网络，而此时主用控制器也在对网络进行控制，该如何解决这个问题呢？通常有几个解决方案。第一个方案是主用控制器和备用控制器的监控通道覆盖所有可能的连接，包括通过被控制网络进行监控报文转发，这样，上述双主问题就不会发生。如果双主，说明上述网络已经被分割成了独立的孤岛网络，双主也没有危害。第二个方案是，既然是冗灾备份，备用升级主用可以由人工干预，由人工下发升主指令。这个方案的缺点是需要人工干预，导致控制器倒换时间不确定。因为可能是晚上，无人值守，那需要等管理员上班才能下达倒换命令，业务中断时间可能会达几个小时。第三个方案是由被控制网络进行仲裁，当被控制的转发器发现有两个控制器试图对其进行控制时，可以反向发送一个事件给两个主用控制器，收到事件的主用控制器和备用控制器（现在也认为自己是主用）可以根据一定规则处理这种双主情况。其中，一个简单的办法是保持原来的主用，新升级为主的控制器降为备用控制器；另外一个方式正好相反，新的主用控制器保持，旧的主用控制器降备。当然，无论如何，设计人员定义一个默认行为，并预留一个调整默认行为的操作接口，问题就可以得到解决。

另外，作为灾备，到底该选择温备份协议还是热备份协议，取决于客户自己的需求，客户可根据自己对可靠性的要求来选择，总之要理解温备份和热备份的区别和各自达到的效果。我推荐，对于认为灾难发生概率较小的网络，考虑部署异地温备份服务器就可以达到要求。理由是本来就是极小概率事件，另外考虑灾难发生时网络可能出现大规模故障，同时灾难业务恢复时间分钟级别也是可以接受的。

4.2.5 网络节点和链路故障的处理

在 SDN 网络可靠性问题上，前面主要讨论和控制器相关的故障模式，比如控制器整体故障、控制器内部服务器故障、控制器软件故障和通信链路故障问题。下面讨论一下网络本身的节点和链路故障的处理。

如果转发器故障或者转发器之间的连接故障，业务就会受到损失，传统的分布式控制面会根据网络状态变化自动重新计算路由，使得网络收敛，继续提供网络服务。在集中控制的 SDN 网络情况下，当网络内部的拓扑状态变化时，同样地需要控制器进行路由重新计算，实现网络收敛。这两者的区别仅仅是谁来完成故障感知和路由重计算而已。当然也会有一些小的区别，一方面，SDN 网络架构下，SDN 控制器仍然可以给转发面下发两条 FRR（Fast ReRoute，快速重路由），使得故障发生时，转发面可以不在控制器控制下自动完成路径切换。然后 SDN 控制器根据网络拓扑变化可以重新计算内部的交换路径路由，并下发给转发器。另一方面，由于 SDN 控制器对网络的控制，实际屏蔽了网络内部的交换细节。SDN 控制器自动计算网络内部的交换路径，并且会对网络内部的交换路径自动完成 OAM 监控部署。比如可以使用 MPLS 作为网络内部交换路径的实现技术，SDN 控制器就会自动地在 LSP 和隧道上部署 MPLS TP 的 OAM 监控。这种有路径就有监控的实现，提高了可维护性，降低了对人员技能的要求。因为不需要人工部署监控了，也不需要了解内部 TPOAM 协议细节。这些自动部署的监控协议不仅可以快速检测到节点故障和链路故障，还可以检测到服务质量下降的问题，比如丢包率问题、时延增大问题。通过自动部署的监控来完成检测，不像传统网络需要人工部署。并且一旦监控协议发现服务质量下降，会立即触发相关后续应对，比如进行重路由计算或者发起故障诊断等工作。总之，在 SDN 网络架构下，转发器所在网络的拓扑变化和服务质量下降问题，会利用传统标准技术来解决，但是会解决得更加简单，对网络管理员来说，更加易于使用。

4.2.6 主主备份模式和主备备份模式

前面讨论的控制器各种保护技术，基本上都谈论到主备模式，一个主用部件，一个备用部件。通常情况下，主用部件工作，备用部件并不处理业务，而是当主用失效时才开始把自己的状态改变为主用状态，开始进行业务处理。在业界还谈论一种主主备份模式，也可以简单称为主主模式，是在 IT 行业广泛使用的一种保护备份模式。这里简单探讨一下这两种备份模式。

主主模式（active-active 模式）是一种负载均担的工作方式，在很多分布式软件系统中有不少应用，就是工作中的任何一个系统都是主用系统，没有单纯的备用系统。比如一个分布式系统中如果有 10 台服务器，则这 10 台服务器每个都在处理业务，它们是一种负载均担的关系。当其中一台服务器出现故障时，这台故障服务器原来处理的业务会被分担到其他服务器上继续处理。

而控制器集群是一个由多个服务器构成的集群系统，这个集群系统实际上是并行工作的，尽管可以选择把集群中的服务器分为两组，一组主用服务器，一组备用服务器，采用主备工作模式（如图 4-3 所示）。但是也可以换一种部署方式，让每个服务器都负责一部分业务处理同时也负责其他服务器备份，是一种主主模式，就是上面提到的基于进程的保护倒换方案（如图 4-4 所示）。这样看，集群内每台服务器都是在处理业务，控制器集群也是主主模式，因为控制器集群中的每台服务器都在处理业务。

有一种观点认为，图 4-4 所示的控制器集群方案不能算是主主模式。理由是控制器集群内的服务器运行了备用进程，而主主模式不应该有备用进程存在。理论上，软件程序由程序和数据两个部分构成。而不管采用主备模式还是主主模式，关键是数据的备份，而不是程序。只要有了数据的副本，在哪里都可以运行程序来处理这些数据副本；如果没有数据副本，无论主主模式还是主备模式，都无法恢复业务。主主模式强调负载均担，对于一些计算量较小的业务，不需要负载均担，使用主主模式和主备模式本质是一样的。在这种观点看来，主主模式应该是数据有备份，而所有程序都是主用程序，当一个服务器或者软件部件故障时，另外一个或者多个正在处理该业务的主用程序可以增加其处理的工作量，把失效部件的原先处理的业务承担过来。一个例子是，比如 3 台服务器在分别处理用户请求，服务器 1 处理 1～10 用户请求，服务器 2 处理 11～20 用户请求，服务器 3 处理 21～30 用户请求。此时，如果服务器 3 故障，可以简单地把 21～25 用户交给服务器 1 处理，26～30 用户交给服务器 2 处理。这种备份机制对于很多行业是一种高效的方法。但是对于控制器实现则有一些限制，SDN 控制器处理可靠性通常需要 NSR 机制，以确保业务的快速恢复，所以通常要备份运行状态数据；而如果在一个工程进程内同时处理主用数据，并处理备份过来的运行状态数据，这样的程序非常难以设计，并难以维护。

前面分析的多控制器冗余保护的灾备方案，一个为主用控制器，其他为备用控制器，工作在主备模式，而非主主模式。那么再来看是否需要主主模式：第一，部署这些控制器不是为了解决业务处理能力瓶颈问题，业务处理能力瓶颈问题可以通过控制器集群增加服务器来解决，不需要部署异地控制器再分担处理；第二，主用控制器的部署位置通常是管控网络的一个最佳地理位置，异地部署的控制器性能肯定不如主用控制器；而且主主模式需要控制器之间进行数据同步以保持数据一致性，需要解决复杂的数据一致性问题，同时还有实时性要求，这都导致系统变得无比复杂。所以，容灾备份不应该采用主主模式。在工程实践中，建议考虑使用异地控制器的温备份机制。必要时才部署异地控制器的热备份，同时应该了解可靠性是要成本的。

以上分析了 SDN 网络架构的主要故障模式以及解决这些故障的保护倒换机制，这些机制能够有效地提高 SDN 网络的可靠性，使得 SDN 网络可以达到商用水平。

4.3 SDN 网络和传统网络的可靠性

4.3.1 SDN 网络如何达到传统网络的可靠性

也许有人会问，SDN 网络架构能否达到和分布式控制的 IP 网络相同的可靠性？如果不能，那为什么说 SDN 网络架构好？也就是说：

① 到底经过上述技术手段 SDN 网络的可靠性是否达到了分布式网络架构的可靠性能力，如何才能达到；

② 如果不能达到传统网络的可靠性，为什么还要搞 SDN 网络架构。

对于第二个问题，把 SDN 控制器和 SDN 网络架构可靠性提升到一个可用的标准，比如 5 个 9 可靠性就够了，没有必要追求比实际要求更高的可靠性。提升可靠性是需要成本的。SDN 网络架构吸引客户的不是提升可靠性，而是其他价值，前面已介绍过。

如果我们实现了前面介绍的各种 SDN 可靠性技术，可能仍然无法与传统的分布式网络架构的可靠性相媲美，但有几个可能的技术方案可以解决这个问题。

第一种方案，采用全分布式，把控制器分布在所有转发器的控制器单板上面运行，这样的分布式架构是可以达到传统分布式可靠性的。但是这个方案本质上就回退到了传统分布式控制面架构，SDN 价值也就没有了，所以不推荐这种方式。

第二种方案，考虑混合组网控制在网络上叠加 SDN 控制器，同时保留传统的分布式控制面。这种方案可以让很多创新业务通过 SDN 控制器来完成，而传统的分布式控制系统保留下来，可以保证网络具有传统的分布式网络的可靠性。这个方案有研究价值，不仅可以提高可靠性，还具有商业部署价值。现实网络已经海量地部署了传统的分布式网络，不能短期内把它们都升级到 SDN 网络架构，所以需要慢慢地渐进地部署 SDN 控制器到网络上。这种迁移方案需要保留传统网络分布式控制面和业务，同时先部署一个 SDN 控制器，建立好控制器的连接之后，可以先通过 SDN 控制器收集网络信息，比如拓扑、告警等。如果控制器运行得不错，可以让 SDN 控制器试着部署一些业务，比如让它也部署几个业务到网络上试验一下。如果效果不错，没有问题，可以让 SDN 控制器再多部署一些业务，把分布式控制的业务部分迁移给控制器负责。这样，逐渐地可以把现网的业务都迁移到控制器上来集中控制。这个演进部署过程，就是一个混合组网控制模式，因为转发器上的转发业务既具有分布式控制面生成的也有集中的 SDN 控制器控制的。

那混合组网如何工作呢？混合组网可分为严格叠加模式和非严格叠加模式。严格叠加模式的混合组网指的是，控制器控制的所有业务，在分布式控制面也需要支持所有这些业务的控制，转发器自行选择采用哪个控制面下发的数据进行工作。这种严格叠加模式由于有传统分布式控制面的存在，所以网络的可靠性和传统分布式网络的可靠性是一致的。另外一种非严格叠加模式，是指允许 SDN 控制器控制的业务和分布式控制面控制的业务有所差异。尤其在同一时间里，控制器可能先实现某些创新业务的控制，这些业务可以在网络中试运行直至成熟部署，满足业务快速创新要求。此时，转发器上面支持的分布式控制面并不支持这些控制器所控制的创新业务，只支持一些传统业务的分布式控制。这种非严格叠加模式的，对于创新业务的可靠性由于只有控制器进行处理，所以比起分布式控制来说会低一些。对于这种非严格叠加模式，如果要求 SDN 控制器所实现和控制的业务也达到传统分布式可靠性的要求，可以慢慢地在分布式控制面也实现这些业务，同时部署两套控制面，转变为严格叠加模式，就能够达到传统分布式的可靠性。不过，中间有个时间间隙，这个时间内创新业务无法达到传统的分布式的可靠性。

然而，如果采用严格叠加模式的混合组网，SDN 网络架构的价值（简化网络、支持业务快速创新等）一个也没有实现。因为所有的业务都要在分布式控制面实现和部署，那既不能加速业务创新，也不能简化网络，反而增加了控制器的开发负担。此外，SDN 控制器部署业务和分布式控制部署业务如何保证一致性，确保一个控制面崩溃时另外一个控制面能够正确运行都面临巨大挑战，所以只有在一些特定的解决方案层面需要考虑支持这种严格叠加模式。那么剩下来的就只有非严格叠加模式的混合组网。这个模式确实有价值，因为能够解决现网迁移演进的问题，同时也能够解决业务快速创新问题，所以 SDN 网络架构设计需要考虑支持非严格叠加模式来支持网络迁移和演进。但是，并不推荐后面继续在分布式控制系统中增加 SDN 控制器已经实现的业务，原因很简单，这样做导致 SND 的价值大打折扣，必要性不大。

当然，对于第二种方案，在前面讨论的过程中已经强调，是有一定的研究价值和意义的。这种方案确实可以解决一定的问题。在特定的解决方案场景，可以根据可靠性要求考虑一些特定的混合控制方案。通常的网络控制分为网络业务控制和网络内部交换路径的控制。比如对于网络内部交换路径的控制器，如果采用 MPLS 的 LSP 作为交换路径，可以考虑在基础网络同时部署 LDP 分布式路由协议。这样控制器完成内部的交换路径的计算和生成，如果控制器完全失效，转发器可以自行做出选择，全部切换回 LDP 生成 LSP 交换路径。用这种技术可以有效地解决全部控制器失效带来的影响。对于网络业务路由的处理，也有类似方法，部署控制器完成网络业务路由的计算和处理外，同时部署分布式业务路由协议，比如 MP BGP/REMOTE LDP 等。转发器配置为优选控制器的业务路由，当控制器失效时，则转发器优选本地分布式业务路由协议学习的业务路由，从而达到保护目的。这样的解决方案尽管保证了整个网络的可靠性达到传统分布式网络的可靠性，但是显著地增加了解决方案实现的复杂度、网络运行维护的复杂度，通常并不建议这样部署。

所以，总结起来，要使 SDN 网络的可靠性达到传统分布式网络的能力，其技术就是传统分布式网络架构本身。如果看重分布式网络架构的可靠性属性，就没有必要部署 SDN 网络架构。比如，在军事领域，分布式网络架构就是一种不错的选择，因为无中心的指挥中心才是最为可靠的。

4.3.2　传统网络并不都是全分布式架构

传统网络在设计之初，确实是全部采用了分布式架构。比如传统的 IGP 路由协议，采用全分布式计算架构，每台路由器可以根据自己学习到的拓扑数据独立地进行路由计算，网络中的任何一台或者多台路由器故障，网络仍然能够提供最大的连接能力。而传统的 BGP 路由协议设计，也是一种全分布式架构，所有的运行 BGP 路由协议的路由器实现全连接，互相交换路由，确保当任何一台多台路由器故障时，网络中 BGP 路由能够自动收敛，保持最大的连接能力。其他很多路由协议也都有类似的分布式控制架构的设计和实现。

下面看一下 BGP 的部署情况，如图 4-7 所示。

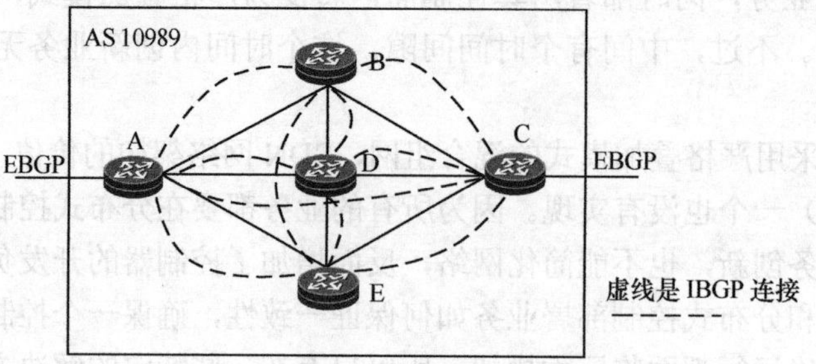

图 4-7　BGP 的 IBGP 全连接示意

图中显示了在一个 AS 10989 内，有 A、B、C、D、E 五台路由器构成的一个网络，根据 BGP 要求，这些路由器需要建立 IBGP 全连接，因为只有这样，网络内部的路由器 B、D、E 才能学习到网络外部的其他自治系统的路由，使得穿过该网络的 IP 流量或者自治系统本地网络希望访问外部网络的流量，才能被网络内部的路由器 B、D、E 根据此路由正确转发出去。这样，在一个自治系统内部如果有 n 台路由器，那么需要建立 $n(n-1)/2$ 个连接，如果 n 比较大，比如 n=100 台路由器，那么需要建立 4950 个 IBGP 连接。试想在一个网络建立如此大规模的 IBGP 连接对于管理维护是个相当复杂的问题。而现在运营商网络的核心骨干网，通常都有上百台路由器的规模，显然这样做是不可行的。所以，标准 BGP 对此进行了优化，在网络中增加了一个 BGP RR（BGP Route Reflector，BGP 路由反射器）。BGP RR 的工作原理如图 4-8 所示。

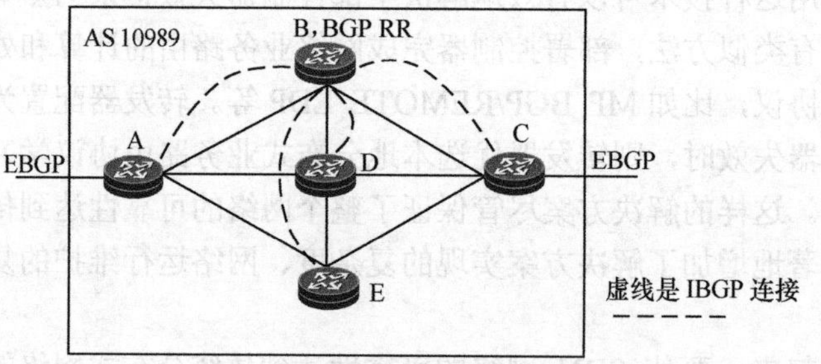

图 4-8　BGP RR 的工作原理

增加了 BGP RR 的网络的工作原理是，只需要网络中一台路由器设置为 BGP RR 的服务器（BGP RR 反射器），其他所有路由器（A、C、D、E）设置为 BGP RR 的客户端，这样，当路由器 A 和路由器 C 学习到的外部网络路由都发送给 B 路由器时，B 路由器把这些路由反射给 D 和 E，同时把从 C 学习到的 BGP 路由反射给 A，把从 A 学习到的 BGP 路由反射给 C，这样，全部网络设备都有了外部网络的路由，而此时网络中建立的 BGP 邻居数量大大降低了，如果网络中仍然是 n 台路由器，这时 IBGP 的连接数量只有 $n-1$ 个，如果 n=100，只需要建立 99 个 IBGP 连接。这显然降低了网络的运行维护的难度，大大地提升了网络运行维护的效率。但是，这里产生了一个可靠性问题：在图 4-7 中，由于所有设备之间建立全连接的 IBGP，所以任何一台路由器或者多台路由器故障，网络能够快速自动恢复，也就是拥有全分布式架构的可靠性；相对地，在图 4-8 中，由于采用了集中的 BGP RR 来进行路由反射，如果这个 BGP RR 路由器故障，所有的 BGP 路由就中断了，全网就无法进行外部网络流量的转发。换句话说，所有穿过该网络的流量和所有本地外出流量基本都中断了。

为了解决 BGP RR 路由器故障的问题，通常需要在一个自治系统内部部署两台 BGP RR（如图 4-9 所示）。

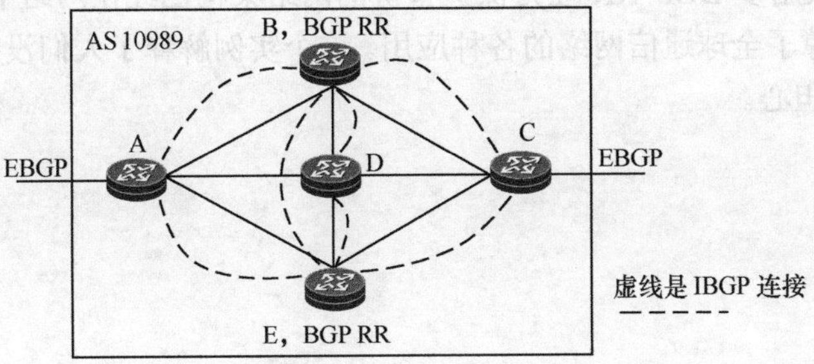

图 4-9　部署两台 BGP RR 的自治系统示意

这种情况下，一个自治系统内部需要建立的连接数量相当于 2（n–1）个，如果网络中有 100 台路由器，需要建立 198 条 IBGP 连接，数量上仍然比全连接要少很多。当其中一台 BGP RR 故障，比如 B 故障了，网络流量不会中断，因为 E 作为 BGP RR 仍然能够正确反射路由。如果两个 BGP RR 都出现故障，当然网络又会失效了。解决办法是根据实际可靠性需求来部署两个或者多个 BGP RR。但是无论如何，采用了 BGP RR 的架构使得网络的 IBGP 数量从 $O(n^2)$降低为 $O(n)$。

在已经成为全球通信基础设施的互联网上，各大运营商的骨干网大部分都采用了 BGP RR 架构。它已经支撑了全球几乎所有的骨干通信流量几十年，其可靠性机制得到了验证。这种基于 BGP RR 的网络架构本质上和 SDN 控制器集中控制的架构是一样的：SDN 网络架构下，如果 SDN 控制器失效，网络将失控，所以需要部署多台 SDN 控制器作为备份保护；BGP RR 的网络架构，同样地，如果 BGP RR 失效，网络将无法提供服务，所以需要部署两台或者多台 BGP RR 来解决可靠性问题。

【本章小结】

本章就 SDN 网络可靠性的若干问题，给出了详细的分析，包括 SDN 网络架构下存在的五种主要故障模式：控制器服务器故障、控制器软件部件故障、控制器和转发器通信故障、控制器所在数据中心发生灾难、转发网络故障。同时，也给出了五种故障模式的应对解决方案，包括通过控制器集群解决控制器服务器故障和控制器软件故障，通过多链路连接方式解决通信故障问题，通过异地多控制器来解决异地容灾问题，通过控制器对网络进行实时的故障感知和收敛。

同时也对一些诸如主主模式、分布式控制网络和 SDN 网络架构可靠性能力的差异做出了一些判断：控制器集群架构可以采用主备服务器模式，也可以采用主主模式，异地容灾的多控制器架构则没有必要使用主主模式。SDN 网络架构的可靠性要想达到分布式控制网络的可靠性的唯一方法就是保留一套完整的分布式控制面，那么SDN的价值也就基本没有了，所以建议考虑部署非严格叠加模式的混合组网方案。长期来看，只要控制器能达到指定可靠性，就没有必要一定要追求达到传统分布式可靠性的目标。

最后解释了其实在当前的电信网络中，也存在类似集中控制的网络架构，比如 BGP RR 的设计。而采用多 BGP RR 互为保护备份的网络架构已经在网络中成熟部署应用几十年，很好地支撑了全球通信网络的各种应用。这个实例解释了人们没有必要对 SDN 网络的可靠性过度担心。

第5章
SDN网络收敛问题

5.1 网络收敛时间分析

5.1.1 网络收敛时间是网络的一个重要性能指标

网络收敛时间，是指当网络状态发生变化时，在网络控制系统的帮助下，网络能够恢复到正常服务所需的时间。比如，当网络中一个设备的某个链路出现故障，无法提供转发服务，那么原来在该链路上转发的流量切换到其他能够正常工作的路径上。所有原来经过该链路转发的流量的路由全部更新完成，重新选择了其他的路径进行流量转发。在这个过程中，从故障发生时刻起，到最后流量全部重新路由到其他路径上的时间，称为网络收敛时间。当然，在整个收敛过程中，最重要的是需要一个实时控制系统，对系统进行实时控制。实时控制系统感知网络状态变化，根据网络状态重新生成路由，下发给转发引擎，从而完成流量从旧路径到新路径的切换。

网络收敛时间一直以来是网络的一个重要性能指标。网络由于各种原因出现网络状态变化，比如设备硬件故障、设备软件故障、光纤被施工挖断、机房电源断电等原因，那么在收敛时间窗内，部分用户的业务数据转发可能会受到影响，比如丢包、环路等。为了减少网络故障对业务的影响，网络收敛时间越短越好，时间越短对用户业务的影响也就越少。传统的收敛是通过分布式控制面来完成整网收敛的。而 SDN 既然是网络架构的一次重构，是一种新的网络架构，我们自然不希望收敛时间出现下滑，收敛时间需要能够和传统网络的收敛时间相当。

5.1.2 传统网络的收敛时间分析

图 5-1 给出了传统分布式网络收敛的过程和各个阶段的时间段划分。整个收敛过程受到以下几个时间的影响：故障感知时间 $t1$，故障扩散时间 $t2$，路由计算时间 $t3$，转发表加载时间 $t4$，就是说总体上收敛时间 $t=t1+t2+t3+t4$。当然这个 t 时间越短越好，必须努力缩短 $t1$、$t2$、$t3$、$t4$，以保证 t 能够达到用户期望。

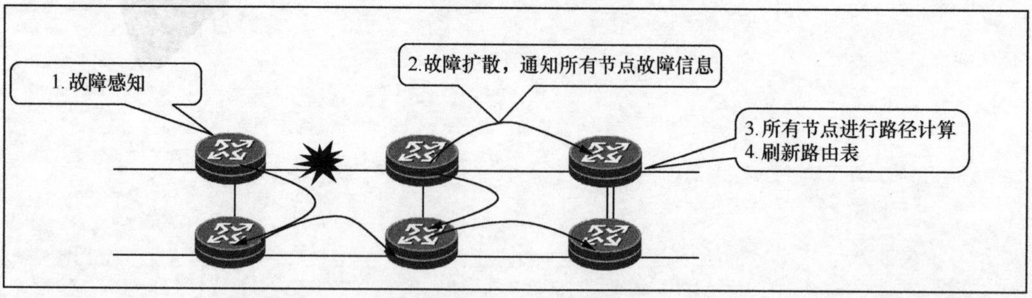

传统网络收敛时间 $T1$=	故障感知 $t1$+	全网扩散故障 $t2$+	路由器本地路由计算 $t3$+	路由器本地路由更新 $t4$

图 5-1 传统分布式网络收敛时间分析

以下以一个自治系统内网络收敛为例，来分析传统分布式网络收敛的过程。

通常，一个系统内的链路或者设备出现故障时，最靠近故障点的设备会首先感知到这个状态变化。比如，如果链路中断，那么设备会通过链路层协议感知到链路出现了故障。然而，链路层协议通常的故障感知时间一般为秒级，例如正常的 PPP 协议需要 30s 感知链路中断，即使配置了快检测，有的厂家可以设置为 3s 感知链路中断。为了解决此类故障感知时间长的问题，IETF 定义了类似 BFD 这样的专门监控协议，使得故障感知时间可以在毫秒级别。但是对于像以太网络，其本身根本就没有检测链路中断的机制。在某些组网场景下，比如路由器之间的以太链路是通过交换机网络连接在一起的，那么以太网交换机之间的链路中断，路由器上的以太口还都是 UP 状态，路由器设备无法感知链路中断。为解决这个问题，IETF 定义了新的专门的监控协议——ETH OAM 协议，用于以太链路检测，使得链路故障感知时间可以在几百毫秒或者更短。类似地，针对 MPLS 网络，TPOAM 协议可以监控网络故障，检测时间也是毫秒级别。

当然，其他的故障，比如设备故障，邻居设备感知其故障通常也是通过协议来进行的。链路层协议和应用层协议都可以感知这个故障，以最坏情况考虑只靠一个协议检测，故障感知可能秒级，最好情况考虑部署专门监控协议，故障感知时间大概毫秒级别。

另外一种故障是接口 DOWN。这种故障通常会检测得非常快，设备本身的设备管理会立即发现接口 DOWN，并通报该状态给设备控制系统。

总结起来，不同的监控方法有不同的故障感知时间，通常从 50ms 到几十秒不等，也有最快能够做到 10ms 内或者更短时间内检测到故障的。在运营商网络上，大部分运营商都会部署专业监控协议来检测网络故障，以达到快速故障检测目的。

上面所述的故障感知时间就是 $t1$。

故障感知到了之后，是否仅仅对故障感知的节点进行处理就够了呢？比如一个设备发现自己的邻居出现故障，把原本应该转发给该邻居的报文进行本地重新选路，选择另外一个邻居转发是不是就可以了？网络的实际情况要复杂很多，尽管该设备可以根据自己掌握的拓扑重新计算一个路径，可以选择第二个最短的路径，绕开故障节点、链路，直接把报文发送出去，但是如果不进行故障扩散、全网协同，网络很可能形成环路（如图 5-2 所示）。

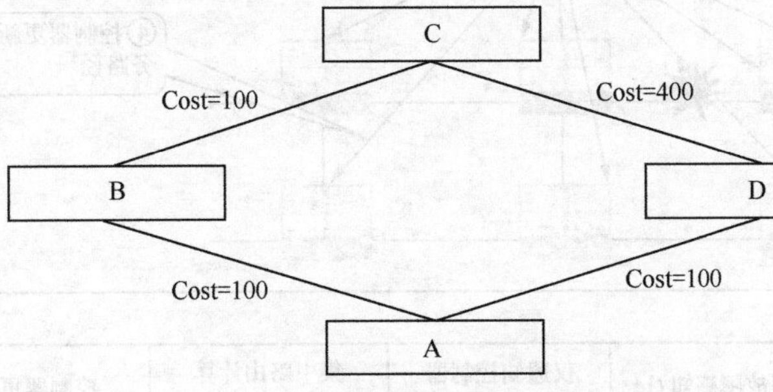

图 5-2 故障不扩散形成环路示意

图中路由器 A 到 C 的路径为 A—B—C，因为这条路的总 Cost 为 200，而 D 到达 C 的路径为 D—A—B—C，因为总 Cost 为 300，比起直接从 D—C 的 400 要小。如果 A 到 B 的链路中断，A 自己重新计算选择 A—D—C，并把报文发送给 D。但是 D 此时不知道 A 到 B 的链路中断，不会重新计算路由，仍然会认为走 D—A—B—C 最近，所以当 A 把报文转发给 D 时，D 又会把报文发送 A，结果形成环路。环路是一种具有非常大危害的故障。业务流量丢包只是影响部分用户业务，而环路的产生可能阻塞网络上发生环路的所有相关链路，影响该链路上所有用户业务流量。主要原因是出现环路时，业务流量会在这个环路上来回转发，只能靠 TTL（IP 头里面的一个字段，用于避免报文在网络中永远存活问题，默认设置为 255，每经过一个路由器会减 1，如果路由器发现这个值减 1 后为 0，就需要丢弃）超时才能丢弃它们。而报文在 TTL 超时前，可能需要来回转发上百次，因为 TTL 默认设置为 255，也就是可能来回转发 200 多次。这样，环路上的报文流量激增 200 倍，使瞬间流量陡增，造成这个链路无法正常提供服务。解决这个问题的办法，就是感知故障的节点不能仅仅自己进行故障处理，还要把故障扩散给其他网络设备。各种 IGP，包括 OSPF/ISIS 协议，都能把故障扩散到整网，网络中每个设备都收到这个故障后，再各自根据分布式路由算法进行路由计算。这个故障扩散到全网的时间，就是故障扩散时间 $t2$。

通过 IGP 的故障扩散机制，当每个设备收到故障后进行新的路由更新时，都会进行本地路由计算，进行重新收敛，这个过程就是一次正常的路由计算过程。每个设备获得故障信息，各自进行路由计算，设备计算路由所需时间称为 $t3$。

设备计算完成路由后，要把这些路由加载到转发引擎，这个过程也需要一定时间。这个时间的长短主要取决于需要加载路由的数量。通常 BGP 路由数量较多，对于 Internet 网络现在 BGP 路由数量已经达到 40 万以上，这个数目可能还会增加，所以，如果全部加载这些路由到转发引擎则需要较长时间，通常需要 10～40 秒，根据不同厂家的实现能力不同而不同。当然，如果 BGP 实现了下一跳分离技术，是可以大大降低需要更新的 BGP 路由数量的，从而缩短路由加载时间。这个时间就是上面说的 $t4$。

5.1.3 SDN 网络的收敛时间分析

再来看看 SDN 网络情况下的收敛时间情况。SDN 网络收敛时间分段如图 5-3 所示。

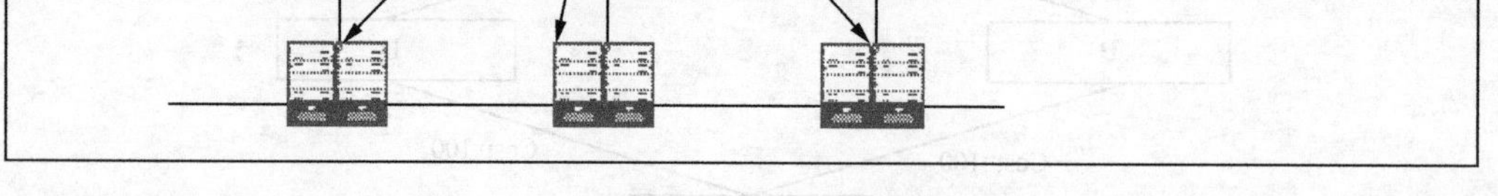

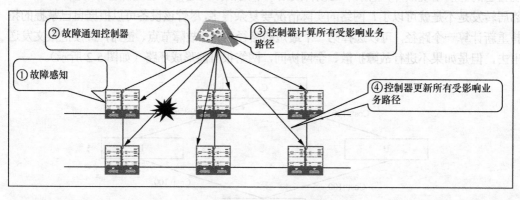

SDN 网络收敛时间 $T2$=	故障感知 $t1'$+	仅通知控制器 $t2'$+	集中路由计算 $t3'$+	控制器更新受影响路由 $t4'$

图 5-3　SDN 网络收敛时间分析

SDN 网络是通过集中控制器进行路由计算的，下面转发器并没有智能。其路由收敛过程是，当 SDN 控制器感知到网络故障时，会重新为每个受到影响的转发器计算路由，并把计算出的路由下发给转发器。这个过程和分布式网络对比如下。

① 首先，故障感知因为仍然在转发器完成，感知方法和协议也是相同的，所以故障感知时间 $t1'$和传统网络的故障感知 $t1$ 是一样，基本是不变的。

② 其次，故障扩散。传统分布式网络需要全网扩散故障，而 SDN 网络架构下，转发器故障感知后可以直接通知给 SDN 控制器。显然地，故障扩散时间 t2'比起传统分布式故障扩散时间 t2 要短一些。

③ 再看看路由计算环节。传统网络是分布式路由计算的，而 SDN 控制器是集中路由计算的。SDN 控制器需要为每个受到影响的转发器进行路由计算，那么 SDN 的路由算法就是一个关键。如何能够在集中式 SDN 控制器路由计算过程中降低计算时间是各个厂家努力改进的一点，其关键的改进思路包括控制器分布式并行路由计算、改进路由计算算法、仅仅为那些受到故障影响的业务计算路由等。总之，SDN 网络架构下的路由计算时间 t3'比起分布式路由计算时间 t3 来，是需要重点研究和改进的。t3'和 t3 的时间对比，取决于控制器实现路由算法的优劣。

④ 最后看一下路由加载时间。由于传统分布式计算路由可以本地直接加载转发表，而控制器需要从控制器下发转发器加载，所以其加载时间 t4'比分布式加载肯定会慢一些，因为毕竟要经过网络才能把转发表下发到转发器。当然这个时间的时延相对比较固定，是在原来时间上增加了一个常数时间，这个常数时间是网络传输时延和控制器下发转发表流程过程中的时延。这个常数时间取决于控制器和转发器之间采用的协议：如果采用类似 OpenFlow、BGP、PCEP 等高速控制协议下发，这个常数时间就非常短，比如 BGP 每秒可以传递数万条路由；相反，如果采用类似 Netconf、CLI 等配置管理协议传递路由数据，那么性能会下降 1/100～1/10 不等。

从上面分析可得知，故障感知时间 t1'大概等于 t1；故障扩散时间 t2'小于 t2；路由计算时间 t3'和 t3 比，需要看算法实现，但总体上如果实现得当，不会有很大差距；SDN 控制器集中路由计算和传统分布式网络路由计算的时间差距，取决于各个厂家路由算法的研发能力，t4'相对于分布式计算 t4 会大一些，并且这项时间很难改进到比传统的本地下发时间更短。总之，SDN 网络架构下，如何提升 t3'时间是关键，这也是各个控制器供应商未来竞争的关键；t4'也是需要重点分析的，毕竟原来是分布式路由加载，现在是由集中的控制器向所有转发器加载路由。本质上，SDN 网络对架构重构后，收敛时间过程与传统网络对比有区别的地方主要是 t3'、t4'。下面将分析 SDN 网络该如何提升这两个时间指标。

5.2 提升 SDN 网络收敛时间的技术

通过上述网络收敛时间的分析，可以得出基本结论：SDN 网络架构下的关键问题是要解决 t3'（集中路由计算时间）和 t4'（路由下发时间）的问题，努力提升这两个时间指标是各控制器供应商家的主要目标。这两个时间也是 SDN 控制器的一个关键竞争指标。这里简单介绍一下控制器如何提升这些时间指标。

5.2.1 仅计算受影响的路径

首先看看 SDN 网络下各种场景对路由计算能力和转发表下发的需求，分析到底有多少计算量和表项需要下发，从而分析降低 t3'和 t4'的方法。前面多次提到 SDN 控制器分为两个部分的路由计算，一部分是网络内部的 Fabric 交换路径计算，另一部分是边缘接入业务的业务路由计算，如图 5-4 所示。

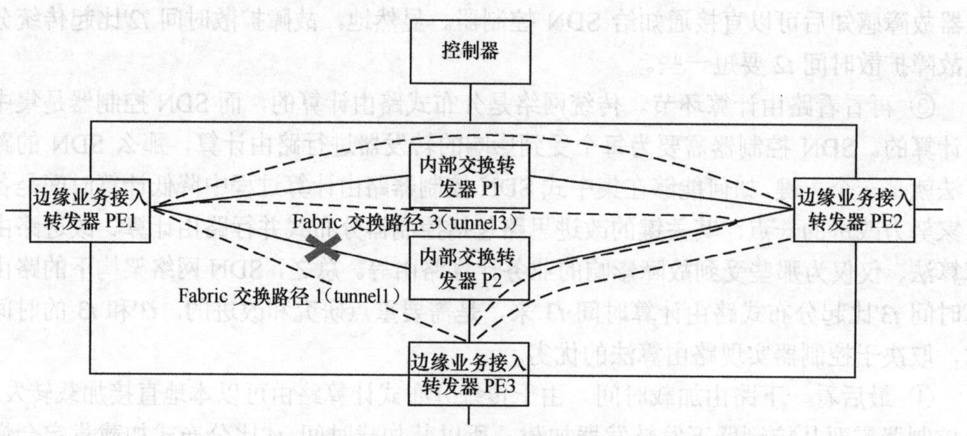

图 5-4 网络内部的节点链路故障

而通常的网络内部出现故障，需要重新计算受到这些故障影响的那些交换路径。比如，图 5-4 中的 PE1 和 P2 之间的链路如果中断，需要重新计算一条新的交换路径，来替代原来的 Tunnel1=PE1—P2—PE3 之间的那条 Fabric 交换路径。计算的结果是 Tunnel3=PE1—P1—PE2—P2—PE3。不需要对另外的 PE1—PE2 和 PE2—PE3 之间的内部交换路径进行重新计算，只要计算那些受到影响的交换路径，就可以节省很多计算时间，使得系统收敛更快。

边缘业务接入的大量业务路由需要迭代到内部的交换路径，内部交换路径通常以隧道形式实现。隧道通常实现简单的交换，比如使用 MPLS LSP 来进行报文交换。如图 5-4 所示，当把原来的内部交换路径 PE1—P2—PE3 的路径切换为另外一条路径时，如果要更新所有的边缘接入业务路由的隧道数据，那么性能就很差。

比如一个 IP 接入业务的例子，在 PE1 上面，学习了大量 IP 路由：

IP Prefix 1.0.9.89/16 nexthop = PE3 outInterface tunnel1 //这个转发表的意思是前缀最长匹配到 1.0.9.89/16 的报文，会通过隧道 tunnel1，转发给 PE3。

```
IP Prefix 11.8.9.12/16   nexthop = PE3 outInterface tunnel1
IP Prefix 2.8.6.55/16   nexthop = PE3 outInterface tunnel1
...
内部交换路径
Tunnel1= PE1-P2-PE3
```

而 PE1 上实际的转发表可以像下面这样：

```
Tunnel1   push label 10 outInterface PE1-P2
```

这个转发表意思是说当有业务使用 Tunnel1 传送数据时，需要在报文头部压入标签 10，并发送给到本地的一个出接口 PE1-P2（PE1-P2 是 PE1 上的 PE1 连接 P2 的接口）。

这样最终业务路由和内部交换路径关联在一起形成 PE1 的完整转发表，PE1 转发引擎可以利用这些数据进行报文转发了。

假定这个业务路由数量有 50 万条，那么我们知道，当上述 Tunnel1 出现故障，我们计算出新的 Tunnel3 来替换 Tunnel1，我们不仅需要重新计算 Tunnel3，还需要更新这些业务路由为：

```
IP Prefix 1.0.9.89/16    nexthop = PE3 outInterface tunnel3
IP Prefix 11.8.9.12/16    nexthop = PE3 outInterface tunnel3
IP Prefix 2.8.6.55/16    nexthop = PE3 outInterface tunnel3
...
```

重新计算的 PE1-PE3 的内部交换路径为：

```
Tunnel3= PE1-P1-PE2-P2-PE3
```

而 PE1 上实际的转发表可能是：

```
Tunnel3 push label 20 outInterface PE1-P1
```

上述情况需要更新 50 万条路由。而如果采用另外一种方法，能否在业务路由表中不修改 Tunnel1 这个数据，而只是把 Tunnel1 的交换路径更新为：PE1—P1—PE2—P2—PE3

这样，事实上我们仅仅更新了一条 Tunnel 的数据，而不需要更新 50 万条业务路由数据了。

通过上面方法，一条链路故障，算法会智能地仅仅计算受到影响的交换路径，而且仅仅更新一条交换路径数据给转发器，而边缘接入海量业务路由则可以不用更新，这样整体上就大大降低了计算时间和路由刷新时间。当然，具体的实现也可以采用在业务路由表和隧道表中间插入一个中间表（IID 表，是下一跳分离技术的一个表，下一跳分离技术后文有详细论述）。通过增加一个中间表分离隧道和业务路由表，可以简单更新隧道表，业务路由表不用更新。上面分析的优化计算方法适合于域内的节点或者链路故障问题，因为任何内部的链路和节点故障，通过上述设计，可以仅仅更新那些受到影响的内部 Fabric 交换路径的转发表，而不需更新接入业务路由。这种内部交换路径的数量通常不会是海量，相对于大部分简单场景情况，一个链路或者节点故障影响几百或者几千条路由，是正常的。当然，在较大型的网络，比如有 500 个边缘接入设备的网络，如果全连接建立的都是单向隧道，考虑主备隧道情况，那么总隧道数量等于 2×2×[(500−1)× 500]/2=499 000，大概相当于 50 万条隧道；假设某种极端场景，一条链路影响其中的四分之一隧道，这样大概可能达到 12.5 万条隧道计算，按照 10s 收敛完成的要求，那么大概要求 1.3 万条/秒的计算能力。根据这个极端规格计算，可以得出一个控制器的计算需求大概是 1.3 万条/秒隧道。如果考虑商用性，控制器需要能够达到 2 万条/秒的收敛能力。当然，客户可以根据自己的网络情况计算最大可能的内部交换路径计算需求，因为某些网络可能规格要求更高。关于如何达到这个计算能力稍后给出建议。下面先继续分析其他场景的计算需求。

5.2.2 仅更新下一跳表

上面介绍了网络内部的节点链路故障，在极端情况下的路径计算需求和转发表项下发需求。下面分析边缘接入设备如果出现故障，需要处理多少路径计算需求和转发表项下发需求（如图 5-5 所示）

在图 5-5 中，客户边界设备 CE 通过双归属接入了 PE2 和 PE4，假定开始 PE1 选用 PE2 到达右边的 CE，如果 PE2 出现故障，PE1 需要更新路由，修改为从 PE4 到达右边的 CE。

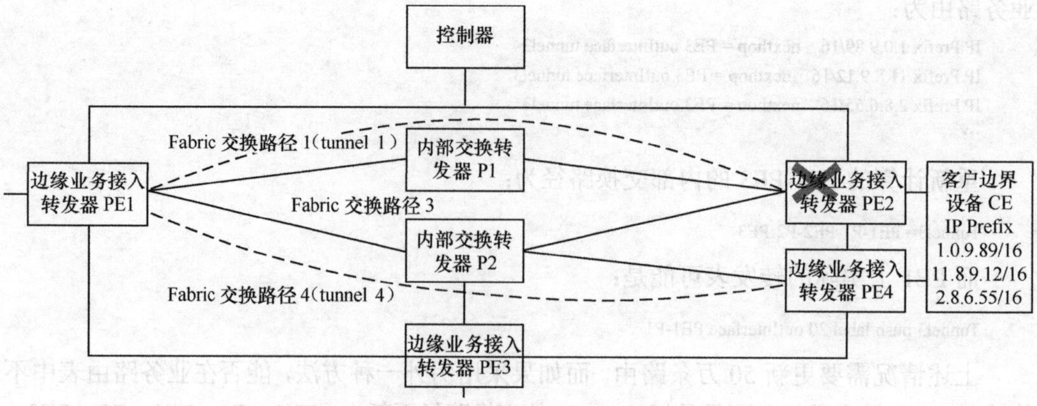

图 5-5　边缘接入设备故障

下面是 PE1 的路由表（PE2 故障前）：

```
IP Prefix 1.0.9.89/16    nexthop = PE2 outInterface tunnel2
IP Prefix 11.8.9.12/16    nexthop = PE2 outInterface tunnel2
IP Prefix 2.8.6.55/16    nexthop = PE2 outInterface tunnel2
...
```

如果 PE2 故障，更新后的 PE1 的路由应该是：

```
IP Prefix 1.0.9.89/16    nexthop = PE4 outInterface tunnel4
IP Prefix 11.8.9.12/16    nexthop = PE4 outInterface tunnel4
IP Prefix 2.8.6.55/16    nexthop = PE4 outInterface tunnel4
...
```

边缘接入业务路由的数量非常大，我们并不希望因为 PE2 故障而重新计算和生成所有这些业务路由信息，一个办法是采用下一跳分离技术。下一跳分离后，业务路由不需要更新，而是仅仅更新下一跳表。比如采用下一跳分离技术后，PE1 的路由修改为：

```
IP Prefix 1.0.9.89/16    nexthop = IID2 //IID2 是一个关联两个表的一个关键字，是一个 KEY 值，系统内部分配：
IP Prefix 11.8.9.12/16    nexthop = IID2
IP Prefix 2.8.6.55/16    nexthop = IID2
...
```

下一跳表为：

```
IID2 = PE2    outInterface tunnel2
```

通过下一跳分离技术，如果 PE2 故障，只需要更新下一跳表为：

```
IID2 = PE4    outInterface tunnel4
```

这样就不用更新数以万计的边缘接入业务路由表了，而是只需要仅仅更新下一跳表。通过仅仅更新一条下一跳表的转发表项就完成路由更新，性能会大幅度提升，无论是计算的时间 *t3'* 还是下发转发表的时间 *t4'* 都得到改进。当然考虑实际情况，当 PE2 故障时，原来网络所有通过这个 PE2 出口的业务流量都必须进行下一跳表更新。比如还是 500 个边缘业务节点，比如它们都以 PE2 为出接口，现在 PE2 故障了，都需要更新，那么大概需要更新 500 个类似的下一跳表。按照极限考虑，如果 5000 个下一跳表更新要求 1s 内更新完成，那么大概需要控制器每秒更新 5000 个下一跳表，这个量级的计算对于控制器来说是相当容易做到的。当然 PE2 故障带来的内部通过 PE2 做 Fabric 的交换路径的计算在前一部分已经分析了，不用再考虑。上述只是给出一个分析方法，实际的数据需要根据网络具体场景来分析性能需求。

5.2.3　分布式并行计算

1. 控制器进行分布式并行计算

在图 5-4 中，即使网络内部的交换设备和边缘接入设备都没有故障，由于边缘接入设备会接入大量外部业务路由，比如外部邻居通过 BGP 等形式把外部业务路由发送到控制器，这个路由数量可能非常庞大。比如，假设有 500 个边缘业务节点，通过 BGP 形式接入 IP 业务路由，每个边缘业务节点假设接入 5 个 BGP 邻居，每个邻居接入假设 20000 条路由，那么控制器学习的 BGP 总路由数量就是 5000 万。这些路由的更新会给控制器带来很大压力。如果每个邻居每秒钟平均有 100 条路由振荡，那么就可能产生 25 万条/秒的业务路由刷新，所以控制器必须想办法解决这样的路由计算和刷新。这个路由计算过程没有什么好办法，必须通过提高计算能力和分布式并行计算方式进行，这也是为什么控制器通常需要分布式集群的一个重要原因。

根据上面分析，得出这样几条路由计算和路由下发需求，都以比较高要求来分析（这些数据只针对前面介绍的组网场景。特定场景需要特定分析）：

① 内部节点和链路故障，需要每秒计算 2 万条隧道和转发表下发能力。

② PE 节点故障，需要每秒计算 5000 条下一跳表的计算和更新能力。

③ 平时的边缘接入业务路由振荡，需要支持大概 25 万条/秒的路由刷新能力。

按照这种极端场景情况，控制器如何能够有效地缩短路由计算时间和转发表下发时间呢？如果有一个超强大的服务器，应该可以满足这种需求，这种方法叫作 SCALE-UP 方法，比如使用更加强大的 CPU。但是可惜的是，这种方法总是有限制，单台计算机计算能力的提升不是无止境的，业务计算能力的需求已经远远超过了单台计算机的计算能力的提升速度，而且目前为止这个超强的计算机成本也太高了，不适合作为控制器使用。另外的一个办法是 SCALE-OUT 方法，这种水平扩展方式通过更多的服务器形成一个集群系统，通过集群系统来进行并行计算，从而解决路由计算和转发表下发的性能问题。比如通过 10 台服务器并行计算，那每台计算机分配的计算规格要求是：

① 内部节点和链路故障，需要每秒计算 2 万/10=2000 条隧道和转发表下发能力。

② PE 节点故障，需要计算 5000/10=500 条下一跳表的计算和更新能力。

③ 平时的边缘接入业务路由振荡，需要支持大概 25 万/10=2.5 万条/秒的路由刷新能力。

对于这个要求，通常的服务器就可以完成，所以通过集群系统水平扩展的 SCALE-OUT 方法是有效解决问题的关键方法。也就是说可以简单地通过增加服务器到这个 SDN 控制器集群系统来提高计算性能，从而提升收敛时间以达到可以商用的要求。这里简单地做一个说明：比如把 2 万条隧道计算任务分发给 10 个服务器的计算程序进行并行计算，相当于速度提升了 10 倍。当然这是理想情况，由于资源冲突问题，实际的计算效率也许提升 5 倍，但是这也足以大大改进了系统的收敛性能。还可以把一定数量的边缘业务接入设备的路由处理放在一台服务器上，比如每台服务器处理 50 台边缘接入设备的路由处理，通过这种方法，就可以有效地降低每台服务器的计算压力，提升了路由计算能力。

另外，关于转发数据下发过程，需要降低转发表下发时间。首先需要考虑的是转发表下发不是每个表项下发一个报文，而是把一组表项打包为一个大的报文下发，比如每个报文 1500 字节可以打包 *n* 个表项，根据具体的表项大小不同，*n* 可能是几十个表项的量级，通过打包技术，会有效地提升转发表下发效率，同时也采用多台服务器并行主机收发能力，大大加速 SDN 控制器和转发器之间整体的传送吞吐能力，从而有效地压缩了转发表下发时间。

总之，分布式并行计算是有效解决计算能力的关键。分布式并行计算需要控制器有成熟的分布式系统中间件支持，同时也需要对特定的业务进行特定的并行计算分析和处理，只有两个方面结合起来才能很好地解决收敛时间问题。

2. 利用传统分布式控制面卸载控制器的计算压力

在上面的各项指标中，边缘接入业务路由的处理需要消耗巨大的计算资源和传输资源。这里还有一个可行的方法，就是利用转发设备上的 CPU 完成这些边缘接入业务路由的并行计算和处理，也就是采用边缘业务处理可上可下技术。边缘业务可上可下技术的基本原理如图 5-6 所示。

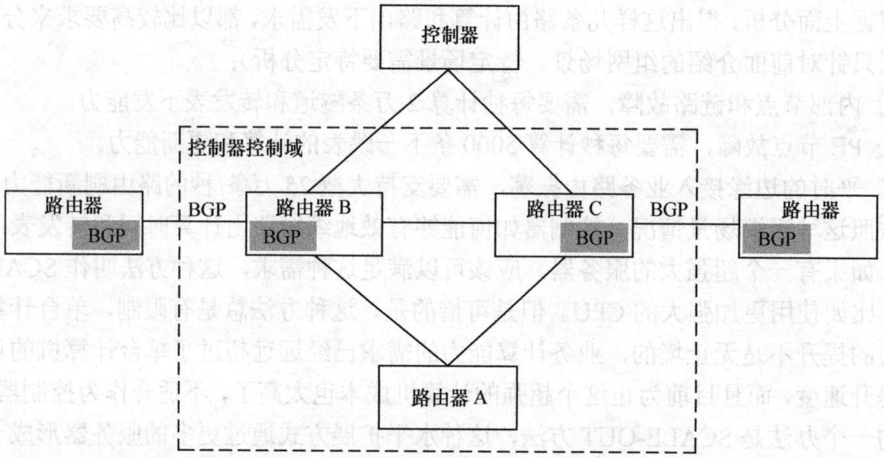

图 5-6 边缘业务可上可下技术原理

这种技术的含义是，边缘接入业务路由的处理可以部署在控制器上进行计算（可上方案），也可以分布在转发器上进行计算（可下方案）。分布在转发器上计算是直接利用传统转发器的分布式控制面的能力（可下方案），比如图 5-6 中的 BGP 的处理，没有集中到控制器进行计算和处理，而是直接在下面的转发器的路由器 B 和路由器 C 上进行计算和处理。可下方案中在控制器上主要完成网络内部交换路径的计算和收敛，控制器本身并不会对 BGP 进行任何计算。这种处理方法可以有效地解决边缘接入业务路由大规模振荡带来的计算压力问题。当然这种做法也有一些局限，因为边缘接入业务路由处理没有集中控制，所以就不方便对这些边缘业务路由增加各种灵活的策略控制能力了。比如，如果希望增加针对边缘接入业务路由实施新的策略控制方法，就需要升级转发器软件，而如果集中控制，可以仅仅通过更新控制器软件就支持这些新的边缘业务路由的策略控制，但是在网络迁移演进方案中，这种方案可能是一个不错的演进方法。

5.2.4　利用传统的快速收敛技术

上面讨论的网络收敛时间，实际上是我们所说的硬收敛时间，也就是完全通过控制面进行计算收敛的时间。幸运的是，传统网络已经使用的一些快速收敛技术在 SDN 网络架构下仍然是适用的，而且这些技术可以降低我们对硬收敛时间的要求。其中最重要的收敛技术是 FRR（Fast ReRoute）技术，FRR 可以提前把可能的备选转发路径计算出来，并加载到转发引擎中，使得当网络出现对应的故障时，可以在转发面立即完成路径切换，通过 FRR 路径转发流量，避免用户流量丢失，该技术对于某些故障可以做到流量路径切换不丢包。在 SDN 网络架构下，我们仍然可以利用这个技术，提前计算好 FRR 路径并加载到转发引擎。一旦网络故障发生，如同传统网络一样，可以在转发面先进行路径切换，然后控制器再计算新的路径和 FRR 路径，这样实际上降低了对硬收敛的要求。用户其实最关心的是故障发生造成用户流量丢失或者受到影响的时间，并不是很关心到底采用了什么技术。

【本章小结】

总体上，SDN 网络架构下的网络收敛时间仍然是客户关注的问题，SDN 网络架构下的收敛时间不能比传统分布式网络的收敛时间有量级影响。收敛时间包括 $t1$、$t2$、$t3$ 和 $t4$ 四个部分。其中，$t1$ 是故障感知时间，$t2$ 是故障扩散时间，$t3$ 是路由计算时间，$t4$ 是路由表加载时间。传统网络和 SDN 网络的 $t1$ 时间应该相当；SDN 网络架构下 $t2$ 比传统网络应该会短一些；$t3$ 和 $t4$ 是控制器要努力缩短的，它们会影响最终的网络业务收敛时间，所以也是各个厂家竞争的关键指标。我们必须努力缩短 SDN 网络架构下的网络收敛时间，也就是努力缩短 $t3$ 和 $t4$。一方面要积极提升集中路由计算的性能，包括提升 SDN 控制器的边界接入业务路由和内部交换路径的计算能力，这需要靠控制器的分布式集群架构来解决。通过分布式系统中间件和特定业务的并行计算分析和设计，可以有效地缩短路由计算和转发表下发时间，使得 SDN 网络的收敛性能能够达到商用规格要求。另一方面，需要同时部署一些边缘业务接入节点可上可下技术和 FRR 技术来降低故障对用户流量的影响。

第6章 SDN的开放性

6.1 开放可编程的接口层次

SDN 网络要想支持业务快速创新，一个核心的需求就是开放可编程。如果不是开放的系统，如何进行快速业务创新？

在 SDN 网络架构下，客户最为担心的问题是被控制器厂家锁定，不能把第三方的设备接入到 SDN 网络，使得现网厂家形成封闭系统，客户也担心封闭的控制器导致第三方的控制应用程序无法部署在 SDN 网络的控制器上。本章正是要解释开放可编程是如何满足这些需求的。

首先看一下如图 6-1 所示的 SDN 网络架构。在整个 SDN 网络架构下，网络分为转发器、控制器和上面的协同应用层。

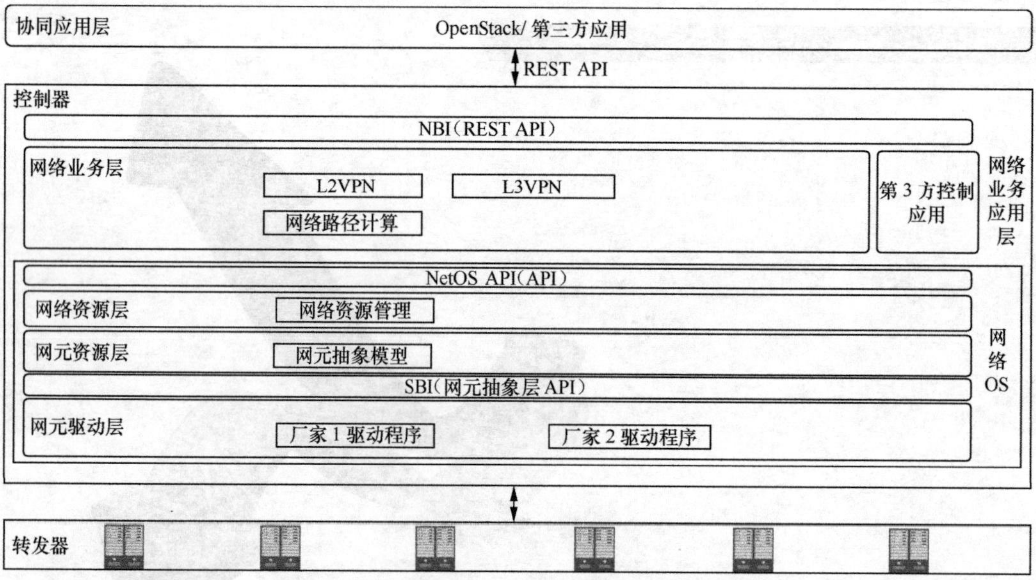

图 6-1 SDN 网络的层次结构

此架构定义了几层之间的接口，包括整个控制器北向接口 NBI（North Bound Interface，北向接口）、NetOS API（网络操作系统 API）、SBI（South Bound Interface，网元资源抽象接口）。

6.1.1 NBI

NBI 通常表示开放的是控制器网络服务接口，通过这些开放接口提供各种网络服务，比如 L2VPN 服务、L3VPN 服务等。此类接口是面向网络业务的，提供的是网络业务模型的接口，供上面的应用程序（如 OSS）直接调用一个网络服务来提供网络功能。北向接口通常使用的接口协议可以是 REST 或者 Netconf、CLI 等。OSS 可以发起这样一个调用：

```
Create L2VPN( VPN name, interface 1, interface 2, BW=10M);
Interface 1, Interface 2 是网络中的外连业务接入接口；
```

控制器就会根据这个调用完成从 interface1 到 interface2 的一个 PW（psudo-wire，伪线，L2VPN 的一种）的创建。因为控制器本身提供了这样的 L2VPN 的服务接口，上层调用者不需要关心具体的这个 PW 业务是如何创建的，也不需要关心其中 VPN 标签、隧道标签。在 SDN 网络架构下，网络中不再需要各种 MPLS 协议和 VPN 信令。事实上，在 SDN 网络架构下，这种 L2PVN 业务提供的网络内部技术，比如到底是采用了 MPLS 作为隧道还是采用了 GRE 作为隧道，客户可以不用关心，这些实现技术细节被控制器封装了，这样也就降低了对网络管理人员的技能要求。以往的情况是，网络管理员必须清楚这个 L2VPN 业务提供的具体的协议和技术实现细节。这种网络服务接口本身通常不会操作网络中具体的一个转发器，而是发送服务请求给控制器，控制器通过内部计算生成转发表，下发给对应转发器，提供网络服务。这种网络业务服务是以网络为单位提供的网络功能服务。

在数据中心里面，比如 Openstack（是一个开源的数据中心协同层软件）希望在数据中心创建一个二层虚拟网络，并把特定的主机加入这个虚拟网络，会调用这样的服务接口：

```
CreateVN（VNID,VM1 MAC,VM2 MAC…）；
```

通过类似的调用，控制器会获得这些信息：VM1 和 VM2 等虚拟机是属于同一个子网的。当 VM1 和 VM2 上线后，控制器会通过类似 ARP 协议或者 DHCP 等协议感知到这个 VM1 和 VM2 上线，并把这两个 VM 加入对应的虚拟网络，使得在同一个虚拟网络内的 VM 可以进行互相通信。Openstack 不需要关心下面 SDN 网络到底是如何把这些 VM 连接为一个二层虚拟网络的。Openstack 不了解也不需要了解控制器如何实现这个 VN 虚拟网络的技术细节，比如控制器到底采用了 VXLAN 技术提供的虚拟网络还是采用了传统的 VLAN 抑或是采用 NVGRE 技术，这些协同层应用程序都不需要关心。

正如上面说的，控制器开放了网络业务服务接口供上层应用调用，这种应用可以根据自己的策略决定何时调用控制器提供的网络服务功能，控制器开放的这种接口是业务北向接口。

6.1.2 NetOS API

再看看图 6-1 中的第二层接口，叫作 NetOS API，即网络操作系统 API。这个接口其实是控制器平台开放的接口，主要包括控制器内部的网络资源和网元资源访问接口，包括读取拓扑接口、读取网络状态接口、获取特定转发器的特定的报文接口、分配标签和 VLAN ID 等资源分配接口、流表下发接口、事件通知接口等。此类接口基本上都是资源操作接口，是网络控制的具体技术所需的各种数据，是网络资源模型接口，而不是网络业务接口。其接口的操作形式基本上是对网络内部资源的增、删、改、查、通知操作。这些接口的使用者正如图 6-1 中显示的，是控制类 APP（网络业务应用程序），控制类 APP 调用这些接口提供网络服务。控制类 APP 或者网络业务应用是什么？比如说 SDN 网络控制器提供的数据中心内的二层虚拟网络业务、L2VPN 业务、L3VPN 业务，这些都是控制类应用程序实现的。虚拟网络程序、L2VPN 程序、L3VPN 程序，这些应用程序通过一定的算法和逻辑实现了网络服务。这些应用程序了解网络内部的详细技术细节，并直接读取和操控网络中各个转发器的转发资源，以实现对应的业务功能。这些控制应用程序提供的网络业务服务功能可以供外部的协同层应用程序（如 OSS、Openstack）调用。假如 SDN 控制的这个网络原本不支持 L2VPN 业务，现在希望在网络中能够提供这个服务，就需要在 SDN 控制器上安装一个 L2VPN 的控制类 APP 来实现这个网络业务。而这个控制类 L2VPN APP 正是调用那些 NetOS API 来完成这个业务的。

NetOS API 和 NBI 的区别在于以下方面。

① 控制器的 NBI 是面向网络业务的，NetOS API 是面向网络本身的。

② 操作对象不同。NBI 提供的是网络服务黑盒接口，是控制器已经支持的网络服务，NetOS API 操控的是网元资源接口和网络资源接口，是操控网络内部各个网元的。一个简单例子，网络中如果有一个 P 设备，就是内部交换节点，不对外提供接入业务，那么控制器的 NBI 接口永远也不会操控这个设备，而 NetOS API 通常需要控制这些 P 设备，并给它们下发流表，形成内部的按需交换路径。

③ 调用者不同。NBI 是供用户调用网络服务的，NetOS API 是为网络业务应用程序提供网络和网元资源操作接口以便提供更多的网络服务。也就是网络业务应用程序开放的接口是控制器 NBI 网络服务接口，NetOS API（控制器平台）开放的网络资源接口是供网络业务应用程序来调用实现网络业务的。

④ 用户不同。通常地，网络管理员很容易使用控制器的北向 NBI，对外提供网络服务和销售网络服务，但是网络管理员几乎没有办法使用这些 NetOS API。这些 NetOS API 是给程序员使用的，程序员在编写新的控制类应用程序时会调用这些 NetOS API。控制器北向 NBI 是网络提供的业务，容易理解，而 NetOS API 是内部技术细节，只有专业程序员才能理解和使用，网络管理员和用户对这些 NetOS API 很难理解。

正是通过这一层抽象的 NetOS API，使得上层所有控制类 APP 或者说网络业务应用程序不需要关心具体的转发设备细节，也不需要关心是哪个厂家的设备，这些控制类 APP 只需要调用这些抽象的 API 来实现网络业务就可以。

6.1.3 SBI

再往下看第三个开放接口层次，就是 SBI（网元资源抽象服务接口），它定义了网元的抽象模型接口。在网络操作系统内部定义了资源管理，包括网络资源管理和网元资源管理，也定义了这些资源的逻辑抽象模型，并且提供了这些资源操作的接口，用来从转发器收集资源信息，并把控制器生成的流表下发给转发器（网元）。控制器会定义统一的资源收集接口和流表下发接口，这些接口就是 SBI。这个 SBI 开放的目的是为了让各个转发器厂家可以通过编写自己的驱动程序对接这些 SBI。这些驱动程序把抽象网元资源模型转换为它们自己设备的转发模型，或者将设备上的资源上报模型转化为控制器要求的资源模型，这些转化程序就是厂家驱动程序。这些驱动程序可以自己用定制的协议和自己设备交互，也可以通过一些系统提供的标准协议接口进行交互。正是我们定义了标准的 SBI 接口，使得在这一层可以屏蔽掉底层不同厂家设备的差异，实现网络操作系统的屏蔽底层转发器的具体物理实现细节的基本功能。

6.2　多层次接口开放的几个问题探讨

6.2.1　SDN 需要多层次接口开放

那现在讨论到的开放可编程到底指的是哪个层次的开放可编程呢？首先，开放 SBI 让多厂家设备可以编写自己的驱动程序，将自己的转发器接入到 SDN 控制器。为了解决多厂家转发设备接入问题，这个 SBI 接口是需要开放的。而 NetOS API 开放的网络资源操作接口，是网络操作系统开放的编程接口，一般是控制类网络业务应用开发商使用它们来开发控制类网络业务应用程序，这个接口通常也是要开放的。控制器北向操作接口 NBI，本来就是要开放的，不开放别人就不能配置和操作控制器，也就是不能使用这个控制器了。理论上这三层接口都是需要开放的，而且在实践过程中，很多厂家控制器也都说自己是多层次开放的体系架构，包括华为控制器、开源的 ONOS 控制器、开源的 ODL 控制器都算是多层次开放体系。

6.2.2　不同的业务需求需要不同层次的接口

现在很多人搞不清楚什么是网络业务应用程序，什么是上面的协同层应用程序，有时也搞不清楚开放控制器要开放什么。反正大家都说要开放控制器，就是要开放，但是到底开放是指什么，自己到底要什么也不是很清楚。如果说 SDN 网络架构是希望加速网络业务创新，那么到底这个网络业务创新是指哪些业务创新呢？如果认为加速网络业务创新是指，SDN 网络不支持 L3VPN，需要快速开发交付一个 L3VPN 业务；SDN 网络系统不支持组播，需要快速开发交付来使网络支持组播业务；SDN 网络系统不支持 IPv6，需要快速开发交付支持，那么这里需要开放的接口更多地应该是指开放控制器平台的 API，也就是网络操作系统的 NetOS API 的资源操作接口了。因为只有开放这些接口才能实现这种需求。当然，有一些客户说业务快速创新是指当客户需要提供一个 L2VPN 服务时，能快速开发程序调用一个 L2VPN 服务接口满足客户的这个需求；如果客户发现网络经常发生攻击，于是希望使用攻击识别软件调用网络提供的阻塞流量服务直接阻塞某些特定流量功能。如果这些是客户希望的快速业务创新，那么可能只要调用控制器提供的北向 NBI 网络业务服务接口就可以了。

6.2.3　难以在业界统一 SDN 控制器的北向接口

更进一步地，如果多个厂家的控制器的 NBI 不一样，那么基于控制器的 NBI 开发的协同层业务 APP 当然就必须要适配这些多厂家的控制器的不同 NBI 了。于是增加了开发工作量，阻碍了此类协同层 APP 的上市周期，因此希望所有厂家的 NBI 也是统一的接口，但是似乎这并不容易。因为运营商可能有些特殊的业务需求，希望供应商必须尽快实现这些业务需求，各个控制器供应商就像传统设备供应商一样会立刻满足这些业务需求。要实现这些业务需求，就必须定义一个北向 NBI 操作接口以便操作这些业务。然而，各个厂家为了快速交付，不可能互相商量采用一样的北向 NBI，也不可能等待标准组织定义一个标准的北向接口再去交付，最终导致各自开发的相同网络业务需求的北向接口会逐渐走向不同。尽管 IETF 的 MIB 工作组定义了很多类似的北向接口，但最终各个厂家的 MIB 仍然有大量私有实现，很难统一。这也就是为什么北向业务接口很难实现标准化的原因。另外，如果一个厂家实现了北向业务接口 NBI，但不是一个标准定义的，另外一个厂家如果也按照那个厂家的接口定义实现，在法律上可能还有版权问题。这就是业务快速上市和定义标准之间的冲突。对于一些成熟很多年的业务，统一各个控制器厂家的此类 NBI 接口当然是好事，会利好传统的 OSS 厂商，因为以后类似 OSS 的应用只要对接统一的 NBI 就可以，而不需要像以前一样适配很多厂家设备。其实 OSS 的变革也正在进行，很多开源软件正在分解 OSS 的功能，把告警、性能、配置、部署等功能逐一分解为一个个单独的 APP，比如 Chef、Puppet 等。

6.2.4 开放接口的类型和开放接口的形式

再谈谈关于开放 API 的接口类型和形式的关系。我们通常说开放接口是 RESTFUL 的接口、C API 接口、消息接口或者是 Java API，这是接口形式。接口形式其实没有那么重要，一般的业务操作接口对性能要求不高，所以 RESTFUL、Netconf 就可以了，而资源操作接口要求密集调用，所以需要一些高性能接口，比如 C API/Java API 接口。我们对接口分层更多是指接口类型分层，而不是接口形式分层。接口类型通常指的是开放什么类型接口，比如资源操作接口、业务操作接口等，这些接口类型可以采用任何一个接口形式来承载，比如读取拓扑接口，可以是 C API/Java API，也可以是 RESTFULL，其差异可能体现为性能上的不同，而不是本质上的不同。

6.3 控制器需要开放标准的抽象转发流表模型接口

开放可编程能力，都希望 SDN 控制器平台能够屏蔽下面多厂家的设备差异，使得上面的控制类 APP 能够通过调用统一的 NetOS API 接口来完成新业务创新，而这些接口从调用方向上大体可以分为读取信息和写入信息。读取信息只读取网络状态信息，比如拓扑信息、统计信息、资源分配等；而写入信息最重要的就是生成的转发表信息或者流表信息，这些流表信息是需要通过控制器写入到转发器的。然而不同厂家的转发表实现模型可能不同，到底如何在控制器平台层定义一层抽象的流表模型来屏蔽底层多厂家转发器不同的转发模型呢？这个问题是迄今为止开放可编程领域里面最为复杂和困难的部分，但也恰恰是用户关心的问题，因为用户希望实现多厂家互通，必须解决这个问题。SDN 提出的一个最重要的转控分离协议就是 OpenFlow，该协议已经发展了好几个版本，从 OpenFlow 1.0 到 1.3 版本、1.4 版本等。而从 1.0 版本的单流表发展到 1.3 版本的多表，都是试图定义一种转发语言，使得未来能够通过一个达到期望的抽象统一的模型接口，来操作多厂家的设备。1.0 版本讲的是一个单表结构，就是一个报文进入到转发器，只需要在一个表中匹配表项记录，中间可能有很多 MATCH 字段，匹配完成后，这个表项记录中会有很多的操作指令。这个版本最致命的问题就是转发表数据会急剧膨胀。简单说这个单表设计没有遵从数据库表设计的基本原则，使得转发表内产生大量转发表数据冗余，导致基本无法满足商用要求。

图 6-2 所示是一个典型的 OpenFlow 1.0 流表，只有一张表，显然这样做会产生大量数据冗余，所以现在基本不用了。

Header Fields	Counters	Actions

Ingress Port	Ether source	Ether dst	Ether type	VLAN id	VLAN Priority	IP src	IP dst	IP proto	TCP/UDP src port	TCP/UDP dst port

图 6-2　OpenFlow 1.0 流表（来自互联网公开资料）

1.3 版本利用多表机制，基本上解决了数据表数据冗余问题，其基本的操作模式为 Match-Action-Goto NextTable。当报文进入转发器，支持 OpenFlow 1.3 的转发引擎在每个表中都执行差不多类似的操作模式 Match-Action-Goto NextTable 操作，直到把这个报文送出到某个接口为止。

OpenFlow 1.3 的多表架构如图 6-3 所示，每个表基本上都执行 Match-Action-Goto NextTable 操作。

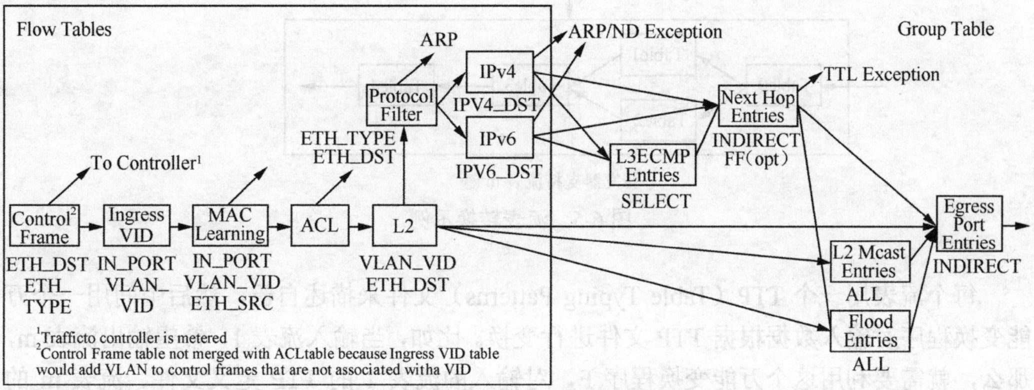

图 6-3　OpenFlow 1.3 多流表架构

（图来自 ONF 的标准文稿：<OpenFlow Table Type> 链接：https://www.opennetworking.org/images/stories/downloads/sdn-resources/onf-specifications/openflow/OpenFlow%20Table%20Type%20Patterns%20v1.0.pdf）

那么有了 OpenFlow 协议，是否就可以达到所说的可以真正地屏蔽底层设备的转发模型的差异了呢？看看图 6-4 所示两个 OF（OpenFlow）的流表。

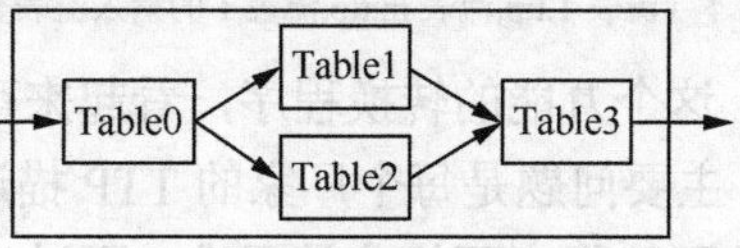

（a）OpenFlow 流表示例 1

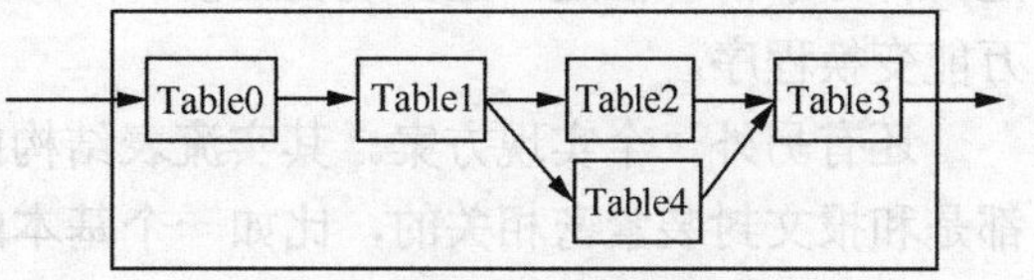

（b）OpenFlow 流表示例 2

图 6-4　一个业务的不同流表实现示例

由于不同厂家实现的都是标准 OF 转发设备，对于一个支持 OF 转发指令的转发器而言，如果把转发流表 1 下发给这个转发器是可以进行转发的，同样地把转发流表 2 下发给转发器，这个转发器也是可以工作的。但是现在的问题是，如果有两个网络业务应用程序，分别产生了流表 1 和流表 2，并且它们要把这些转发信息同时下发到一个支持 OF 转发指令的转发器上，这时转发器该怎么工作？当然不能工作。如果说一定要设计一种可以工作的方法，那么就需要转发器实现虚拟化，把一台转发器虚拟成为两台转发器，然后每个流表加载到一个虚拟转发器上面。但是这样的话，相当于转发器虚拟成两台转发器，没有解决问题。如果有更多的 APP 产生各自不同的 OF 流表，并下发给同一转发器，转发器该怎么办？事实上网络业务就那么多，只是因为每个网络业务应用程序在开发业务时，都是根据自己的理解设计的转发表而导致各自下发不同的转发流表模式问题。

为了解决上面的问题，可以在控制器上实现一个流表变换程序，如图 6-5 所示。

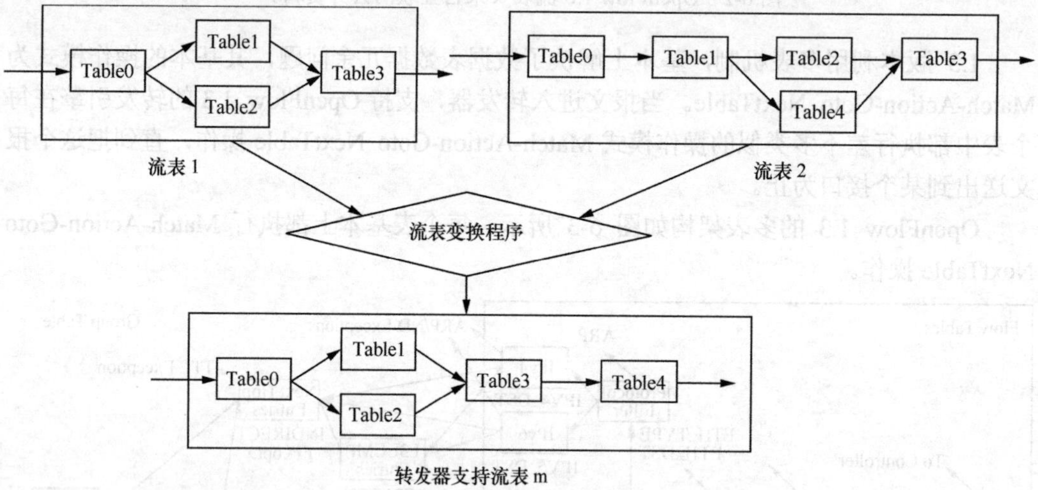

图 6-5　流表转换示例

每个流表用一个 TTP（Table Typing Patterns）文件来描述自己，然后中间用一个万能变换程序对输入数据根据 TTP 文件进行变换。比如，当输入流表 1，希望输出流表 m，那么，就需要利用这个万能变换程序 F，对输入的流表 1 的 TTP 定义文件、流表 m 的 TTP 定义文件和流表 1 格式的转发数据作为输入，产生一个流表 m 格式的转发数据输出，就像以下的变换公式：

```
F（流表 1.ttp,流表 m.ttp,流表 1 的输入流表数据）=流表 m 所需的流表数据
```

这个万能的转换程序，看起来可以解决各种流表之间的变换。但是这个技术相当复杂，主要问题是每个厂家的 TTP 描述文件本质上包含特定业务的语义在其中，要想实现这个万能程序可能非常困难。不过目前一些开源组织试图实现这个变换程序。实现了倒是一件好事情，但是，至少现在还没有厂家和开源组织实际开发出这样一个能够工作的万能变换程序。

还有另外一个实现方案。其实流表结构的定义基本原理是清楚的，其中关键的表项都是和报文封装紧密相关的，比如一个基本的 IP 报文的格式如图 6-6 所示。

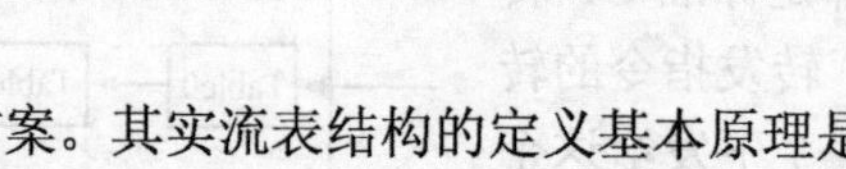

图 6-6　典型的 IP 报文封装

那么其转发表如图 6-7 所示。

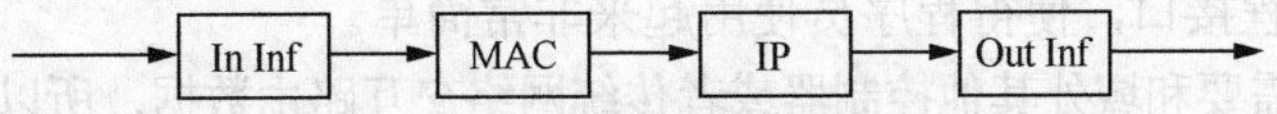

图 6-7　IP 报文的转发流表

第一个表示入接口表，然后进入 MAC 表处理报文的 MAC 头，再进入 IP 路由表，根据报文的 IP 头的目的 IP 地址匹配 IP 路由表的前缀，从而知道出接口并封装链路头发送。既然如此，可以考虑在 SDN 控制器平台层抽象定义一套统一的流表模型，这个流表模型是根据报文协议栈层次定义的。如果需要增加新的报文封装类型，可以就在控制器平台增强这个模型使得模型能够支持新的报文封装。当然，前提是必须保持一套唯一的标准流模型，这样不管转发层是哪个供应商的转发器，都可以支持不同的转发模型，只是需要厂家定义一个驱动程序。这个驱动程序从标准的统一的流模型转换为转发器厂家自定义的转发模型。在这个抽象流表模型上面，所有的网络业务应用程序只能通过这个标准流模型来下发流表。这种技术是容易实现的，前提就是控制器平台是定义这个业务抽象流表的模型。控制器如果不定义标准抽象模型，就无法达到对网络业务应用程序屏蔽底层转发器的功能。而所谓的控制类 APP 或者说网络业务应用程序到底在实现哪些功能，其实本质上核心的功能就是给这个模型中的不同表添加数据而已。比如，可以用一个程序给 IP 表添加数据，可以是静态的，也可以是通过 BGP 学习过来的 IP 前缀，都可以添加 IP 转发数据。再看看 MAC 表，可以由一个应用程序专门为 MAC 表生成数据，比如 BGP，ARP 可以向 MAC 表中添加数据，也可以是任何其他必要的应用程序向其中添加数据。所以网络业务应用程序本质上实现的主要功能是向模型中的表添加数据。笔者认为这种在控制器平台层定义标准业务抽象流表模型的方案才是正确的方向。

6.4　其他开放接口的形式

作为一个网络业务应用程序开发程序员，可能不希望向这个标准的流模型中的每个表自己添加数据，例如对于一个三层 IP 转发的业务，程序员其实不关心 MAC 表到底怎么生成，可能只是根据自己的策略修改 IP 转发表中的部分表项，就是说程序员可能希望看到的编程接口是：

```
AddIPRoute（FPID,VRFID,IP Prefix,nexthop,outgoing interface）;
```

FPID 是转发器 ID，这个 API 调用是指示某个 FP 的一个 VRF 中增加一条 IP 路由，但是这个网络业务应用程序并不希望自己向 ARP 表中增加二层信息，而是希望控制器自己能够补充相关二层信息。

同样道理，如果希望控制 MPLS 隧道（用于建立网络内部的 Fabric 交换路径）建立，那么程序员可能希望通过这样的程序接口来添加 MPLS 交叉路径：

```
AddLsp ( FEID,VRFID,InInterface,InLabel,OutInterface,Outlabel ) ;
```

其他的转发过程中所需数据，程序员并不关心。

所以，为了方便编程，开放的接口可能需要考虑这些开放接口的易用性因素，系统可以自动补齐那些程序员不关心的表。要做到这些，控制器需要集成一些默认的网络业务应用程序和业务协议，比如 ARP 协议等。这个接口实际上是开放了每个转发器的部分关键资源表的编程接口，使得程序员使用起来非常简单。

由于控制器需要和域外其他控制器或者传统网络交互路由数据，所以肯定需要 BGP，但是 BGP 中最复杂多变的是选路策略部分。如果把 BGP 集中控制，当需要增加新的策略控制时，就不用去升级设备软件，通过对控制器上面的 BGP 程序进行增强就可以完成这个工作；同时需要开放一些 BGP 方面的编程接口，比如允许程序员读取所有 BGP 邻居学习来的路由，允许程序员直接对某些前缀进行选路后增加到 BGP 模块，提供的编程接口可以是：

```
ReadBGPRoute（VRFID,BGP PEER ID）;
SetBGPRoute（IP prefix，nexthop, attributes）;
```

通过这种类似方式，可以为 BGP 灵活地增加各种策略，仅仅需要开放 BGP 的这些路由查询和路由添加接口，就可以使得控制类 APP 很容易实现各种选路策略需求，在这个层次上，其实开放的已经是控制器上的网络业务应用程序中的控制类协议的数据操作接口。

图 6-8 展示了一个典型的网络业务应用程序开发逻辑，其中展示了网络业务应用程序可以调用多层开放接口，包括策略接口、路由控制接口、业务接口等。其基本过程是，首先是用户业务或者策略输入，然后 APP 收集网络状态信息。并根据用户输入和网络状态信息生成控制信息下发给控制器，控制器下发到转发器，最后是验证业务部署的有效性。这样一来，网络业务应用程序通过给转发器下发流表，实现了用户的业务。如果此时网络拓扑发生变化，那么，控制器内部的网络业务应用程序会获得一个网络状态变化事件通知，网络业务应用程序就会根据网络状态来重新计算业务路由或者网络交换路径，并把这些新的路由或路径信息转发到转发器，使得用户业务能够在网络状态变化时依然继续运行。

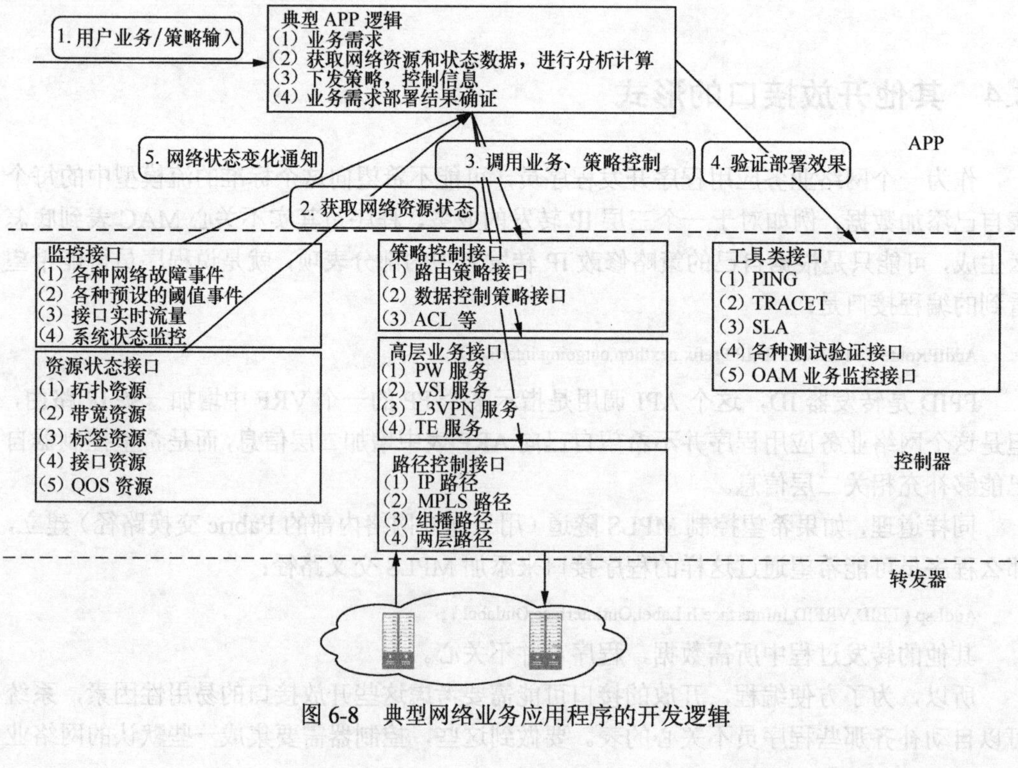

图 6-8　典型网络业务应用程序的开发逻辑

【本章小结】

本章重点介绍了控制器必须具备的开放性的内涵，包括网络操作系统层的资源操作接口 NetOS API，也包括开放驱动程序开发接口 SBI，同时还开放了控制器本身的网络业务接口 NBI。本章也介绍了网络北向接口 NBI 的严格标准化统一定义和网络业务快速创新之间是存在冲突的，如果要加速网络控制类业务的创新速度，就不能等待这种业务的操作接口先标准化，所以这种权衡取舍是非常困难的。

第7章 SDN网络的安全性

SDN 控制器是网络中的一个关键设备，它控制着整个网络，其安全性就成为很关键的问题，一旦其被攻击导致控制器被劫持、非法接入或者无法提供正常服务等，网络的转发业务也就无法保证了。于是有不少专家认为，SDN 网络架构下，由于集中控制无法解决安全问题，所以很难商用，甚至不能商用。这种观点表达了对 SDN 网络架构下安全问题的一种担心和焦虑，但是是否因为安全问题存在就不要去搞 SDN 了？那倒不一定。今天的互联网金融，可以处理人们最为紧张的金钱事务交易，人们在互联网上面进行转账、炒股、购物等。这些事关金钱的各种交易可以在互联网上进行是以前不敢想象的，但是今天人们都在大规模使用互联网来进行这些至关重要的活动。这说明，采用合适的安全措施后，是能够解决各种安全问题，使得 SDN 网络系统达到可以商用的目的的。本章介绍 SDN 相关的安全威胁和安全对策。

7.1 安全性定义

安全性是要解决系统的可用性、机密性和数据完整性问题。

可用性是指系统能够始终提供服务，这个可用性和可靠性密切相关。不可靠的网络通常不能保证可用，所以需要提高系统的可靠性。另外一个方面，系统要能够应对 DoS（拒绝服务）、DDoS（分布式拒绝服务）攻击。这些攻击发起者主要目的是要让系统不可用，所以我们的一个目的就是要解决这些拒绝服务攻击问题，使得系统能够始终提供其承诺的服务，这些都是可用性范围。SDN 可靠性在前面章节已经介绍过了，本章不再讨论相关内容。

机密性是指系统的资源只能提供给应该获得该资源的人，其他人则无法获得这些资源，即使他们获得资源通信过程中的消息，也无法获得其内部表达的信息。机密性的安全威胁主要是信息泄密，比如，如果使用明文在网络上传送数据，那么就有可能被其他人截获这些明文数据，比如银行账号、密码等信息。这种数据泄密的影响是巨大的，攻击人员会通过各种办法试图获得网络上他们感兴趣的数据。有人关心商用数据，有人关心社交数据，有人关心各种用户信息，总之通信过程中的泄密会导致重大损失。通常，解决机密性问题的技术手段包括物理隔离、数据加密等方法。

完整性是指系统始终提供正确的数据能力，即系统中不能出现错误数据和不一致的数据。程序本身也是一种数据，如果数据或者程序被更改，系统就会按照错误的数据或者代码逻辑运行，这些数据和逻辑不是用户期望的数据和逻辑，那么数据就不完整；如果通信过程中数据被篡改，系统或者用户可能收到错误的非期望的数据。比如有人通过网络转账 500 元，如果被篡改为转账 50000 元，那么损失就很严重了。另外代码在传递过程中可能被篡改，并植入后门，以便后续利用这些后门进行各种破坏活动。解决数据完整性问题通常采用给数据增加摘要信息或者数字签名等技术来解决，通过校验摘要或者签名来确认数据是否被修改过。

各种安全技术主要是解决上述三种安全威胁问题。分析安全问题通常和分析可靠性问题相似，需要先分析一下网络可能存在的各种攻击手段，然后我们再针对这些攻击手段讨论如何进行安全防御，下面先就攻击手段进行讨论。

7.2 SDN 网络的非法攻击手段分析

SDN 网络的非法攻击通常是针对 SDN 网络实体进行的各种攻击。SDN 网络系统的实体包括转发器、控制器、协同层应用程序以及这些实体之间的互联网络。SDN 网络中关键的一个部件是 SDN 控制器。SDN 控制器是由一组服务器之间的互联网络、软件系统实体构成，软件系统又包括虚拟机、操作系统、分布式中间件、SDN 控制器程序等。所以，需要重点分析攻击者如何攻击这些实体的完整性、机密性和可用性，再分析如何针对这些实体进行安全防护。

目前主要的攻击手段也都是面向可用性、数据机密性和完整性展开的，大体分为：

① 非法接入；

② 窃密；

③ 篡改和劫持；

④ 拒绝服务攻击。

7.2.1 非法接入攻击

通常是指未授权接入。攻击者通过各种技术和非技术手段获得系统的接入权限，一旦获得系统的接入权限，他们就可以对系统进行非法信息收集、信息修改、破坏等各种活动，危害性非常大。他们采用的技术手段类似强力破解攻击、欺骗等方法获取接入用户信息，然后通过这些用户信息接入网络；非技术手段通常是一些间谍手段，比如买通内部人员，也有收集相关办公区的各种物理废弃物，从中获得有价值的信息。

解决此类问题的基本技术手段就是进行身份认证，接入者必须提供正确的用户名和密码，只有通过了身份认证的接入才被允许；也可以通过证书方式进行认证，只有持有合法证书的用户或者设备才能接入系统。另外一个方面，需要对关键信息资产制定严格的管理措施，避免被采用非技术手段获取关键信息。其他一些针对非法接入的防御技术包括进行源地址过滤技术，仅仅允许那些获得允许的源地址主机接入系统，通过系统的安全认证后才能继续访问主机，这样做可以增加非法接入的攻击难度。

7.2.2 窃密

通常是通过各种手段获取有用信息，尤其是对一些网络上传送的明文信息进行窃听和分析，从中获得有用的信息。他们最关心的信息主要是各种用户信息和密码，以便用这些数据进行进一步攻击。

解决这个问题的技术手段主要是对数据进行加密，使得第三方即使获得加密数据也无法反向获得明文数据，这样他们截获的密文就没有用处了。加密通常有对称加密（比如 DES/3DES）和非对称加密（比如 RSA）。对称加密通常适用于大量数据传送，需要双方拥有相同的密钥来进行加密和解密；非对称加密通常用于少量数据加密传送，双方有不同密钥进行加密和解密，比如一方用密钥 A 加密，另外一方用密钥 B 解密。非对称加密的性能很低，不适合大量数据通信，但是其保密性好，不易被破解。

7.2.3 篡改和劫持

主要是对通信信息进行修改或者劫持。劫持通常是指欺骗通信实体。通信实体以为自己在和其认为的实体通信，但是实际上他们中的一个已经被劫持，通信实体并不知道，从而导致系统无法提供正常服务或者泄密。也有另外一种攻击方式，称为中间人攻击，攻击者夹在通信实体中间，通信实体以为自己正在跟信任的对方通信，但是实际上都在和攻击者通信，这样攻击者就可以获取所有他们之间的通信数据。

另外还有一类攻击属于重放攻击。攻击者截获某次通信实体之间的交互数据后，在以后的某个时刻，冒充其中一个通信实体和另外一个通信实体进行通信。攻击的数据是来自前面攻击者截获的交互数据。这种攻击导致某些事务被重复执行。比如军事通信中，上一次秘密通信中部队收到的指令是攻击某个高地，几天后，攻击者通过重放攻击，使得部队再次收到一个攻击该高地的命令。显然这是很危险的。

解决这类问题通常也是使用加密技术。为了解决类似重放攻击，在加密数据中可以增加序列号或者时间戳标记。如果仅仅为了解决篡改问题，而不解决机密性问题，也可以通过增加摘要信息来解决，比如通过 MD5 摘要，可以确保数据不被篡改。

7.2.4 拒绝服务攻击

这种攻击主要的目的就是破坏系统，使得系统无法提供正常服务。

拒绝服务对系统正常运行的破坏是最难以预防的，通常需要根据具体的攻击方法进行具体的防御。比如，有不少攻击是流量攻击，流量攻击采用 DDoS（分布式拒绝服务攻击）方式，攻击者预先已经劫持了分布在全球的大量无辜的主机，这些主机会被攻击者控制向某个特定目标发起攻击，导致大量攻击流量占用通道资源和系统资源，使正常的服务资源无法得到保证，其关键难点是难以发现真正的攻击者。另外一个典型的例子是 TCP SYN 攻击，利用 TCP 报文连接建立过程，攻击者占用大量的 TCP 连接资源，导致系统无法提供正常 TCP 连接服务。

7.3 SDN 网络的整网防御措施

SDN 网络的核心目的是提供数据转发服务，所以首先应该确保该 SDN 网络能够正常转发数据，而不应该使通过该网络的数据被拒绝，同时需要仔细应对那些直接发送给网络的控制器和应用程序或者转发器本身的流量，因为这种流量背后就可能潜藏着攻击流量。

对于 SDN 整网进行攻击大概有两点，第一点是试图让 SDN 网络转发非法数据，第二点是试图把非法流量直接发送给网络本身的实体，比如转发器、控制器、应用程序。由于 SDN 网络本身的目的就是提供用户报文转发服务，在 SDN 网络边界全部部署防火墙是不可能的，也是没有必要的。

面对上述两种攻击，可以利用 SDN 集中控制结合大数据分析技术对整网进行防护，其基本原理如图 7-1 所示。

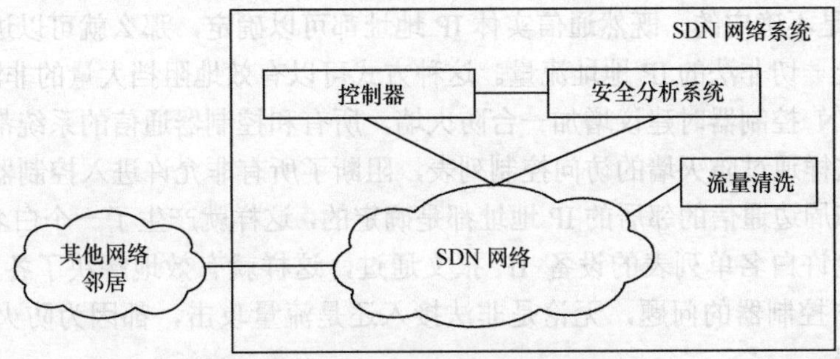

图 7-1 SDN 网络整网安全方案

该网络安全方案原理主要是在网络中部署安全大数据分析部件和流量清洗部件，这个安全分析系统和流量清洗部件可以算是 SDN 网络的一个应用。

安全分析系统需要采集网络流量情况进行分析，如果发现有一些非法攻击流量，那么安全分析系统可以通知控制器立即在网络所有边界阻断流量或者引导这些流量到流量清洗部件，通过这种方式可以解决针对 SDN 网络分布式流量攻击问题。此方案实时性很高，只要安全分析系统识别出攻击，控制器可以立即快速反应，从而提高 SDN 网络的安全性。

7.4 SDN 控制器的安全性考虑

SDN 网络中的每个实体的安全问题，是我们尤其应该关注的，这些实体包括控制器、转发器、应用程序和互联它们之间的网络。其中转发器的安全性问题在传统的成熟设备形态上已经有较多考虑，这里不再讨论，而是重点讨论 SDN 控制器的安全问题。因为 SDN 控制器是一个网络集中点，并且是网络大脑，一旦出现安全问题，将导致整网服务受到影响。

首先，SDN 控制器是一个设备，只不过是一个运行在通用服务上的软件设备。根据 SDN 网络架构的特点，SDN 控制器的外部通信实体是比较清楚的，主要包括转发器、其他固定的邻居系统、应用程序和控制器管理系统（管理控制器本身的一个客户端系统，比如客户需要登录到控制器进程配置等），如图 7-2 所示。

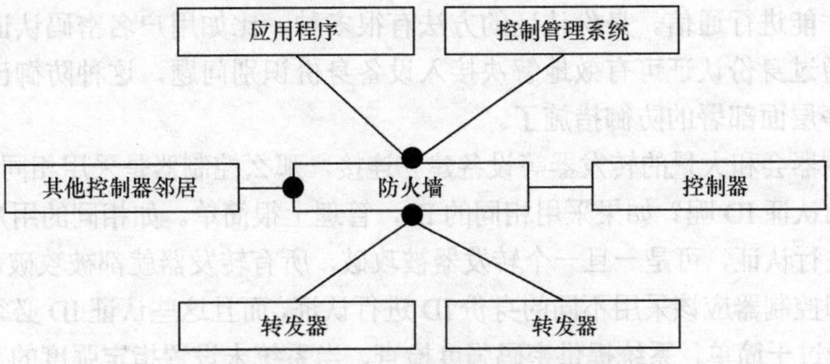

图 7-2 通过防火墙保护 SDN 控制器

这些通信实体的 IP 地址可以是确定的，不像其他互联网服务系统，是面向大众服务的，接入 IP 是不确定的。既然通信实体 IP 地址都可以确定，那么就可以进行有效的访问控制，禁止一切非法的 IP 地址流量。这种方式可以有效地阻挡大量的非法攻击。

部署 SDN 控制器时建议增加一台防火墙，所有和控制器通信的系统都需要经过这台防火墙。这样通过防火墙的访问控制列表，阻断了所有非允许进入控制器的 IP 流量。因为控制器和周边通信的邻居的 IP 地址都是确定的，这样就产生了一个白名单。防火墙的作用是只允许白名单列表的设备 IP 报文通过，这样就有效地解决了各种非法源 IP 地址主机攻击控制器的问题，无论是非法接入还是流量攻击，都因为防火墙阻断而无法到达控制器。

另外可能的防御技术还包括，可以试图判定和控制器通信的所有实体的网络位置，估计出正常的这些通信实体和控制器之间的通信的跳数。通常 IP 转发每经过一台路由器算是一跳。如果估计出这些合法通信跳数都是在 10 跳以内，那么可以在防火墙部署跳数控制，把那些经过跳数多于 10 跳的报文丢弃掉，把它们看成是仿冒 IP 地址非法攻击。

保护控制器安全的另外一个方法是，让控制器和转发器之间的控制通道通信网络组成一个专网或者虚拟网络，与其他网络进行有效隔离。这种专门的控制通道网络使得其他网络流量根本无法进入其内部，虽然并不是所有的解决方案场景都具备这个条件，因为大部分控制器和转发器之间的通信都是在通道内进行的，就无法部署这个技术，但是有一些解决方案场景下这种方法是适用的，所以应该尽力部署专网或者虚拟网络为控制通道服务。

除了限制控制器与特定的 IP 地址通信外，还可以限定允许哪些应用程序协议和已知的通信实体（确定的 IP 地址）进行通信。比如，控制器和转发器可能仅仅允许建立 OpenFlow 连接；与管理系统仅仅允许建立 Netconf 连接；和周边邻居可能仅仅允许建立 BGP 连接。通过这种限定，不仅使得攻击者无法进行 IP 地址欺骗攻击，而且使得周边通信设备或者非法攻击者无法和控制器建立非法协议的连接，这样就解决了一些攻击者冒充合法设备 IP 进行一些特定的协议攻击问题。

接下来，如果某个转发器或者应用程序本身被攻击者攻破，攻击者此时假冒那个被攻破的设备和控制器进行通信，防火墙就没有办法解决这个问题。因为攻击者发给控制器的报文是一个合法转发器报文并且是合法的协议报文，防火墙无法识别出这种情况。此时需要启动另外一层防御，就是应用层防御，解决这种假冒攻击问题。控制器需要解决的接入者身份问题，和控制器有连接关系的设备需要接受控制器的身份认证，只有认证通过了，才能进行通信。身份认证的方法有很多种，比如用户名密码认证、证书等方法。总之，通过身份认证可有效地解决接入设备身份识别问题，这种防御已经是控制器内部应用程序层面部署的防御措施了。

由于控制器会和大量的转发器等设备建立连接，那么控制器是采用相同的认证 ID 还是采用不同的认证 ID 呢？如果采用相同的 ID，管理上很简单。如相同的用户名和密码与所有转发器进行认证，可是一旦一个转发器被攻破，所有转发器就都被攻破。所以，建议每个转发器和控制器应该采用不同的身份 ID 进行认证，而且这些认证 ID 必须具有一定的复杂度，不能过于简单，系统提供密码强度检查，当系统未设置指定强度的密码，则不接受。为了保证 ID 的机密性，还应该考虑定期更换密码，以避免长期使用的密码被攻破。

还有一个密钥管理问题需要注意。系统通信的加密有对称加密方式。对称加密中，通信双方必须使用同样的一个密钥进行加密和解密，那么这个密钥在系统使用过程中就必须有明文密钥，才能实施加密和解密。但是在保存这个密钥时，显然不能明文保存直接使用，需要对其进行加密保存，需要时再解密回来。于是对密钥的加密和解密就需要一个加密算法和一个根密钥。加密算法是一段代码，而根密钥是一个数据、一个字符串。这个根密钥通常设计成一个固定的值，以数据的形式保存在软件发行包中。但这种做法导致一个问题——根密钥泄露问题。因为根密钥通常不会经常改变，算法也不会经常改变，于是有人就比较容易获得这些根密钥和算法。比如，离职员工、不满员工都可能导致这些根密钥和算法泄露，也可能是黑客根据软件包分析获得此类根密钥。这种情况下，如果攻击者又获得了网络设备的配置文件，里面带有加密后的通信密码以及设备几乎所有的配置信息，比如配置的IP地址、配置的协议、配置的安全策略、业务密码等。于是攻击者很容易通过分析上述信息获取配置文件中的用户名信息，从而就很容易接入这个配置文件所属设备，形成非法接入攻击。尽管一些主流厂商系统不存在这样的问题，但一些欠缺安全考虑的小厂商系统经常会存在这样的问题。攻击者也可以获得配置文件的业务密码，比如通过根密钥加密后的IPSec密码是“x1y1C89H12j”，通过根密钥进行反解获得IPSec的业务加密密码的明文比如“toHBY10989”。然后截获用户传输过程中的加密数据并利用明文密钥“toHBY10989”进行反向解密，这样就获得用户的保密通信数据，形成窃听活动。为了处理根密钥问题，可以试图找一些方法。其中一个方法就是根密钥不保存在设备上，而是存放在一个更加安全的专用服务器上，当需要时系统和这个安全的专用服务器通信获取根密钥和算法，对所需要的密钥进行加密和解密，这样相当于设备根密钥不在设备软件内部，可以有效地防止根密钥泄露。还有一个方法是，使用设备动态产生根密钥，这样每个设备的根密钥不同，产生根密钥的方法可以是与设备某些物理ID相关，比如将设备的CPU编号、MAC地址编号和启动日期等进行一些变换后形成根密钥。但是这种方法会产生一个后果，设备的配置文件不能复制给其他的替代设备直接使用，必须重新修改与密码相关的数据，原因是每个设备的根密钥都不同，所以复制过去的与密码相关的数据就不可用了，不过，比起安全问题，这点不便应该是可以接受的。

现在假定身份认证问题也解决了。有时一个转发器并没有被攻击者攻破，但是由于设计原因导致转发器利用自己的身份对控制器进行了事实上的流量攻击，该如何解决？转发器本来会发送一些OpenFlow的Packet In报文给控制器，也会发送一些相关状态、事件等消息给控制器。理论上，转发器不会发起流量攻击，但是有些时候由于设备设计不当，也会发生一些没有预料到的流量攻击。比如通过未知流触发建立流表的技术，当转发器发现自己不能转发某个报文时，会把报文送交控制器处理，这种情况非常容易被利用。攻击者只要发起大量未知目的地址报文给转发器，转发器就会把这些报文全部转发到控制器，因此形成对控制器事实上的流量攻击。流量攻击的一个后果是导致控制器计算资源被消耗，另一个后果是控制器和转发器的控制通道被占用，影响正常的控制数据交互。解决这个问题的方法是在控制器或者防火墙上采用流量控制，对每个设备递交给控制器的报文流量进行限速，避免其上送流量超限。但还是无法解决控制通道带宽被无辜占用的问题。一个改进的方案是可以考虑在转发器上面部署流量控制，结合前面说的转发器可能被劫持场景，建议在控制器和转发器上分别部署流量限制来解决此类流量攻击问题。虽然通过限流能够缓解这种设计缺陷带来的问题，但是不推荐这种方案设计。最佳的方式是减少此类设计，因为如果很多协议按照此类设计实现，结果会导致需要对每个协议都考虑带宽限制，比如 OpenFlow 未知流 2Mbit/s，ARP 占用 2Mbit/s，BGP 占用 2Mbit/s。而通常设计者会考虑一定的收敛比，设计者不会假定每个协议都同时以 2Mbit/s 的最大带宽向控制器发送报文。比如，上面三个协议同时使用需要占用 6Mbit/s 带宽，设计者进行收敛比设计后，实际产品的处理能力可能仅仅按照 4Mbit/s 带宽能力进行设计。而当攻击者了解到这个事实后，他会同时使用这些协议进行攻击，导致实际上没有收敛比。上面例子攻击者会发起 6Mbit/s 的流量进入系统，这样就会对系统造成巨大压力，因此还是最好不要进行这样的有安全隐患的设计。而传统的 IP 基本上都是预路由方式，就是说先有 IP 地址路由，然后才转发。没有 IP 地址路由的报文处理方式是直接丢弃报文，这种设计就不会把转发面未知目的 IP 报文送交给控制器，因为送给控制器后，控制器也没有路由，如果控制器有这些报文的路由，控制器就已经下发给转发器了。IP 的基本原理是通过控制面学习路由，然后下发路由表数据给转发面，转发面再根据这些路由表数据转发报文。所以应该尽量采用类似后者的设计，降低被攻击的概率。

上面的方法基本可以解决非法接入问题。还有一个要注意的问题是，不应该把密钥以明文方式在网络上传送，一些网络拓扑数据、路由数据等敏感信息也不应该明文传送，在部署协议的时候应该避免此类问题。很多老协议是不安全的，比如 Telnet 本身不安全，该协议采用明文传递密钥。可以考虑采用 SSH 或者 OVER 到 SSL 上来解决这些问题。也就是说，为了解决机密性和完整性问题，还需要采用某种形式的加密，无论采用专门的类似 IPSec 协议还是采用 SSL 技术，都可以保证机密性。控制器和周边实体通信都需要采用一定的保密措施，以确保这些报文不会被窃听、修改等。

现在控制器对转发器进行了认证，并确保其接入合法以及流量受控，但还有一个问题是：如果有人仿冒控制器，对现网转发器进行非法控制，这种情况一旦发生，相当于合法的转发器接入了攻击者的非法控制器。这个转发器本来属于另外一个合法的控制器所控制，通过这种仿冒控制器方式攻击，这个转发器将无法提供正常服务。为了解决这个问题，转发器也要对控制器进行认证，确保其接入了正确的控制器，也就是说需要实现双向认证机制。这种机制在应用程序和控制器之间、转发器和控制器之间、管理系统和控制器之间都需要部署双向身份认证。这种攻击确实存在，比如无线网络中的基站欺骗攻击，就是有人通过自己的假基站和手机用户通信，手机用户没有能力识别是否是假基站，于是接收到了很多诈骗信息。此类攻击和冒充控制器攻击相似，解决方案也应该是双向身份认证。

综上所述，SDN 网络体系的安全性主要从几个方面进行防御。从整网角度上应该部署类似大数据分析的安全系统，直接可以分析出针对 SDN 网络的 DDoS 攻击问题，并通过控制器完成攻击流量的清洗和移除。而 SDN 控制器的防护最重要的就是只允许那些应该建立特定协议通信关系的实体以通过身份认证、限定流量和加密的方式和控制器进行通信，并且还需要控制器和转发器之间、控制器和应用程序之间、控制器和周边邻居之间要进行双向身份识别，并注意做好密钥管理工作。SDN 控制器的防护建议是使用防火墙，通过防火墙隔离控制器和所有外部通信实体之间的通信，同时 SDN 控制器需要在应用层部署安全措施，包括采用 SSL 或者协议本身的安全通信方式，与邻居进行应用层的安全处理。

7.5　SDN 控制器内部设计的安全考虑

上面介绍了 SDN 网络体系的安全和 SDN 控制器作为一个整体的安全考虑，下面分析 SDN 控制器本身的安全问题。在分析 SDN 控制器内部问题时，仍然需考虑 SDN 控制器的内部有哪些实体，针对这些实体，可以进行哪些必要的安全防范。

SDN 控制器是一个分布式集群系统，通常是由一组服务器通过一个网络连接在一起的，而每个服务器包括服务器硬件、服务器内部的虚拟机软件、操作系统软件、分布式中间件和上面的控制器程序，如图 7-3 所示。

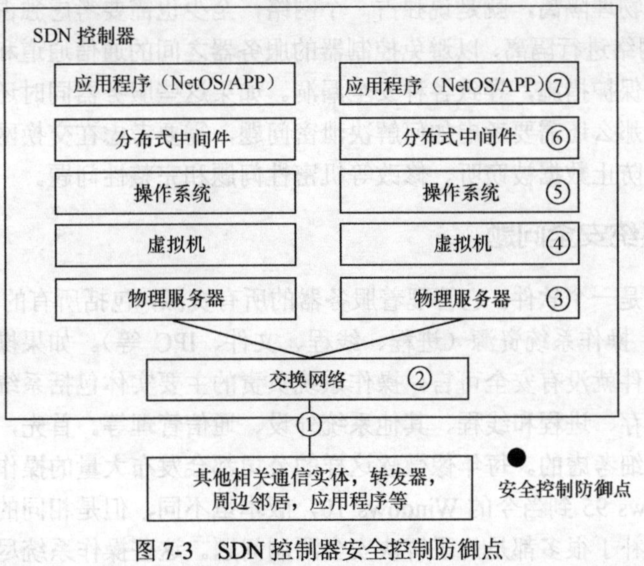

图 7-3　SDN 控制器安全控制防御点

对这些实体的安全分析，采用逐层自底向上的方式，因为越是底层被攻击，上层就越没有安全可言了。当然，底层安全问题的应对有时可以在上层解决。

7.5.1　物理安全

从物理实体角度上看，控制器运行在一组服务器上，这些服务器可以是物理服务器，也有各种云化思路希望所有应用程序都运行在虚拟机上面。控制器软件既可以直接运行在物理服务器上也可以运行在虚拟机上面。不过，出于安全考虑，不建议采用虚拟机部署。尽管虚拟机带来了很多灵活性，但是也带来很多安全问题。是否要采用虚拟机来部署，需要厂家仔细权衡风险。如果基于专用的独占的物理服务器，可以对这个物理服务器内的操作系统直接进行加固，提供安全操作系统。这种安全操作系统比通用的普通操作系统更加坚固，更加难以攻破。如果采用虚拟机，主要有几个问题。其中一个问题是，虚拟机系统会把一台物理服务器虚拟化成多台虚拟机，被动态分配给不同用户。如果这个物理服务器的一个虚拟机分配给了控制器，另外一个分配给了某个特定的用户。这个用户自己如何使用这台虚拟机，我们并不清楚。如果他利用自己的虚拟机反向攻克底层虚拟机软件系统，那么分配给控制器的那台虚拟机基本上就完全暴露在攻击之下；或者这个用户本身要占用更多没有被充分隔离的物理资源进行特定的业务，也可能会导致占用了控制器的虚拟机资源。尽管理论上可以把虚拟机资源进行严格划分，但毕竟是一台物理服务器，总有共享资源，就会存在安全漏洞。所以如果考虑安全问题，建议不要使用虚拟机来部署控制器。如果一定需要的话，那么需要给出针对虚拟机攻击的防护问题，以确保虚拟机的安全，并且不应该把控制器所使用的虚拟机与其他用户分享，即使使用虚拟机技术也应该考虑控制器虚拟机独占物理设备，意思是说所有的该物理服务器的虚拟机都应该分配给 SDN 控制器使用。

同样还有物理问题的是，用于这些服务器之间交换数据的交换网络，由于这些控制器集群服务器之间通信需要占用一定的带宽，其通信数据是控制器的内部数据，这时交换网络最好能够物理隔离，就是说独占一个网络，至少也需要考虑独占一个 VLAN。通过 VLAN 虚拟网络进行隔离，以避免控制器的服务器之间的通信通道和普通用户数据报文没有任何隔离保护措施，导致各种安全漏洞。如果这些服务器同时还是跨机房部署或者跨地域部署，那么还需要考虑如何解决泄密问题，需要考虑在交换网络上对交换的数据进行加密，以防止数据被窃听、修改等机密性问题和完整性问题。

7.5.2 操作系统安全问题

操作系统也是一个软件，它管理着服务器的所有资源，包括所有的硬件资源（CPU、内存、外设等）、操作系统资源（进程、线程、文件、IPC 等）。如果操作系统不安全，运行在上面的软件就没有安全可言。操作系统负责的主要实体包括系统硬件和驱动、系统文件、系统内存、进程和线程、其他系统外设、通信管理等。首先，操作系统这一层的安全是必须仔细考虑的。每年像微软这样的公司都会发布大量的操作系统补丁。从十几年前的 Windows 95 到当今的 Windows 10，版本虽不同，但是相同的是每年都有很多系统补丁。这些补丁很多都是为了解决安全漏洞问题。这些操作系统尽管多年积累，仍然无法保证没有安全漏洞，无论 Linux 还是 Windows，存在安全漏洞几乎是肯定的。因此，应该考虑如何使得这样一个有安全漏洞的系统更加安全，需要厂家能够提供加固的安全操作系统。这样的操作系统是获取了最新版本系统，很多已知缺陷应该被修正。另外，要注意从以下几个方面来加强。第一，操作系统所有的默认通信服务都应该被关闭，就是说这个操作系统对外不提供任何通信服务，关闭 FTP、Telnet、HTTP 等服务，用户操作只能通过近端控制台进行，这是最强的安全措施，这样能够保证通信的安全。如果无法做到关闭所有通信服务，那么当要打开一个通信服务时，应同时部署安全措施，比如认证和加密措施，以及白名单措施，使得只能有特定的机器以特定的协议和加密方式进行。第二，操作系统的各种 ROOT 权限应该进行分级隔离和授权，比如特定的操作权限只能由特定的程序或者用户操作，比如创建进程权限，或者修改系统配置权限、文件系统操作权限等，都需要进行控制。在控制器场景下，这些权限应该仅仅授予控制器程序，其他任何程序都不允许进行进程创建、文件修改等权限，这样可以保护系统资源不被非法利用。第三，建议操作系统也由控制器厂家提供，和控制器应用程序一起发布，这样不仅可以保证没有兼容性问题，也能保证系统的安全。当然进一步的安全考虑是，连同服务器硬件、软件作为整体产品购买，这样在安全方面更加有保障一些。当然这不是必须的，仅仅从安全方面考虑建议如此。

7.5.3　分布式中间件和应用层软件安全措施

由于 SDN 控制器是一个分布式软件系统，需要一个分布式中间件（分布式操作系统）提供分布式服务，它的层次位于操作系统的上层。这个分布式中间件提供了基本的软件管理、部署管理、配置管理、服务编址和寻址、通信管理、调度、HA 等服务。分布式中间件负责管理的实体包括集群服务器、应用程序组件、应用程序数据、自身数据等。有的分布式中间件设计也会负责管理操作系统相关对象，比如文件、进程、内存等，这些实体需要进行一定的安全设计。

第一，需要进行集群系统的成员身份管理。当有服务器宣称自己属于集群一部分，并要求加入集群时，分布式中间件必须对其进行认证，以确保其合法身份。如果不进行类似的认证，就存在冒充集群成员加入系统的可能，通过冒充系统成员，获得系统相关信息，从而发起攻击。

第二，分布式中间件还必须对自己管理的实体进行安全性处理。比如，分布式中间件管理系统的组件、管理系统的配置数据等，这些实体的完整性是由分布式中间件负责管理的，分布式中间件有能力识别非法的组件或者不一致的错误的配置数据。分布式中间件提供的配置管理服务必须具有足够的数据完整性校验能力，以保证系统不会因为管理员的误操作而带来系统失效。配置管理的另外一个功能是要保证系统的数据一致性。当对单个数据进行合法性校验时，系统并不复杂，也不需要复杂的机制，就可以解决单个数据校验。但是当系统中的配置对象有大量复杂的依赖关系时，就需要配置管理系统能够具备面向对象的建模能力，并对对象之间的关系通过模型描述。然后整个配置管理系统能够依据这些关系对输入的数据进行完整性和一致性校验，确保用户配置数据的一致和完整。

第三，系统分布式中间件还必须提供系统的 HA 机制，以使得系统获得更高的可用性。可用性不高的系统无论如何也不是一个安全的系统。分布式系统需要对系统各个部件进行监控，当有部件失效时，系统中间件必须选择合适的替代部件接替工作，此类机制在第 4 章“SDN 网络可靠性”中已经描述了。分布式中间件的通信服务部分，如果集群系统跨地域分布，还必须提供安全通信通道，以确保这些跨地域通信的安全。如果需要，本地的集群内部之间通信也可以考虑部署安全通信通道，通过加密、增加摘要等方法确保通信机密性和完整性。分布式中间件系统提供的通信服务还包括 SOCKET 通信服务，为了安全，需要提供 SSL 功能，以便为上层控制器应用程序提供安全的 SOCKET 通信服务。总之，一个安全的分布式中间件设计要考虑很多问题，需要对它所有管理的对象进行仔细分析，进行适当的权限管理、数据完整性和一致性管理。

应用层软件是运行在分布式中间件上层的应用程序软件。在 SDN 控制器里，这个应用软件就是 SDN 控制器程序，包括网络操作系统和网络业务应用程序两个部分。应用层更多的是需要考虑应用层和外部建立的通信协议的安全，有关通信协议的安全问题现在标准化组织 IETF 已经有了足够的认识。目前最新版本的各种协议通常都会增加安全措施，包括提供完整性校验机制或者加密措施等，但是也有一些传统协议比较老的版本是不安全的，不过目前这些不安全的协议也都发布了安全的升级版本。比如 Telnet 不安全，现在 SSH 则是安全的，所以通常不再建议使用 Telnet，控制器默认也不应该提供该服务。而 SNMPv1 和 v2 版本不安全，已经有了 SNMPv3 版本支持安全特性。控制器协议层面需要实现最新的安全特性，同时需要产品发布时默认关闭那些不安全的协议，以避免受到攻击和误用。另外，在应用层设计时也需要考虑其他资源消耗问题，一个应用程序到底能够处理多少连接、多少路由、多少报文，需要根据正常工作流程分析，给出一个明确的规格，内部对这些规格进行一定限制，以确保这些应用程序不能因为邻居的恶意攻击而过多消耗系统资源，从而造成流量攻击。

在软件层面，无论是分布式中间件还是控制器应用程序软件，为了避免一些漏洞被利用，比如栈溢出漏洞，通常发行的软件需要在运行时进行代码段和数据段的保护，使得系统即使有此类漏洞，也由于已经对代码段和数据段进行了有效的保护，使得攻击者无法植入恶意代码。这通常需要供应商交付的软件具有这种能力。

7.6 SDN 的其他安全措施建议

安全问题中的完整性问题还包括厂家发行的软件包的完整性保证。厂家需要对自己提供的发行包提供完整性机制，比如可以在软件包中增加摘要信息，以避免软件包被恶意修改。仅仅增加摘要信息可能还不够，进一步的完整性保证可能需要对摘要信息进行数字签名技术，进一步加强软件包的安全性。如果希望软件发行过程中不被反编译和分析，则可以采用对整个软件包加密的方法，在运行时再解密处理，这些都能够保证大包的完整性。

在安全处理过程中，一旦发生安全事件，希望能够找出攻击方式和攻击来源，以避免再一次攻击的发生。通常需要根据入侵时留下的蛛丝马迹进行追踪和回溯，那么就需要系统能够记录各种安全相关的异常事件。控制器系统本身会记录大量日志，其中一个安全日志是非常重要的，它本身类似控制器系统的黑匣子，被设计成只有最高级别权限才能访问。理想的黑匣子应该设计成生命周期内其内部数据不应该被人为地修改或者删除，其中记录着系统所有的操作记录、所有的重要异常记录。通过这些记录可以如实反映系统的真实运行情况，并据此分析是否存在安全问题。如果可以人为修改，那么这个黑匣子数据可能就不可靠了，比如有人进行破坏活动，然后清除了记录，这就没有办法知道谁进行这次攻击。所以定期的安全审计，对安全日志进行分析，有助于识别系统的安全问题。

在如何保证系统安全问题上，不仅仅是设备供应商要提供足够的安全技术，用户也需要对安全问题给予足够的重视。因为整个安全体系中，用户是否对各种安全威胁有所了解，是否熟知安全应对技术，并做合理的部署非常重要。用户通常要制定系统安全策略，部署多层防护体系，并对系统定期进行审计，发现有任何安全相关的异常发生。比如用户需要考虑在 SDN 网络体系部署 DoS 攻击分析和防御体系，需要为控制器配置防火墙隔离，需要对周边通信实体部署安全协议，这样才能很好地保证系统安全。

另外，安全问题是一个攻击与防御的关系，攻击者攻击手段不断变化，相应的防御手段也需要不断地在实战中提升。过去的安全技术今天可能已经不安全了，比如DES加密的64位加密已经不再安全，已经存在技术很容易解密64位DES加密数据，现在需要部署128位加密才可以。今天的安全技术并不代表明天也安全。会不断有新的安全威胁出现，而供应商和用户必须一起面对这些新的安全威胁，设计安全技术来进行防御，所以安全问题也是在实践中不断进行经验积累、不断成长的过程。

【本章小结】

本章从安全角度分析了SDN网络架构下的SDN网络各个实体的安全威胁，建议可以考虑部署整网的安全分析系统，和SDN控制器一起形成最外围防御手段；对SDN控制器实体也进行了安全威胁和防御措施分析。SDN控制器的安全措施包括部署防火墙隔离以及物理隔离措施，针对周边通信实体进行通信源确认、身份认证、流量限制等手段进行防护。进而对SDN控制器内部进行了一定的安全问题和防御措施分析，包括采用安全加固的安全操作系统，到分布式中间件需要提供安全措施，到应用层的协议安全措施。

随后我们介绍了 SDN 控制器的其他一些安全措施，比如代码段只读、安全日志、安全审计等措施，并且介绍了为了确保SDN网络安全，网络运维人员需要进行安全策略制定，分析安全威胁，做好安全技术部署。

通过本章介绍的各种安全技术可以建立一套完整的 SDN 网络多层御体系：从整网的DoS，DDoS攻击防御、控制器级别的防御、控制器内部操作系统、分布式中间件应用程序等层面进行多层防御，这样可以有效的保护SDN控制器安全，使得SDN网络架构不至于因为安全问题而无法部署。

第8章 从现网演进到SDN网络

8.1 按业务实例混合组网

8.2 按业务混合组网

8.3 按网络设备混合组网

8.4 按自治系统混合组网

8.5 MPLS网络和Native IP网络向SDN演进：PCE+和RR+

8.6 按网络分层混合组网

8.7 跨域SDN网络方案

SDN 网络架构是对传统网络的一次重构。这次重构面临的已经是全球海量商用部署的分布式控制网络，这些网络已经在现网运行并提供业务，我们不可能一夜之间把现网全部升级为 SDN 网络，那么到底如何逐步地从现网迁移到 SDN 网络架构呢？本章介绍一些可能的方案。

首先，应该考虑在某些局部网络开始部署 SDN 网络，这些局部部署的 SDN 网络可能是新建立的网络，也可能是存量网络；然后当 SDN 技术逐渐成熟，会部署更多的 SDN 网络，最终完成全部存量网络向 SDN 网络的迁移。在逐渐部署 SDN 网络的过程中，为了保证现网能够顺利过渡到 SDN 网络，主要办法是采用混合组网方式来逐渐部署 SDN，解决一些现实的问题。在这种渐进的部署过程中，也在逐渐验证 SDN 网络架构的可行性，以及厂家提供 SDN 控制器的各方面质量属性是否达到大规模商用要求，同时要考虑不能影响现网业务。

一个存量网络升级到 SDN 网络的正常方法可以是在保持现网所有业务不动的情况下，逐渐地向网络中部署 SDN，基本的几个步骤如下。

第一步：向存量网络中部署 SDN 控制器，并把 SDN 控制器和转发器之间的连接关系建立起来，开始可能是仅仅使用这个 SDN 控制器进行一些网络观察，比如观察网络拓扑、观察网络状态数据。

第二步：试着让 SDN 控制器发挥一些作用，比如可以做一些试验性业务，由 SDN 控制器部署和管控这些业务，而保留所有现网业务，这样可以观察这些试验性业务对网络的影响，积累网络运行维护经验，验证 SDN 的可行性。

第三步：如果试验性业务运行一段时间后发现没有问题，可以考虑部署一些商用业务，此时仍然保持原来的网络业务在传统分布式网络上运行，但是已经有一些商用业务实例归属控制器管控。

第四步：当这些商用业务使用成熟后，可以考虑逐渐地把现网的分布式业务实例迁移到 SDN 控制器上面，最后可以全部迁移到控制器。这样就完成了现网业务到 SDN 网络的迁移。

整个迁移过程大致如图 8-1 所示。

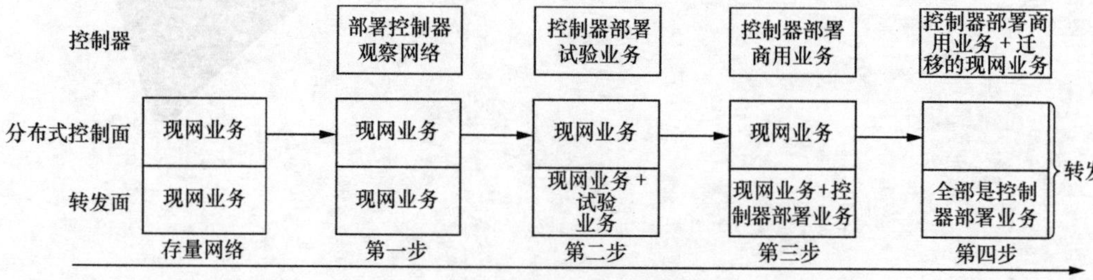

图 8-1　传统 IP 网络向 SDN 网络迁移步骤

当然，还存在另外一种形式的迁移，称为断代迁移。运营商可以在一些领域直接新建一个网络，这个网络可以直接采用 SDN 架构，这张网络可以是完全独立的，提供独立的业务，比如提供一些专线等服务。这种提供专线服务的网络可能就是一个孤岛网络，完全不需要和其他网络打交道。这种网络很简单，也不需要和其他网络进行互通，只是对外提供专线业务。一个例子如图 8-2 所示。

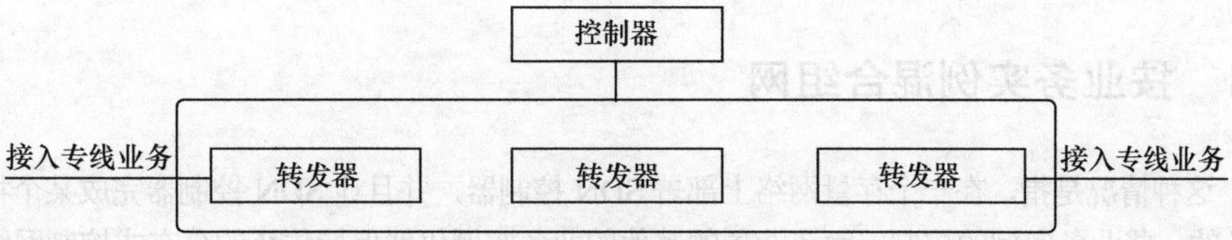

图 8-2　新建孤岛 SDN 网络示意图

这种情况下，新建网络是一张独立的 SDN 网络，一般不需要和现网进行对接和互通。但是这种网络仍然面临一个问题，如果接入业务非常复杂，比如不是专线业务，而是一些类似传统的 L3VPN 业务，那么问题就复杂了，此时就存在控制器要实现传统接入协议和传统网络进行协议对接的问题，需要考虑如何使 SDN 网络和现有网络进行协议互通。这种孤岛 SDN 网络和传统网络互通是演进方案必须要考虑的需求，SDN 需要考虑如何解决此类问题，才能支持这种场景。

下面针对运营商到底如何部署 SDN 网络给出各种可能的部署和迁移路径。如同我们介绍的，要做好迁移，通常要有一个分布式控制面和集中的 SDN 控制器并行运行在同一张网络上的过程，也就是需要网络能够支持 SDN 控制器和传统分布式网络的 hybrid 混合控制，这是在控制器设计过程中必须充分考虑的问题。基本迁移方案包括：

① 按业务实例混合组网（Service instance based hybrid）。某些业务实例由控制器集中控制，其他业务实例由传统网络控制。

② 按业务混合组网（Service based hybrid）。某种业务由控制器集中控制，其他业务由传统网络控制。

③ 按网络设备混合组网（Device based hybrid）。某些域内部分设备由控制器集中控制，域内其他设备仍然运行传统分布式控制协议。

④ 按自治系统混合组网（AS based hybrid）。某些自治系统由控制器集中控制，周边其他自治系统是传统分布式控制网络。

⑤ MPLS 网络和 Native IP 网络向 SDN 网络演进方案。这里会介绍 PCE+和 RR+如何解决现网 MPLS 网络和纯 IP 网络向 SDN 演进的问题。

⑥ 按网络分层混合组网（Network based hybrid）。是按虚拟网络进行控制，包括数据中心虚拟网络，WAN 网络的 iVPN 技术、SFC 业务链四层网络技术，仅仅针对这些虚拟网络进行 SDN 控制，基础物理网络仍然采用传统分布式控制。

⑦ SDN 跨域解决方案。除了考虑上述 SDN 网络的部署演进过程外，还要考虑一个未来SDN如何解决多域控制问题。当我们解决了一个单域的SDN网络部署问题后，最终需要解决多域网络如何实现 SDN。从这个角度上看跨域解决方案也算是现网向 SDN 网络迁移的一个环节，最终如果多域网络都采用了 SDN 网络架构，最终可以形成一个运营商可能在其整个网络就采用一套 SDN 控制器实现全网的整体管控，这套控制器内部可能是由一组控制器构成，逻辑上是一台控制器，物理部署上分层分域部署。

下面分别介绍以上各种迁移方法。

8.1　按业务实例混合组网

这种情况是指，在一个存量网络上部署 SDN 控制器，并且让 SDN 控制器完成某个特定业务的一些业务实例的控制，而该业务的其他的业务实例仍然保持传统的分布式控制网络进行控制。这是一种最基本的 Hybrid 迁移模式。下面以 L3VPN 为例说明，如图 8-3 所示。

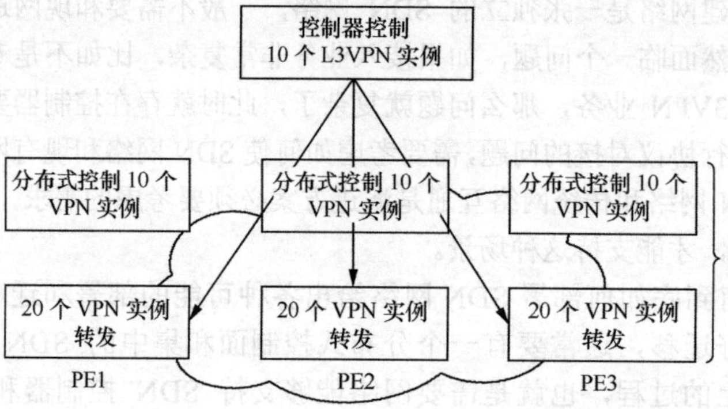

图 8-3　L3VPN Hybrid 部署方案

某个存量网络中原来部署了 10 个 VPN 实例，现在希望检验 SDN 控制器管控 VPN 的能力。于是可以在网络部署一个控制器，并通过控制器部署一些 L3VPN 实例。比如希望控制器控制 10 个新创建的 L3VPN 业务实例。这样做，未来可以在只修改控制器软件，而不用修改任何 PE（Provide Edge，运营商网络接入业务的路由器）软件的情况下，完成对控制器所控制的 VPN 业务的调整。比如，这些 VPN 网络内部的交换路径根据策略进行调整，或者根据 VPN 接入业务路由的选路规则调整。而分布式控制面控制的 VPN 如果要实现同样的调整，就必须修改转发器软件，通常由于接入业务 PE 是多厂家的，所以还需要一个定义标准并互通的过程，整体就比较漫长。这种对比体现了 SDN 网络架构的价值，很多业务调整可以通过修改 SDN 控制器软件来完成。一旦控制器可以成功管控 10 个 VPN，并且能够很好地运行，经过一段时间，就可以考虑把其他部署在分布式控制面上的 10 个 VPN 实例也逐步地迁移到控制器上，这样最终完成所有业务实例向 SDN 网络迁移的工作，然后就可以去掉下面的分布式控制面的各种协议，从而简化网络。

在并行控制过程中，两个控制面之间存在一些资源冲突问题。其中典型的资源冲突，比如控制器创建的 VPN 名字和 ID，与分布式控制面上已经存在的 VPN 名字和 ID 的冲突问题。也有类似标签资源的冲突，因为控制器为了业务处理需要为 VPN 的路由分配标签，分布式控制面也同样需要分配标签，但是标签空间是一个整体空间，各自独立分配肯定会冲突。这些资源冲突问题必须得到解决。有几种实现方法可以解决这个问题。一种方法是，可以通过资源分段方式，因为这些资源本质上是转发器自己的资源，所以转发器是该资源的分配中心，转发器可以通过配置，把部分资源分配给分布式控制面使用，把部分分配给控制器使用。但是这种方式不够灵活，比如控制器所需的资源不够用，而分布式控制面所用资源还有剩余时，而且这些资源在实际使用过程中又不是连续地分配，很难简单划出新的分段进行分配，导致有资源剩余也无法分配给另外一方使用的情况，总体资源利用效率低，调整困难。另外一个方法是，可以考虑这个资源统一由转发器分配，就是说控制器需要资源的时候向转发器申请，转发器有一个中心资源管理组件，无论分布式控制面还是控制器都从这里分配资源，这样就解决了资源冲突问题。但是如果这种资源申请非常频繁，控制器不断向转发器申请资源，会导致性能不好，一个有效的解决方案是控制器可以一次申请一个资源块，这样可以有效提升性能。

资源冲突主要分为两类。一类资源属于协议资源，比如标签资源。标签资源是由一个转发器分配给另外一个转发器的协议资源，在报文从一台转发器转发给另外一台转发器时，报文会携带这个标签，此类资源问题只能采用上面方法来解决。另外一类资源属于一台转发器本地资源，比如 VRF ID、接口 ID、隧道 ID 等，这些资源不是协议资源，也不需要其他转发器感知。此类资源冲突问题还有一个解决方法，就是使用两个资源空间，然后进行虚实映射，转发器最终使用的是本地的实空间，而控制器使用的是虚空间，在转发器建立虚实映射表，控制器下发表项中的资源 ID 在转发器进行一次虚实转换。这种解决本地资源冲突的方法称为资源虚拟化方法。这种方案可以很好解决转发器本地资源冲突问题，但不适用协议类资源分配问题。

还有其他资源冲突问题，比如带宽资源。分布式控制面试图占用一些带宽，而控制器也会使用这些带宽资源，如何处理此类带宽资源冲突问题同样需要慎重考虑。解决这种冲突问题的方案根据具体资源不同而不同。如果是带宽资源，因为分布式控制面是由 IGP TE 协议扩散这些资源状态的，控制器同样可以利用这个协议，和分布式控制面形成一个系统，控制器也是分布式控制面中的一个节点，并向分布式控制面扩散自己的 TEDB 信息，这样就类似完全采用传统分布式的方式进行资源预留处理了。当然，为了实现这个方式还需要一个序列化的分布式事务机制，解决数据一致性问题，不过传统分布式网络对此已经有比较成熟的解决方案，此处不再深入讨论。

另外，值得关注的是业务实例的具体迁移过程。迁移一个实例到控制器的过程，通常根据业务不同而不同，需要详细设计如何进行不间断业务迁移。如果允许短时间中断业务，那方案相对简单。因为可以直接在控制器上创建一个全新的业务实例，比如 L3VPN 实例，然后把那些接入业务接口和接入协议直接重新绑定到新的 L3VPN 实例，就可以实现业务迁移。而要做到不中断业务迁移，就需要比较复杂的过程。针对 L3VPN 的迁移，可以考虑在控制器创建一个新的业务实例，但是转发面的转发表使用原来的分布式控制面的那个 L3VPN 业务实例的转发表。此时这个转发表的数据还都是分布式控制面生成的，控制器并不生成转发表。然后，可以考虑在控制器上启动一个 BGP RR（BGP，路由反射器，当然也可以采用 MP-BGP RR，技术实现细节会稍有不同。控制器使用 BGP RR 是要把 VPN 路由直接作为私网路由传递给 PE，此时需要采用每 VPN 每标签方式，解决 VPN 标签分配问题；如果采用 MP-BGP RR，则可以采用类似每路由每标签方式），让转发器上所有的 VPN 路由都通过 RR 协议发布给控制器，这样控制器就获得了全部 VPN 路由。接着，控制器会生成这些 VPN 的路由数据下发到转发器，转发器使用控制器的路由数据覆盖原来的转发器分布式控制面的转发表数据。最后，转发器上的转发面关闭分布式控制面下发过来的路由数据。这样，通过部署 RR 技术以及使用相同 VRF 转发表实例，使得业务可以连续，整个迁移过程不会造成业务中断。这里仅仅是一个业务实例，每种业务可能需要单独考虑如何进行不间断业务的迁移。这种不间断业务迁移可以认为是一种在线业务搬迁技术，整体过程如图 8-4 所示。

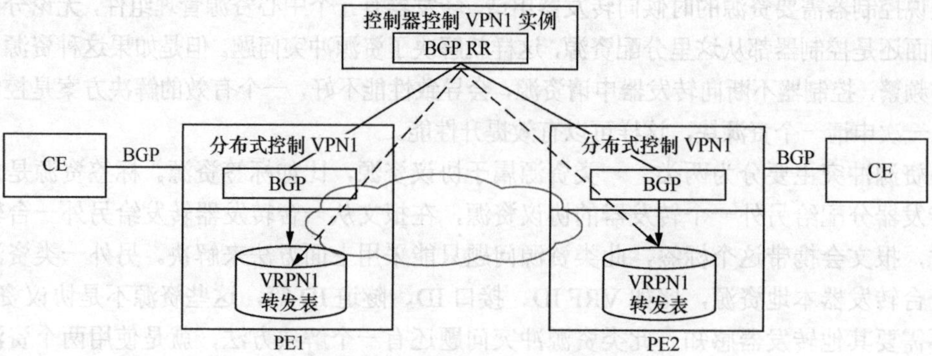

图 8-4 在线业务搬迁过程示意图

这种技术解决了接入 VPN 路由的处理，当然还需要处理内部交换路径向 SDN 网络迁移问题。内部路径迁移相对比较容易，可以采用类似 OpenFlow、PCE、PCE+等技术在控制器上部署集中路径计算模块，直接实现内部路径调整。而内部路径切换过程可以采用 make-before-broken 技术，就是先建立一个路径，然后把业务倒换到这个新路径上，这样就不会因为内部路径切换导致丢包问题。

针对特定业务都需要考虑如何进行此类业务在线搬迁（Inline Service Migration），通常方法可能各不相同，但是基本原理都差不多。一个业务实例从传统网络向 SDN 网络迁移的技术是所有平滑迁移的基础，所以作为一个控制器供应商，提供的解决方案应该充分考虑现网的各种业务实例如何向 SDN 网络平滑迁移。

8.2 按业务混合组网

这种迁移方式中的“业务”是指 IPv6 业务、组播业务、L3VPN 业务等。这种按业务混合组网方式是指在网络中部署控制器对特定业务进行集中控制，比如对组播业务进行集中控制，其他业务仍然保持分布式网络控制。那么整个过程和上面描述的基于业务实例方式的 Hybrid 迁移方案很像，控制器可以先对特定业务进行控制，当这个业务比较成熟后，再逐渐把其他业务迁移到控制器。每个业务迁移到控制器的过程都可以采用上面基于业务实例方式的 Hybrid 进行迁移。这种按业务混合组网的方式如图 8-5 所示。

图 8-5 中例子的基本思路是把组播业务由控制器控制，其他业务在分布式控制面控制。这样做可以充分积累在 SDN 网络下的网络运行维护经验，并且一些传统分布式网络业务比较成熟，也可以先不急于迁移到 SDN 网络，未来可以按需逐步地迁移到控制器管控。

把哪些业务先集中控制呢？可以考虑优先把一些新业务、变化多的业务进行集中控制。因为这些业务多变，只要通过控制器实现，以后就容易支持新业务的快速开发、上线、验证能力了，充分享受 SDN 网络带来的好处。比如现在还出现一种 Segment Routing（SR）技术，如果把这个特性在控制器上实现，就会使整个方案变得非常简单。因为不需要扩展网络的 IGP 就可以实现该技术，直接通过控制器下发 Segment Routing 路由就可以。另外，由各种策略变化导致 SR 的需求变化很容易通过升级 SDN 控制器软件程序来快速实现和增加验证，因为不需要等待标准了；而 IETF 的 SR 工作组正在制定的 SR 草案，则需要修改现网的 IGP 才能支持 SR。当然，IETF 定义的是传统的分布式网络实现方案，IETF 给出的方案和控制器实现 SR 相比复杂很多。控制器实现 SR 根本不需要扩展 IGP，这样简化了网络协议，也可以快速实现和验证 SR 特性，详细的 SR 技术读者可以自行参考 IETF 草案。

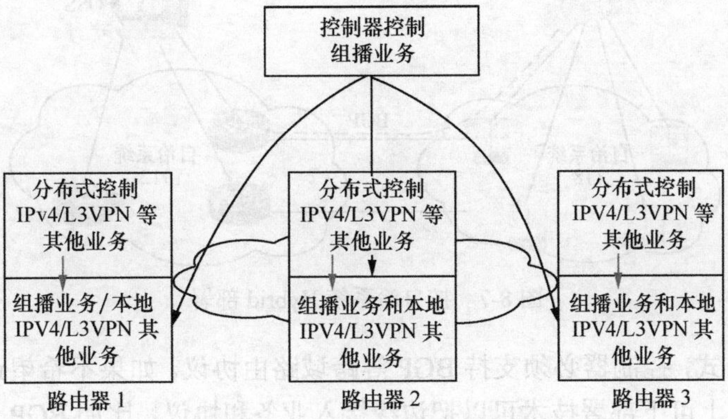

图 8-5　按业务 Hybrid 部署

8.3　按网络设备混合组网

这种模式下，一个自治系统的一部分设备归属控制器控制，其他设备由分布式控制面控制，基本模型如图 8-6 所示。

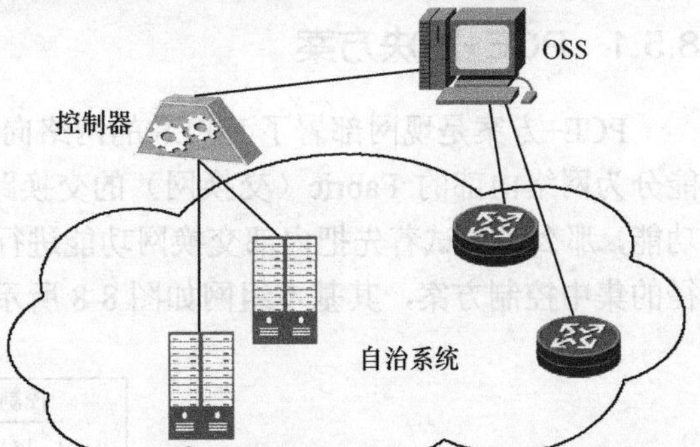

图 8-6　按网络设备 Hybrid 部署

在这种模式下，部分路由器归属控制器控制，部分路由器归属传统的分布式控制面控制，并由 OSS 负责业务管理。那么部署一个涉及整网的业务，就需要 OSS 同时分发给控制器和路由器设备。这种情况要求控制器实现所有的域内通信协议，以便能够和传统分布式网络域内协议互通，这些协议包括 LDP、RSVP、MBGP、PIM 等。这样整体的系统复杂度急剧上升，并且由于实现一个网络业务，必须同时在分布式控制面实现业务，也需要控制器实现业务，就不支持快速业务创新了，也不会使网络得到简化，反而变得更加复杂，所以不推荐这种混合组网方案。

8.4　按自治系统混合组网

在这种组网中，把一个自治系统部署 SDN 控制器进行集中控制，而其他周边自治系统网络仍然保持分布式控制的传统网络，那么 SDN 网络就可以通过域间协议（比如 BGP

路由协议）和周边传统网络进行互通，而域内的所有业务都可以由 SDN 控制器控制。同时，控制器所控制的网络内部的很多域内协议，如 LDP、RSVP、MBGP、PIM、ISIS6、OSPFV3 等都可以不用部署了。因为域内的路径计算都是由集中的控制器完成的，而边缘接入业务也是由控制器完成的。图 8-7 是该组网方式的示意图。

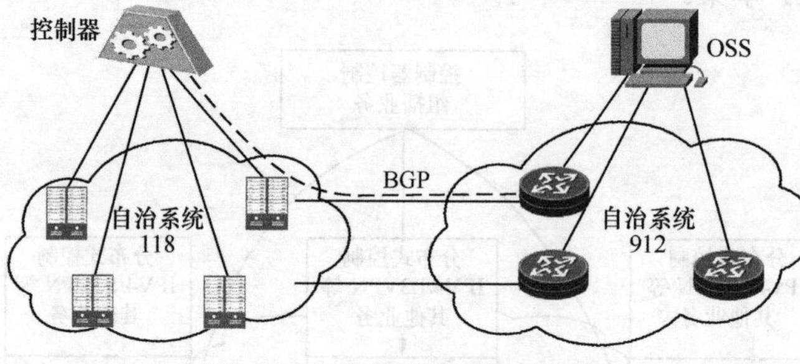

图 8-7 按自治系统 Hybrid 部署

这种组网方式，控制器必须支持 BGP 等跨域路由协议。如果不希望路由协议运行在控制器，一种可上可下部署技术可以把边缘接入业务和协议，比如 BGP、VPN 业务，仍然部署在转发器由分布式控制面控制，而仅仅把一个自治系统内部的域内交换路径集中在控制器实现。这种可上可下部署也是一种过渡方案，具有非常大的实用价值。

8.5 MPLS 网络和 Native IP 网络向 SDN 演进：PCE+和 RR+

8.5.1 PCE+解决方案

PCE+方案是现网部署了 MPLS 的网络向 SDN 网络迁移的一个方案。如果把网络功能分为网络内部的 Fabric（交换网）的交换路径的计算和网络边缘接入业务的处理两个功能，那么可以试着先把内部交换网功能进行集中控制。PCE+是一个典型的域内交换路径的集中控制方案，其基本组网如图 8-8 所示。

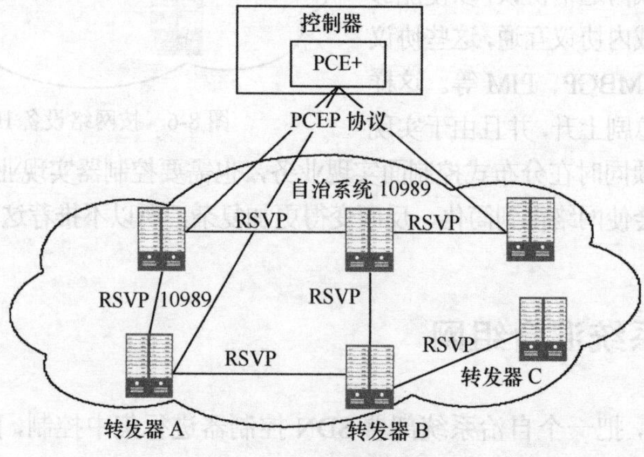

图 8-8 PCE+解决方案

这个方案通常适用于网络已经部署了 MPLS 的网络。下面先介绍 PCE 如何进行集中域内路径的计算。如图 8-8 所示，控制器需要和承担边缘接入业务的转发器建立 PCEP 协议。如果需要建立一个从路由器 A 到路由器 C 的 100Mbit/s 带宽的隧道，那么路由器 A 把隧道请求通过 PCEP 协议发送给控制器，控制器计算出来的路径是 A—B—C 这条路，然后控制器告诉路由器 A，路由器 A 就利用 RSVP 协议建立起一个经过 A—B—C 路径带宽为 100Mbit/s 的隧道供给业务使用。而边缘接入业务处理，比如 L2VPN、L3VPN 等业务，都没有集中到控制器进行控制，仍然采用分布式控制面进行处理，并且在转发器本地把这些业务路由迭代到上面由控制器采用 PCE 计算生成的、并由本地 RSVP 创建的那个 A—B—C 的隧道。这种把路径计算集中到控制器计算的方法，可以有效地解决路径计算策略的复杂性和多变性问题，但是方案中路径建立仍然采用 RSVP，而 RSVP 扩展性有严重问题，其软状态的基因导致无法建立大规模隧道，所以这个 PCE 方案仍然有需要改进的地方，需要改进的就是如何去掉 RSVP。而去掉 RSVP 的 PCE 方案就是我们所说的 PCE+方案。另外一种去掉 RSVP 的技术是上面提到的 Segment Routing 技术，读者可以自行参阅 IETF 的标准文件，本书不做展开介绍了。

PCE+是 PCE 的一种增强。去掉 RSVP 的方法其实很简单，就是目前 IETF 标准组织讨论的 PCECC 草案，这个草案直接去掉了 RSVP。PCECC 的工作原理如图 8-9 所示。

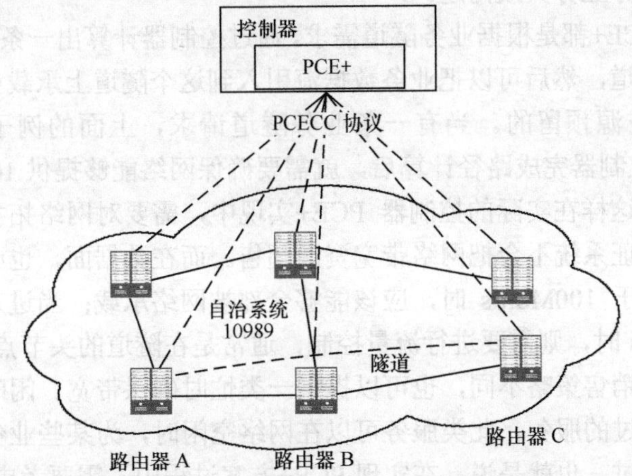

图 8-9 控制器和每台转发器（路由器）都建立 PCECC 协议连接

控制器和每台转发器都建立了 PCECC 协议连接，该协议是 PCEP 协议的一个扩展。控制器不仅计算隧道路径，还给转发器分配标签，并通过 PCECC 协议直接把标签交换路径 LSP 下发给路径上的每个设备，这样 RSVP 也就不需要了。关于这样创建的 LSP 的维护监控问题，简单地部署各种 OAM（比如 BFD 或者 TPOAM）进行状态监控就可以。当监控到 LSP 出现故障时，可以通报给控制器，控制器进行重新计算。除了 PCECC 协议规定的 PCEP 扩展协议方式下发 LSP 路径信息外，也可以直接通过类似 OpenFlow、Netconf 等协议直接操控转发器来完成 LSP 的创建。PCE+方案去除了 RSVP，避免 RSVP 带来的问题，解决了大规模扩展问题。在 PCE+方案下，边界接入业务并不需要集中到控制器处理，控制器仅仅完成域内 MPLS 交换路径的计算、路径的构建、监控和控制。

在上面讨论的 PCE+方案中，隧道业务配置在转发器，然后由转发器向控制器请求隧道计算。这种方式使用起来并不方便，也不符合 SDN 控制器理念。SDN 网络的理念是自上而下控制，所以不希望在路由器上配置隧道，然后反向托管到控制器，而是希望给控制器下发一个创建路由器 A 到路由器 C 的 100Mbit/s 带宽隧道的命令。此时，需要控制器根据网络拓扑信息计算出满足需求的隧道路径，并直接把隧道转发表信息下发到路由器。下发隧道转发信息的方式当然还是前面讨论的两种：通过普通 PCEP 协议通知隧道头节点 A，在网络内部采用 RSVP 建立到 C 的路径；或者，采用 PCECC 协议、Netconf 协议、OpenFlow 协议等，直接给隧道路径上的转发器下发转发表信息。这种自上而下的控制才符合 SDN 理念，而 PCE 的一个草案叫作 draft-ietf-pce-pce-initiated-lsp-02 就定义了这种行为。

另外，本书第 1 章讨论过关于业务路径全局重优化功能，来解决因为业务时序问题导致部分业务无法建立的问题，也可以通过 PCE+方案来解决。为了能够进行全局重优化计算，控制器除了需要收集网络拓扑信息（含有 TEDB 信息，即流量工程信息）外，还必须有全部的业务请求信息，才能正确地进行全局业务路径优化计算。标准组织目前讨论的一个草案 draft-ietf-pce-stateful-pce-10 中，定义了如何收集全部的业务请求。通过这个草案增强，PCE+可以对所有业务路径进行一次性计算，解决第 1 章描述的因为业务请求时序带来的部分业务失败问题。

前面讨论的 PCE+都是根据业务隧道需求，通过控制器计算出一条满足需求的 TE 路径，并生成 TE 隧道，然后可以把业务数据流引入到这个隧道上承载业务。这种方案的基本思路是基于资源预留的。当有一条业务隧道请求，上面的例子中，A—C 需要 100Mbit/s 带宽，控制器完成路径计算后，就需要确保网络能够提供 100Mbit/s 带宽分配给这个隧道使用。这样在实际的控制器 PCE+实现中，需要对网络拓扑中的剩余带宽信息进行管理，以保证系统不会把网络带宽资源超售。而在数据面，也必须保证进入这条隧道的业务流量小于 100Mbit/s 时，应该能够全部被网络承载；当进入这条隧道的业务流量大于 100Mbit/s 时，则需要进行流量控制，通常是在隧道的头节点进行 CAR 流控。当然，根据网络的销售策略不同，也可以提供一类忙时确保带宽、闲时可以有超过隧道预订带宽的流量通过的服务。此类服务可以在网络空闲时，为某些业务提供超过预订带宽的速率的流量通过，也就是说，在实现 PCE+方案过程中，需要考虑 QoS 服务问题。

在实际的 PCE+解决方案中，还会有一类需求——利用 PCE+进行网络流量路径实时动态调整。此类需求是为了解决网络上最短路径流量拥塞而一些非最短路径上带宽却大量空闲的场景，并且需要根据网络的实时流量信息进行动态实时调整流量，这样整体的控制器 PCE+的实现方案中，就会包含如图 8-10 所示的功能部件。

控制器需要采集网络实时流量信息：每条链路上的带宽利用率情况，同时还需要分析网络中的实时流量矩阵数据，甚至要分析一些大象流（比较稳定的大流量报文流）信息，并把它们存储在网络实时性能分析数据模块。控制器会接受用户的一些策略输入，比如，当链路带宽利用率达到某个门限时开始启动流量路径调整计算。这样，控制器的实时路径计算算法根据网络的拓扑情况、网络实时性能分析数据、用户策略、LSPDB 等数据，可以实时对网络流量路径进行调整，达到用户期望的效果。这种解决方案可以解决网络部分链路拥塞丢包而其他链路大量空闲的问题。

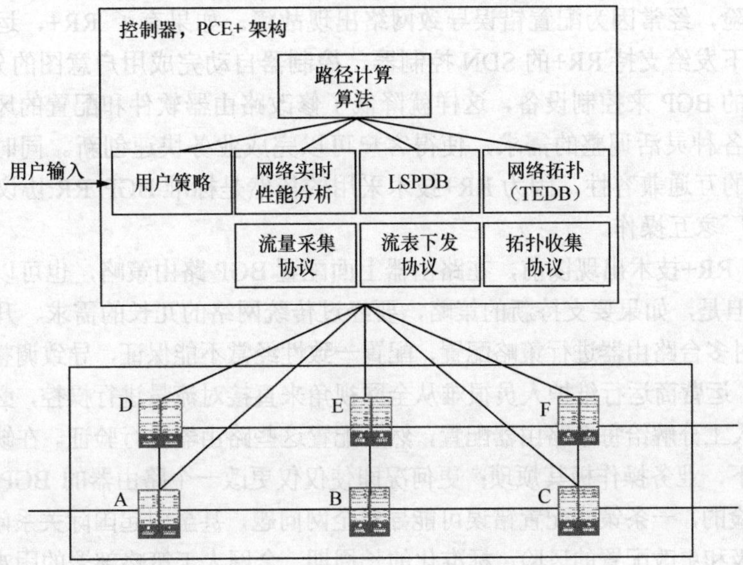

图 8-10　SDN 网络 PCE+流量调整架构

8.5.2　SDN RR+解决方案

上面介绍了利用 PCE+方案将 MPLS 网络向 SDN 网络迁移的过程，而另外一种形式的网络迁移是网络并没有部署 MPLS，而是仅仅部署了 IP 网络，该如何通过 SDN 网络来实施对 IP 网络的路径集中控制呢？一种可行的办法是引入 RR+方案，RR+是指 BGP RR+方案。RR（Route Reflect，路由反射器）在传统网络已经广泛使用，不过通常是部署在路由器内运行。现在的方案是，把 RR 部署在控制器运行，同时利用 RR 机制进行一定的功能扩展，解决域内和域间的 IP 路由灵活调整能力，由此能够灵活控制流量如何进入运营商网络以及如何流出运营商网络，以及在域内流量路径该如何走。完成了这种功能扩展的 RR 叫作 RR+。RR+首先保留了所有的 RR 能力，可以简单当作 RR，同时还增加了很多 RR 没有的功能，比如增加了灵活的 BGP 策略集中到 SDN 控制器计算，完成各种流量调整功能。

运营商因为各种原因希望自己能够快速灵活地调整域间流量。比如，一个运营商接入到其他几家运营商网络，尤其是一些小的运营商会接入到全球 TIER1 运营商（指全球 Internet 网络上的顶级网络运营商，他们提供全网骨干网互联服务）服务网络。那么这个运营商和这些 TIER 1 运营商之间的结算费用方式不同，导致这个运营商可能希望把流量优先经过某个费用便宜的 TIER1 运营商。另外一个需求是运营商观察到域间的某些路径上面业务流量很大，但是其他域间路径上流量比较小，那么希望能够把流量进行均衡，使得每个路径都能应对突发的流量冲击；也有运营商希望对使用其网络服务的其他企业（比如 OTT）提供一些 VIP 服务，让这些企业的网络流量优先走一些服务质量好的路径。这些都是 IP 网络的域间路径调整策略需求。而域内的 IP 路径调整大部分时候是因为解决链路流量不均衡问题，希望提高整网的业务吞吐率。总之，运营商可能出于各种需求希望能够有一个快速灵活调整域间、域内流量走向的方法，并且不希望频繁升级路由器软件，也不希望在路由器上进行各种策略配置操作。因为每次对路由器软件升级，不仅工程耗时耗力，还存在很大风险；更改配置也是一样的，存在很大风险，经常因为配置错误导致网络出现故障。如果有了 RR+，运营商只要把自己的需求下发给支持 RR+的 SDN 控制器，控制器自动完成用户意图的分析和计算，并通过标准的 BGP 来控制设备，这样就降低了修改路由器软件和配置的风险，同时满足了用户的各种灵活调整的需求，使得客户可以完成业务快速创新。同时，RR+技术路由有良好的互通兼容性，因为 RR+技术采用的依然是标准 BGP RR 协议，可以直接支持现网多厂家互操作。

在 SDN RR+技术出现以前，在路由器上面配置 BGP 路由策略，也可以实现一部分策略控制。但是，如果要支持新的策略，要经过传统网络的冗长的需求、升级设备等过程。另外，对多台路由器进行策略配置，配置一致性经常不能保证，导致调整过程中业务出错。而且，运营商运行维护人员很难从全网视角来直接对流量进行操控，必须先确定需求，再逐渐人工分解给每个路由器配置，然后配置这些路由器进行验证。在缺乏一个全网视角的情况下，业务操作极其烦琐；更何况即使仅仅更改一个路由器的 BGP 策略，也是要冒很大风险的，一条策略配置错误可能导致全网问题，甚至引起国际关系问题。值得庆幸的是，升级和更改配置的风险、标准化的长周期、全网人工策略部署的困难，在采用了 SDN 的 RR+方案后基本都可以解决。RR+方案使得传统 Natvie IP 网络可以向 SDN 网络演进，在原来的传统 BGP 网络中，叠加一个 SDN 控制器，在 SDN 控制器上面启动 RR+功能，通过 RR+对用户关心的流量进行调控，其他流量则保持原来的分布式网络路由方案。这种在现网上面叠加一层控制的好处还在于，如果 SDN 控制器调整的路由出现问题，比如 RR+计算路由出现错误，运行维护人员很容易就能够回退到传统的分布式网络。

下面介绍 RR+技术的总体原理（如图 8-11 所示）。

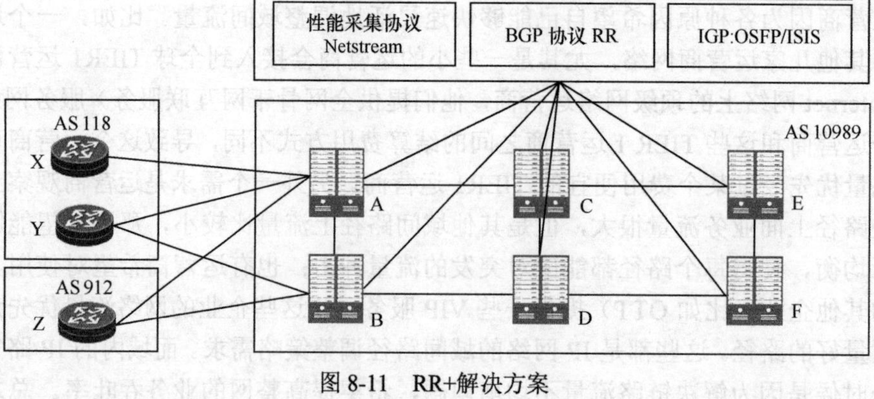

图 8-11　RR+解决方案

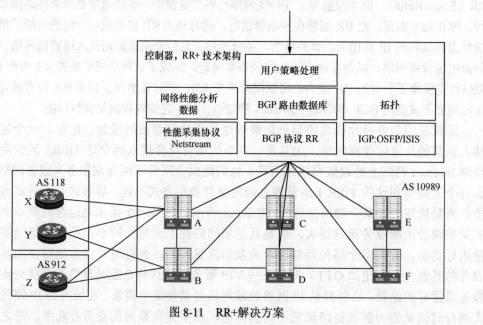

图中有 AS 10989，AS 118，AS 912 三个自治系统。以 AS 10989 为例，在这个自治系统叠加了一个 SDN 控制器，并部署 RR+。未叠加控制器的时候，这三个自治系统是

正常工作的，AS 10989 和 AS 118 之间有三个 EBGP 邻居，分别是路由器 A 和路由器 X、路由器 A 和路由器 Y、路由器 B 和路由器 Y。

而 AS 10989 和 AS 912 之间有两个 EBGP 邻居，分别是路由器 A 和路由器 Z、路由器 B 和路由器 Z。

而在 AS 10989 内，可以建立一个全互联的 IBGP，也可以部署一个传统的 RR，这样就不用建立全互联的 IBGP，只要域内每个节点都和 RR 建立连接关系就可以了。上面就是传统的组网和 BGP 邻居关系。

增加控制器之后，让控制器和下面的 AS 10989 的每个路由器建立一个 IBGP 连接，控制器作为 RR 服务器。通过这个 IBGP 连接，控制器可以完成两个方面的功能，一个方面是可以收集所有的 BGP 路由数据，另外一个方面是可以通过这个 IBGP 连接作为南向协议下发需要调整的 IP 路由。控制器还需要收集网络的拓扑数据，这通常需要控制器和下面运行的一个 IGP 和现网的 IGP 进行互通，现网部署了 OSPF 或者 ISIS，那么控制器就和网络建立一个 OSPF 或者 ISIS 的协议邻居，负责收集拓扑；当然也可以采用类似 BGP LS 路由协议从转发器收集拓朴。为了进行流量调整，还需要一个网络性能分析部件，这个网络性能分析部件会和网络建立一个数据采集协议，比如 Netstream，这样就可以采集并分析网络流量情况了。这个方案中的网络性能分析部件也可以带外部署，单独部署一个性能采集分析器，负责采集数据并把分析结果输入给控制器。这样，控制器就拥有了 BGP 路由数据、拓扑数据、网络性能分析数据三种网络数据。接下来，用户还会通过北向接口输入用户策略，结合起来一共有 4 种数据。RR+的策略处理程序可以根据三种网络数据和用户策略进行计算和处理，生成路由调整结果，通过 BGP RR 反射给对应的路由器；路由器收到控制器反射过来的路由，就可以本地选路并使这些路由生效。于是 IP 路由发生了变化，流量所流过的路径也发生了变化。这就是 RR+的基本工作原理。

上面介绍的 RR+基本原理，控制器上的用户策略处理模块的需求是最多变的，因为每个运营商都有各自的各种各样的策略控制需求。另外的拓扑数据、BGP 路由数据、网络流量数据三个网络数据都是网络资源数据，仅仅随网络状态变化，通常使用路由协议来学习和收集。最重要的是，如果说用户策略处理模块生成了路由，控制器到底如何影响转发器改变转发路由的呢？这是需要重点介绍的。前面说过采用 RR+技术的一个好处是兼容现网的 BGP 实现，就是说不用修改现网 BGP 的实现，也不用升级现网设备，就可以完成控制。下面介绍几种路由控制方法。

① 域内路径控制技术。

② 进入自治系统的入口流量控制技术。

③ 离开自治系统的出口流量控制技术。

1. RR+域内路径控制技术

RR+域内路径控制技术是采用 RR+来实现网络内部的 IP 路径控制技术。这个部分介绍如何实现 IBGP 域内路径调整。RR+域内路径控制技术原理如图 8-12 所示。

假定 AS 912 内有一个 IP 子网，地址为 28.6.55.0/24，那么这个前缀会发送给路由器 A 和 B。传统地正常地实现，路由器 A 和 B 会给所有域内路由器发送一个路由，如果不更改下一跳，那么路由大概就是：

```
IP prefix =28.6.55.0/24 BGP nexthop =Z, …
```

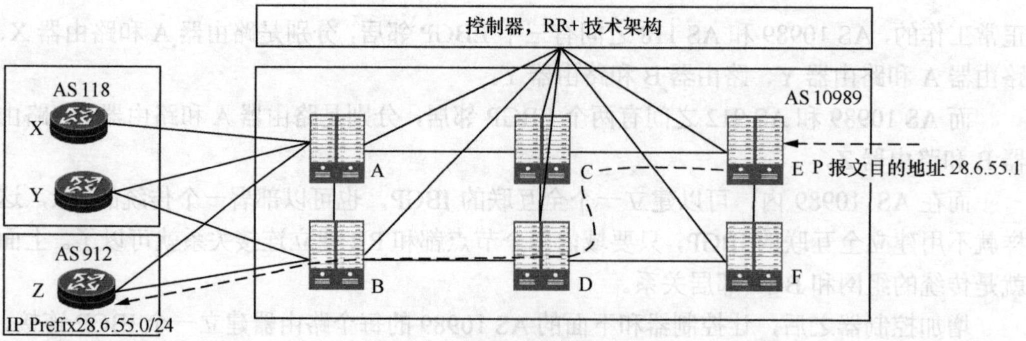

图 8-12 域内路径控制技术

这样域内每台路由器会根据 BGP 的选路规则，通常就是最短路径转发，比如：

E 会选择从 E—C—A—Z
F 会选择从 F—D—B—Z

在 SDN 的 RR+方案中，由于用户的某种需求，控制器计算出来认为从 E 进入的报文的目的地址属于 28.6.55.0/24 时，希望走的路径为 E—C—D—B—Z。那么控制器该如何通过 IBGP 达到让报文走这个指定路径的呢？就是利用更改 BGP 下一跳的方法来完成，控制器分别会给 E、C、D 反射如下的路由器。

给 E 反射的路由：IP prefix =28.6.55.0/24 BGP nexthop =C，…
给 C 反射的路由：IP prefix =28.6.55.0/24 BGP nexthop =D，…
给 D 反射的路由：IP prefix =28.6.55.0/24 BGP nexthop =B，…

经过这样的过程之后，路由器 E、C、D 本地 BGP 选路并迭代 IGP 路由时，就直接迭代到了它们直接相连的那个路由器上。于是，这些路由器的路由是：

E 的路由：IP prefix =28.6.55.0/24 nexthop =C，out Interface=EC

EC 是路由器 E 连接到 C 的接口，表示方法下同

C 的路由：IP prefix =28.6.55.0/24 nexthop =D，out Interface=CD
D 的路由：IP prefix =28.6.55.0/24 nexthop =B，out Interface=DB

这样报文一旦进入 E，就会根据 E—C—D—B 的路径转发出去。

上面的路由方式有着细微的差别，一个是 BGP Nexthop，一个是 Nexthop。前面的是 BGP 路由下一跳，是一个路由器的 BGP 发送给 BGP 邻居，告诉 BGP 邻居路由器自己可以到达某个子网，比如路由器 A 可以告诉其他 BGP 邻居（比如路由器 E）自己可以到达 28.6.55.0/24 子网，于是把 BGP 下一跳设置为路由器 A 的 IP 地址就可以了。不能用一个 BGP 下一跳作为实际转发的下一跳，因为这些路由器之间可能不是直接相连的，无法转发，转发基本原理是必须找到这个报文需要送交的直接下一跳邻居，而路由器 A 和 E 中间还有一个 C，E 是没有办法把 A 的地址作为实际转发下一跳的。路由器 E 转发需要使用真实下一跳，比如还是路由器 E，它的一条路由 28.6.55.0/24 的下一跳（或者 IGP 下一跳，转发下一跳）是 C，并且安装到转发表了，那么 E 就可以把去往这个网段的报文通过查找转发表，发现应该送给 C，路由器 E 就会把报文转发给 C，这里的下一跳必须是直接邻居才行。而路由器的路由计算必须完成路由的 BGP 的下一跳到转发下一跳的计算，这个过程叫作路由迭代，而其基本方法就是拿 BGP 传递过来的一条路由里面的 BGP 下一

跳地址，比如是路由器 A 的地址，在 IGP 路由表中去查找如何到达 A，比如 E 发现 IGP 路由器中通过 C 可以到达 A，于是就把这个路由的直接下一跳修改为 C。过程总结如下。

路由器 E 收到一个从 A 过来的 BGP 路由：

```
IP prefix =28.6.55.0/24 BGP nexthop =A …
```

然后路由器 E 中的 IGP 路由学习到了：

```
IP addr=A nexthop =C Out Interface = EC
```

于是路由器 E 就迭代生成了最后的路由：

```
IP prefix =28.6.55.0/24    nexthop =C Out Interface = EC
```

而上面路由器 A 发给路由器 E 的 BGP 路由可以不修改 BGP 下一跳为自己，也可以修改，保持原来的 BGP 下一跳 Z。根据实际组网可以选择是否要修改，如果不修改，那么在 AS 10989 内就必须有路由器 Z 的 IGP 路由，才能成功迭代。

上面正是利用了改变下一跳技术来完成域内的 IP 显示路径建立的，通过 BGP RR+来完成一个 IP 显示路径的转发过程。这个过程中，转发器也就是路由器的转发行为都和以前传统网络一样，但是结果是路由器实际生成的路由根据控制器下发过来的转发路径进行转发了，达到按照显示路径转发的效果。RR+的最核心原理就是试图通过控制器运行的 BGP 的 RR，来直接影响转发器的 IP 路由，从而提高控制器直接控制转发器的 IP 路由表的能力，以达到控制 IP 报文转发路径的目的。

上面转发过程中存在一个现象：一旦生成这样的显式路径，对于同一个目的前缀（比如 28.6.55.0/24）在域内不能建立两条相交的显式路径，因为一旦两条路径相交，比如相交于路由器 C，那么从 C 向后的转发路径一定是 C—D—B，无法分开，这种现象叫作 RR+的流汇聚现象。本来流汇聚现象是一种正常的现象，在 IP 网络中，采用 IP 转发都会有这种流汇聚，但是 RR+试图建立很多显式路径，比如有一条路是从 E 进入的目的地址为 28.6.55.0/24，另外一条显式路径是为从 F 进入的目的地址为 28.6.55.0/24 的，那么两条路径一旦相交就不能分离，在不使用隧道技术帮助下，这种问题是无法解决的，在流量调整算法中需要注意这种问题。

当选择改变下一跳，控制器给转发器（路由器）发送的修改后的 BGP 下一跳最好选择是邻居路由器的连接接口地址，比如，给路由器 E 下发的 BGP 下一跳地址为路由器 C 的接口 CE（C 上连接 E 的接口是 CE）地址，这样，当 CE 接口故障，选择的显式路径会直接失效，路由器 E 会重新选择传统分布式控制面的 BGP 路由，而此时控制器感知这个故障会重新计算显示路径，以达到原来调整路径的目的。

RR+域内 IP 显式路径的控制还有一个有趣的应用，如果希望在网络上启动 MPLS TE 功能，前面讨论过的 PCE+是合适的方案，但是，如果能够对 IP 进行显式路径，并且 LDP 的 LSP 生成是依赖 IP 路由的，基于这个 IP 显式路径技术，为这些显式路径的 IP 使能 LDP 分配标签，就获得了一个和 IP 显式路径相同路径的 MPLS 交换路径，这个显式路径就是一个非最短路径的 TE 流量工程路径了。当然，还是推荐 PCE+解决 MPLS 网络向 SDN 演进。

2. 进入自治系统的入口流量控制技术

进入自治系统的入口流量控制技术是一个自治系统希望进入这个自治系统的流量能够以受控方式进入，可以从特定的接口或者特定自治系统进入。图 8-13 所示为进入自治系统的入口流量控制技术。

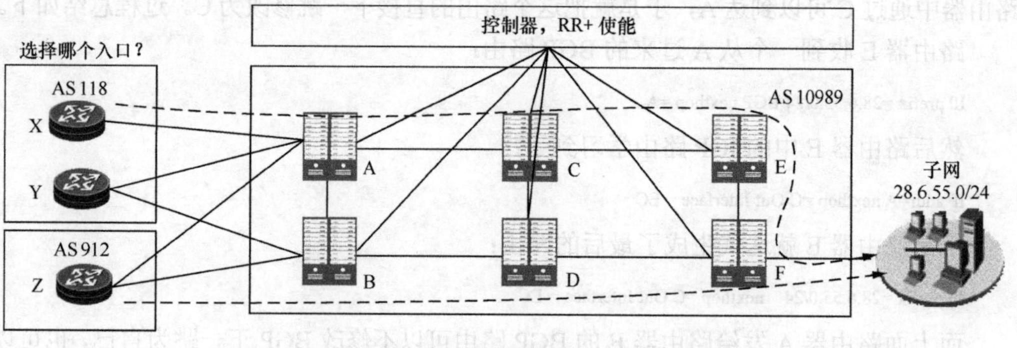

图 8-13　进入自治系统的入口流量控制技术

控制器控制的自治系统是 AS 10989，目标是能够控制去往子网 28.6.55/24 的流量是从自治系统 AS 118 还是从自治系统 AS 912 进入，而且还要控制是从哪个接口或者邻居进入 AS 10989，比如可能希望流量从 AS 118 的 X 路由器的 XA 接口进入 AS 10899。

可以分解出两个基本场景，第一个场景是从对端同一个自治系统引导流量的情况，如图 8-14 所示。

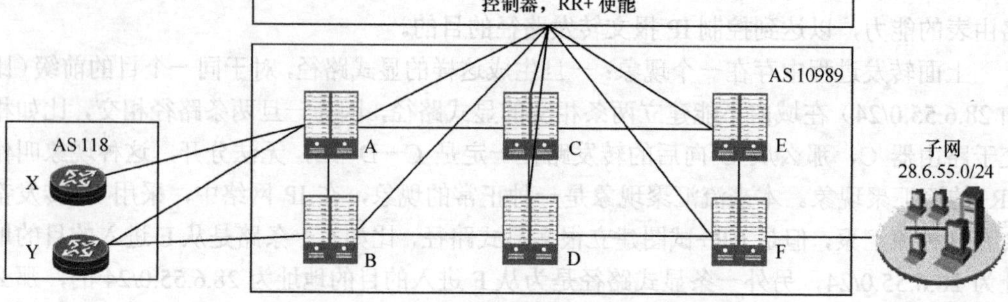

图 8-14　从对端同一个自治系统引导流量

希望控制从 AS 118 去往子网 28.6.55.0/24 的流量能够走特定接口进入 AS 10989，比如可能希望流量走路由器 Y 的 YA 接口进入路由器 A，这种场景因为内部有两台路由器 A 和 B，三个接口 XA、YA、YB，流量可以走任何接口进入控制的自治系统 AS 10989，但是有时客户希望能够控制这种流量进入自治系统的路径，一种基本方法就是采用传统 BGP 的团体属性+路由器策略来进行控制。

先在路由器 A 和路由器 B 上配置路由策略，比如，路由器 A 上面路由策略是包括 A 和 X 的 BGP 邻居策略，A 和 Y 的 BGP 邻居策略如下。

A 和 X 的 BGP 邻居上配置路由策略：

```
Match CommunityCOM-AX set MED 50，//参数 50 是要设置的 MED 值，假定所有的默认的 MED 都是 5000，数小的会被邻居优选，这里 COM-AX 是团体属性名字，是个参数值
```

A 和 Y 的 BGP 邻居配置路由策略：

```
Match CommunityCOM-AY set MED 50
```

在 B 和 Y 的 BGP 邻居配置路由策略：

```
Match CommunityCOM- BY set MED 50
```

这条配置命令的意思是，在某条发送给某个 BGP 邻居的路由中，如果匹配到团体属性值，则把其 MED 设置为要求的 50。MED 的作用是对端邻居就是 AS 118 中的 X 和 Y 收到路由会根据 MED 的值进行选路，比如正常的一条路由 MED 的默认值是 5000，但是如果一个邻居发过来的路由指示这条路由 MED 是 50，于是 X 和 Y 会选择 MED 为 50 的那个邻居发送流量。上面的这些配置是预先配置在路由器 A 和 B 上面的，并且是一次性配置的。

然后，控制器根据用户策略需求和网络状态需求，会计算出希望去往 28.6.55.0/24 的流量要走路由器 Y 到路由器 A，从接口 AY（路由器 A 上连接路由器 Y 的接口）进入自治系统 10989，控制器可以通过 RR 向路由器 A 反射路由：

```
IP prefix 28.6.55.0/24 community COM-AY
```

这样路由器 A 会在发送路由 28.6.55.0/24 给 Y 时进行出口策略匹配，发现正好匹配了前面配置的 COM-AY，于是把这条路由的 MED 设置为 50。路由器 A 在给 X 发送 28.6.55.0/24 路由时，由于没有匹配到 COM-AY，所以什么也不做；而路由器 B 也是一样，控制器并没有发送带有团体属性 COM-BY 的路由给 B，所以 B 也是以默认 MED 发送路由 28.6.55.0/24 给路由器 Y。于是对于 AS 118 中的路由器 X 和路由器 Y，它们发现前缀 28.6.55.0/24 从路由器 Y 到路由器 A 的 MED 最小，就会选择从 Y 到 A 把流量转发进入 AS 10989。同样道理，如果希望流量从 AX 进入，只要控制器给路由器 A 反射路由：

```
IP prefix 28.6.55.0/24 community COM-AX
```

如果希望流量从路由器 B 的 BY 接口进入自治系统，那么只要控制器反射路由器 B：

```
IP prefix 28.6.55.0/24 community COM-BY
```

上面介绍的是如何从同一个邻居自治系统向被控制自治系统引入流量的基本工作原理，过程中都是使用了标准 BGP 行为。但是灵活变化的是用户策略，也就是计算出流量从哪个路径进入系统，这个部分是多变的，通过 SDN 控制器可以快速解决用户的此类多变策略问题，而不用修改任何路由器软件。

另外一个场景是从不同 AS 向 AS 10989 引入流量问题，比如从 AS 118 和 AS 912 引导流量进入 AS 10989。组网如图 8-15 所示。

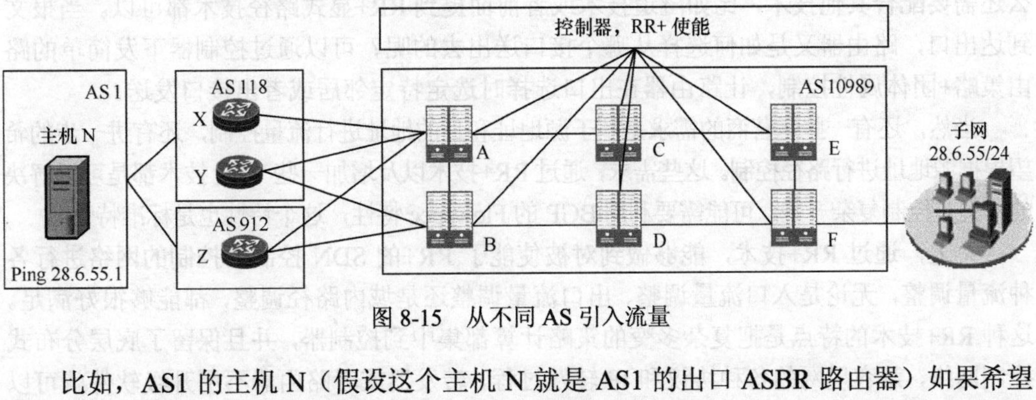

图 8-15　从不同 AS 引入流量

比如，AS1 的主机 N（假设这个主机 N 就是 AS1 的出口 ASBR 路由器）如果希望和 28.6.55.1 通信，默认的流量可能走 AS 118 也可能走 AS 912 进入 AS 10989。运营商网络由于费用结算原因经常有这种需求：希望能够控制流量进入 AS 10989 的路径。控制方法其实和上面的 MED 控制类似，只要通过控制器先计算出到底希望流量从哪个自治系统进入 AS 10989。假定通过复杂的用户策略计算，认为从 AS 118 把流量送交给路由器 A，费用最低，于是只要向路由器 A 和路由器 B 反射路由时携带一个团体属性，比如叫作 community add-AS-path912，携带这个团体属性的路由是希望控制的路由，比如 28.6.55/24。团体属性的意图是要把携带这个属性路由的 AS path 加长，通过这种方法，AS 912 收到的这个路由的 AS path 会比 AS 118 收到的要长，于是 AS1 的主机最后会选择从 AS 118 发送，因为它发现该路由走 AS 118 的 AS Path 比 AS 912 的路更短，AS 1 更长，AS 1 会选择 AS Path 短的路。通过这样的方法就完成了如何把流量引入本自治系统的控制方法。

3. 离开自治系统的出口流量控制技术

离开自治系统的出口流量控制是希望控制流量的出口选择。出口流量控制的组网如图 8-16 所示。

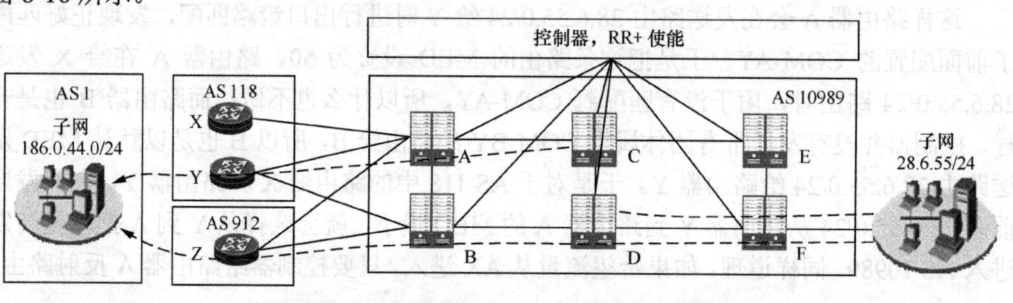

图 8-16　离开自治系统的出口流量控制技术

当通信从子网 28.6.55.0/24 发起通信连接，准备把报文发送给子网 186.0.44/24，希望能够控制这个流量，选择特定的出口，比如是选择 AS 118 还是选择 AS 912 发送流量。具体选择哪个自治系统作为出口，以及选择哪个接口把报文送给这个自治系统，是控制器进行各种复杂的用户策略计算处理后生成的。这里仅仅讨论一下，当这个结果有了，想让报文能够走 F—D—C—A—Y 的路径把去往网络 186.0.44.0/24 的报文送走，该如何控制呢？只要通过控制器把这个路由反射给下面路由器的时候，使用 BGP 的 local preference 属性，通过设置这个属性，路由器就会根据这个属性进行出口路由器优选，这样达到了选择出口的目的。如果希望对域内路径精确控制，而不是简单地选择出口，那么还需要配合其他技术，比如隧道技术或者前面提到 RR+显式路径技术都可以。当报文到达出口，路由器又是如何选择从哪个接口送出去的呢？可以通过控制器下发简单的路由策略+团体属性控制，让路由器在出口选择时选定特定邻居或者出接口发送。

当然，还有一些运营商的需求是基于源地址和目的地址进行流量控制，还有进一步的希望根据源地址进行路径控制。这些需求，通过 RR+技术以及增加一些 VPN 技术都是可以解决的，但是控制复杂一些，可能需要利用 BGP 的 Flowspec 特性，这个特性也是标准特性。

总之，通过 RR+技术，能够做到对被使能了 RR+的 SDN 控制器控制的网络进行各种流量调整，无论是入口流量调整、出口流量调整还是域内路径调整，都能够很好满足。这种 RR+技术的特点是把复杂多变的策略计算都集中到控制器，并且保留了底层分布式控制网络，兼容现网的各种协议和 IP 转发过程，转发器或者路由器不用升级软件就可以完成对网络的控制。这样，当用户有新的 IP 路由控制需求时，只要更新路由器上的用户策略处理模块，不用修改其他部分，当然 RR+的适用场景是现有存量 IP 网络。

8.6　按网络分层混合组网

这种技术通常用于在一个物理网络上虚拟出的网络的控制，控制器通常只是控制这个虚拟网络，而不对基础网络进行控制，基础网络仍然运行分布式控制的传统网络，而虚拟网络的路由和路径则全部由控制器控制，所以也叫作虚拟网络控制（Virtual Network Control，VNC），控制虚拟网络的控制器也叫虚拟网络控制器。在具体实现上，虚拟网络控制器和物理网络控制器都是一个控制器产品。

8.6.1　虚拟数据中心技术方案

虚拟网络控制器的一个典型场景是数据中心的 Overlay 网络，数据中心为了解决多租户问题，直接在服务器上启动了一个虚拟交换机，也就是软件交换机。著名的开源软件交换机是 OVS（Open vSwitch）。数据中心通过这些软件交换机构建一个虚拟网络，网络是一个二层子网，一个数据中心的租户可以租用很多这样的子网，这里不讨论三层网关问题，只讨论二层虚拟网络。其实数据中心的基础设施有很多物理交换机，也支持 VLAN（Virtual LAN）。为什么现在人们开始不使用这种物理网络支持的虚拟网络 VLAN 来实现多租户虚拟网络，而另外在服务器上启动一个软件交换机，在软件交换机上启动虚拟网络解决多租户网络虚拟化问题呢？原因在于当初设计 VLAN 时，VLAN 的 ID 设计范围是 12bits，那么就只能支持 4K 的 VLAN，而对于数据中心则需要海量租户虚拟网络能力，比如几十万上百万的虚拟子网，这时 VLAN 数量就不够了。另外还有一个原因是操作物理网络交换机有很多不便之处，业务自动化能力差，因为传统交换机网络也是一个分布式控制的网络，所以业务配置比较复杂。于是，以计算、存储业务为中心的数据中心就提出了软件交换机的概念，并建立一个 Overlay 的虚拟网络来支撑数据中心多租户需求。

在服务器上启动了软件交换机可以解决两个问题。第一，可以快速部署虚拟网络业务，操作起来比较方便；第二，可以解决海量虚拟子网问题。同时，这种软件交换机的出现使得可以不用任何现在的物理网路的参与就完成多租户虚拟网络服务。数据中心通过物理服务器提供软件交换机完成虚拟网络的组网大概像图 8-17 所示的组网。

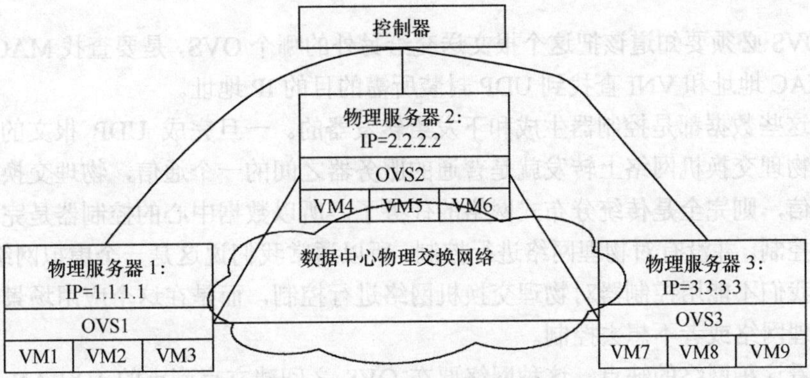

图 8-17　虚拟交换机组网图

在图 8-17 中，每个物理服务器都启动一个软件交换机，分别命名为 OVS1、OVS2、OVS3，在物理服务器上也都虚拟出了很多虚拟机，比如物理服务器 1 虚拟出来 VM1（Virtual Machine，虚拟机，可以理解就是一台独立计算机，拥有和独立计算机同样的硬件资源和操作系统。不过硬件资源都是虚拟出来的，运行在虚拟机上的软件和物理服务器上的软件由于有操作系统的隔离，所以完全不感知底层是虚拟机还是物理服务器）、VM2、VM3，而物理服务器 2 也虚拟出虚拟机 VM4，VM5、VM6。这样，通过控制器给 OVS 下发转发表就可以形成虚拟网络，但 OVS 是一个软件交换机，其行为和物理交换机是一样的，物理交换机采用 VLAN 来实现虚拟网络，那么 OVS 采用什么技术来实现虚拟网络呢？在 IETF 定义了 NOV3 标准，其中主要采用 VXLAN 技术和 NVGRE 技术之一作为虚拟网络技术。在 VXLAN 技术中，VXLAN 封装中有一个 VNI（Virtual Network ID），这个数据是一个 24bits 的 ID，用于区分虚拟网络，那么本质上在一对服务器之间，就可以创建多达 1600 百万的子网，当然通常使用 VNI ID 在网络中标记某个子网，而不是按服务器对来区分，就是在一个管理域不管哪些服务器之间的 VXLAN 隧道，只要 VNI ID 相同都认为是一个子网。VXLAN 技术是把 VM 发送的以太报文连同以太头，采用了 VXLAN 封装后，再通过封装 UDP 报文，以便把里面封装的以太报文送到对端的物理服务器。其报文封装基本格式是如图 8-18 所示。

PAYLOAD	内层 IP 头	内层 MAC 头	VXLAN 头	UDP 头	外层 IP 头	外层 MAC 头

图 8-18 VXLAN 报文封装格式

上面报文的外层 IP 头里面的 IP 地址是服务器的或者说是 OVS 的 IP 地址，OVS 的这些 IP 地址通过物理交换网络是可以通信的，内层 IP 头里面的 IP 地址是虚拟机的 IP 地址，这些 IP 地址直接在物理交换机网络中通常是不能互相通信的，它们是虚拟网络里面的 IP 地址，VXLAN 头中的 VNI 指示内部的以太报文属于哪个虚拟网络，而外层的 IP 则指示要把报文送交给哪个 OVS 或者是物理服务器。当对端物理服务器收到这个报文，会把 UDP 前面的报文头去封装，然后发现是 VXLAN 报文，交给 OVS 处理，OVS 则根据 VNI 在本地的 VNI 路由表查找 MAC 路由表决定该送给哪个 VM。整个通信过程中最重要的两个数据包括：

① 一个以太报文进入 OVS，OVS 必须确定它是属于哪个子网的，这是根据 VNI ID 确定的；

② OVS 必须要知道该把这个报文送交给另外的哪个 OVS，是要查找 MAC 路由表，并根据 MAC 地址和 VNI 查找到 UDP 封装所需的目的 IP 地址。

所有这些数据都是控制器生成和下发给转发器的。一旦完成 UDP 报文的封装，这个报文在物理交换机网络上转发就是普通的服务器之间的一个通信，物理交换机网络如何建立通信，则完全是传统分布式网络的任务了。所以数据中心的控制器是完成虚拟网络的集中控制，并没有对物理网络进行控制，所以通常我们说这是一个虚拟网络控制器，并不是说我们不能用控制器对物理交换机网络进行控制，而是在这个应用场景没有必要去控制物理网络或者不想去控制。

再看看这种网络的缺点。这种网络要在 OVS 之间建立点到点的 VXLAN 隧道，那么 OVS 软件交换机就不能在数据面用传统交换机的 MAC 广播方式学习 MAC 路由。因为隧道数量很多，没有硬件支持的广播复制会严重影响性能，比如如果向 100 个 OVS 复制广播，就意味着要把广播报文复制 100 次向每个 OVS 发送。在物理交换机网络，工作原理是在一个 VLAN 的所有接口（但不包括入接口和阻断端口）进行广播，而且是物理硬件支持。而广播通常是 ARP 协议必需的过程，现在解决问题的办法是把 ARP 放在控制器处理，不在数据面进行广播，避免性能下降。OVS 本身已经占用了服务器的计算资源，如果广播也在 OVS 实现，那将无法接受。另外一个问题是 QoS 问题无法解决，因为 QoS 需要在物理交换机网络上也要提供 QoS，但是封装 VXLAN 后的报文，物理交换机网络无法处理。另外，组播问题也无法像传统网络那样去完成，组播在传统网络是交换机硬件支持组播，而 OVS 无法提供硬件组播能力，只能软件复制，性能下降严重。此外，还有其他问题，例如，由于完全是 Overlay 网络，不能为某些子网选择特定的物理交换路径而提供更好的服务。总之，Overlay 网络存在不少问题。其中，最主要的问题是，OVS 消耗了计算机的计算资源，这是不划算的。有一个替代的方案——把 OVS 的功能卸载到物理交换机 TOR 上面来完成。TOR 模型虚拟网络组网如图 8-19 所示。

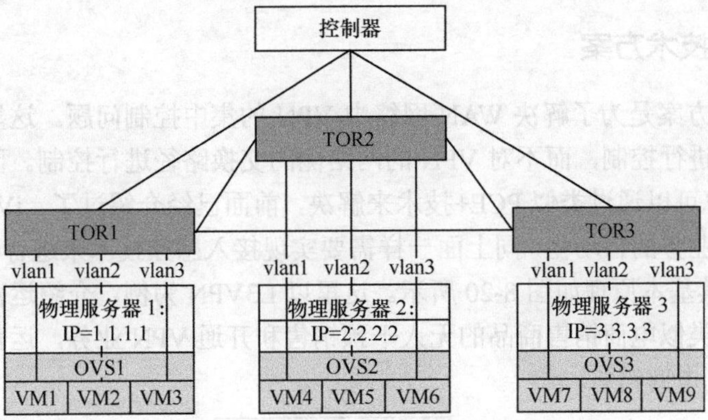

图 8-19　TOR 模型虚拟网络组网

此时每个 VM 通过一个本地 VLAN 接入到 TOR（Top of Rack，服务器接入物理交换机网络的第一个接入物理交换机，位于服务器机架的上面位置，所以叫 TOR），然后在 TOR 上面发起 VXLAN。这种架构能够有效地解决 OVS 的数据封装、转发等工作对计算资源的消耗问题，同时把网络和计算进行了解耦，使得服务器无论是在业务还是在管理上都不用关心网络的事情，网络的工作都交给网络设备完成，两个部分可以独立进行改进。

当然我们同样希望通过控制器控制 VXLAN 虚拟网络，解决广播问题。此时这个 TOR 叫作 VXLAN 网关。它要完成从 VLAN 接入到 VXLAN 网络的功能，进行了二层网络 VLAN 到二层网络 VXLAN 的一个交换。在数据中心中，有一个场景必须要这个 VXLAN 网关功能，因为当数据中心虚拟化的时候，网络中可能会有一些物理服务器，这些物理服务器不是虚拟化的，而是通过 VLAN 连接到物理交换机网络，这些物理服务器也会和前面的 VXLAN 网络中的 VM 部署在同一个子网，那么就需要一个 VXLAN 网关，把物理机所在的 VLAN 和 VXLAN 互通，通常也是用 VLAN 到 VXLAN 的转换网关功能。

除了上面讨论的控制器需要完成 ARP 协议处理，计算虚拟网络 MAC 地址路由功能外，还有一个问题需要控制器解决，那就是虚拟接入感知。虚拟接入感知可以解决 VM 的移动性问题，该功能是为了动态感知 VM 的位置，因为北向业务接口下发给控制器的数据是哪个 VM 属于哪个虚拟网络，VM 通常以 MAC 地址作为标记，于是控制器只是知道这个 VM 的 MAC 属于某个虚拟网络，虚拟网络当然通常用 VNI 标记，但是并不知道具体的这个 VM 的接入位置，需要使用虚拟接入感知技术来完成位置定位。通常的感知协议会通过感知 ARP 请求或者 DHCP 请求来获得 VM 的 MAC 所在位置信息，一旦完成位置定位，控制器会为这个 VM 所述的虚拟网络的其他交换机（OVS/TOR）生成对应的转发表，以便其他 VM 能够和这个新接入网络的 VM 进行通信。

整体上，在数据中心虚拟网络控制器要提供虚拟网络的控制功能，这些控制功能包括：位置感知、MAC 地址路由、消除广播的 ARP 处理等。这个过程中，控制器是在控制 Overlay 网络的数据，也就是虚拟网络的转发表数据的生成，所以也叫这个控制器是虚拟网络控制器。这种情况下，一个网络控制器控制所有的虚拟网络的路由，也就是所有租户的网络路由都是这个控制器计算的。

8.6.2 iVPN 技术方案

iVPN 技术方案是为了解决 WAN 网络中 VPN 的集中控制问题。这里的控制器仅仅对 VPN 的路由进行控制，而不对 VPN 的网络侧的交换路径进行控制。因为网络内部的交换路径的计算可以通过类似 PCE+技术来解决，前面已经介绍过了。iVPN 技术主要的价值在于 VPN 业务的自动化，同上面一样需要实现接入感知技术来进行位置定位，支持 VPN 移动性，其基本原理如图 8-20 所示。这里以 L3VPN 为例，介绍运营商未来如何用 iVPN 技术完成类似电商销售商品的无人干预销售和开通 VPN 业务，运营商利用该技术可以把业务放到电商销售。

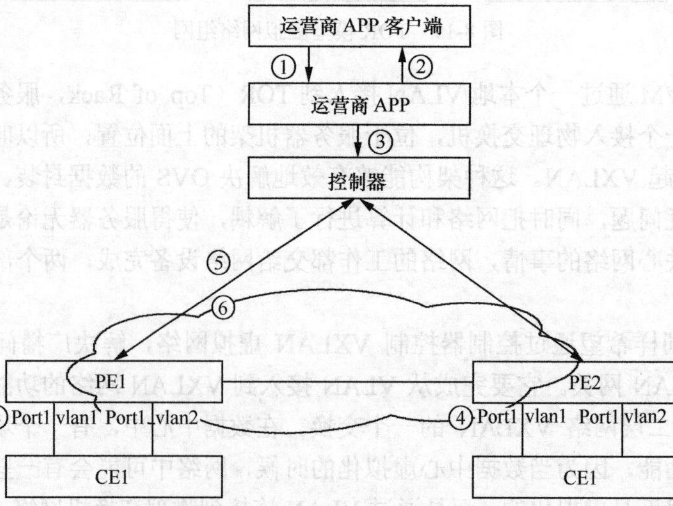

图 8-20 iVPN 工作过程

基本架构有几个部分。一个是控制器，控制器能够提供 L3VPN 服务，运营商的 APP 调用这个服务创建 L3VPN 实例；控制器往下部分大家都熟悉，就是转发器。转发器在这种场景下都是 PE（Provider Edge，网络边缘业务路由器），是传统 L3VPN 的 PE，然后是客户 VPN 的 CE 设备。控制器上面有一个运营商 APP，运营商 APP 主要完成用户业务销售和业务管理，比如，可以是一个运行在淘宝或者天猫商城里面的 L3VPN 销售程序，这个程序中有库存管理，主要是网络中还有多少带宽、什么资源等信息。另外，这个运营商 APP 还要完成客户 VPN 业务管理，管理客户订购 VPN 的各种参数，比如接入几个设备，每台设备的接入 ID、密钥等信息；也负责计费，比如有人购买 VPN，这个部件要完成费用计算。运营商应用程序客户端有几个作用，可以从运营商 APP 里面查看自己的业务状态或者下订单购买 VPN，或者修改订单、注销 VPN 等功能。

下面分析整个 iVPN 工作的过程。首先运营商的客户希望购买一个 L3VPN 服务，并且有两个接入站点，于是这个客户通过 APP 客户端下订单，并填写订单数据，包括以下信息。

① VPN 信息：HUAWEI-RD，开通时间要求、大致地理位置、联系电话等。

② 接入站点 1 信息：

（a）接入网关 IP 地址（IP=10.0.2.1/24，就是以前 PE 上配置的私网接口上的 IP 地址，这本来就是一个客户的网络地址，以前是运营商代为管理配置。这个地址和客户 CE 连接 PE 的接口地址要在同一个子网，比如对应的 CE 的连接接口 IP 客户可以自己配置为 IP=10.0.2.2/24，但后面这个 IP 地址信息客户自己维护就好，不用在订单中填写）。

（b）该站点所有的子网前缀，比如包括

```
10.0.0/24,
10.0.1/24
…
```

（c）接入带宽需求，比如 10Mbit/s。

③ 然后是接入站点 2（CE2）的信息：

（a）接入网关 IP 地址（IP=10.0.3.1/24，就是以前 PE 上配置的私网接口上的 IP 地址，这本来就是一个客户的网络地址，以前是运营商代为管理，这个地址和 CE 的连接 PE 接口地址要在同一个子网，客户本地接入 CE2 的一个接口地址 IP=10.0.3.2/24，10.0.3.2 地址使用户配置在自己的 CE 设备接口上的，不用在订单填写）。

（b）该站点所有的子网前缀，比如包括

```
10.1.0/24,
10.1.1/24
…
```

（c）接入带宽需求，比如 20Mbit/s。

客户完成这个过程后，把这些数据发送给运营商 APP。这个过程就如同在淘宝网上提交一个订单数据需要提交订购数量和订购规格等数据。这些数据一旦进入到这个运营商 APP，运营商 APP 会计算出费用，并分配出接入站点 1 的用户接入 ID 和密码以及接入站点 2 的用户接入 ID 和密码，并反馈给 APP 客户端。如果这个用户接受这些费用，就可以下订单了，并记录返回的用户接入 ID 和密码。这些信息会与上面的接入站点 1 和接入站点 2 绑定，比如对于接入站点 1 的 ID=CE1，密码=y1A2N3456，接入站点 2 的 ID=CE2，密码=1Pa2nM4f6。未来 CE 接入 PE 时，CE 需要向网络提供这些认证信息。这样，运营商客户已经完成了一笔 L3VPN 商品销售的下订单过程。

客户下了订单，购买了商品，接下来要发货了。发货走物流，快递把商品送给客户那里，才算真正地完成订单履行。这里销售的 L3VPN 是个服务商品，所以要提供服务给客户。下面是物流过程：后台开始联系 VPN 客户，确认客户接入站点位置，确认运营商有接入线缆连接到对方的办公室，如果没有现成的接入线路，则安排施工布线，一旦布线完成，其实此时物流工作就完成了。这个过程是物流过程，显然需要人工干预，不像前面销售 L3VPN 那个时候可以在无人干预下完成。

当客户确认订单后，运营商 APP 会把上述所有客户订单中的数据信息发送给控制器。与计费相关的信息、电话信息等不需要给控制器，只要给 VPN 名字、接入站点接入 ID 和密码、网关 IP 这三部分信息。控制器此时什么都不做。上面物流也完成了，客户已经知道哪个是自己订购的服务接入线路了，然后是开始使用商品过程了。客户首先要有自己的 CE 设备，比如站点 1 的 CE1，客户开始配置这个 CE 的接入以太口地址：

```
IP address=10.0.2.2/24
接入用户    ID=CE1
密码= y1A2N3456
配置静态路由
IP route 10.1.0/24 nexthop 10.0.2.1//10.1.0/24 是站点 2 的前缀，10.0.2.1 是接入 PE1 的网关地址
IP route 10.1.1/24 nexthop 10.0.2.1//10.1.0/24 是站点 2 的前缀，10.0.2.1 是接入 PE1 的网关地址
```

然后客户就可以把这个 CE1 的以太口连接到运营商物流给他拉的那根线路了。这样运营商网络就会收到对端发起的一个认证请求，不管是 PPPoE 还是 802.1x，反正这个认证协议会把用户 ID 和密码带上来进行认证。PE1 路由器本地无法认证这个数据，它会把这个数据送交给控制器。在送交控制器的时候，PE1 会把 CE1 接入的接口信息，比如是 Port1/vlan1 信息，同时上报给控制器。这个过程非常重要，原因是这个客户的 CE1 接入到网络的哪个接口，控制器并不清楚，直到这个 CE1 发起认证，才感知到这个 CE1 的位置信息具体在哪个 PE 的哪个端口。这个过程是虚拟接入感知过程。控制器获得这个位置信息之后，后续为这个 VPN 生成流表都是根据这个实际的网络接入端口生成的。控制器根据用户 ID 和密码送给认证中心认证，认证通过后查询当初运营商 APP 送给他的用户订单数据，获得该用户的所有信息，比如就是 VPN HUAWEI-RD 的订单信息，于是此时的控制器会一个方面返回给 PE 认证成功，准许接入，同时控制器开始为这个 PE1 下发 VPN 转发路由表。在 PE1 上会有这样的路由信息：

```
VRF-ID=10989 IP Prefix =10.0.0/24 nexthop=10.0.2.2 outIf=port1/vlan1
VRF-ID=10989 IP Prefix =10.0.1/24 nexthop=10.0.2.2 outIf=port1/vlan1
//假定 VRF-Name= HUAWEI-RD 的 VRF-ID=10989，其中 10.0.2.2 是 CE1 的接入接口 IP
```

这个路由表中添加了两条路由，这两个 IP 前缀正是 VPN 客户当初下订单时告诉给运营商 APP 的，指定了接入站点 1 有这两个 IP 子网，然后运营商 APP 告诉了控制器的。此时，控制器就为这个 VPN 生成了两条路由，出接口就是站点 1 的接入 PE1 的接口 Port1/vlan1，这个接口信息是 PE1 上报给控制器的。当然，同时还会生成 Port1/vlan1 的 IP 地址配置，该地址就是当初 VPN 客户指定的网关地址 10.0.2.1。

当运营商的 VPN 客户把第二个接入站点 2（CE2）也接入到网络中的时候，控制器完成同样的工作，而且还会把两个 PE 上面各自的 VPN 路由计算出来并生成业务路由表

加载到 PE1 和 PE2，同时在 PE1—PE2 之间建立一个隧道，这个隧道可以是控制器建立的，也可以不是。本例假定不用控制器建立，控制器仅仅为 PE1/PE2 中的 VPN HUAWEI-RD 的 VRF 生成路由和 VPN 标签就可以了。

在 VPN 客户的第二个站点 CE2 接入时，控制器为 PE2 会生成本地指向 CE2 的路由如下：

```
VRF-ID=10989 IP Prefix =10.1.0/24 nexthop=10.0.3.2 outIf=port1/vlan1
VRF-ID=10989 IP Prefix =10.1.1/24 nexthop=10.0.3.2 outIf=port1/vlan1
//假定 VRF-Name= HUAWEI-RD 的 VRF-ID=10989,10.0.3.2 是 CE2 的接入接口 IP
```

同样，这些路由前缀信息也是当初 VPN 客户下订单指定的信息，因为 VPN 客户告诉运营商 APP 他在站点 2 有两个子网，前缀是 10.1.0/24 和 10.1.1/24。

现在 PE1 和 CE1 之间、PE2 和 CE2 之间的路由都生成了，所以它们可以互相 IP 通信了。此时控制器还需要完成的工作就是要在两个 PE 之间交换 VPN 路由，传统分布式网络需要 PE 之间运行 MP-BGP 来生成路由，而现在不需要了，因为控制器会为两个 PE 生成这个 VPN HUAWEI-RD 的路由。

PE1 的 VPN HUAWEI-RD 内的路由如下：

```
VRF-ID=10989 IP Prefix =10.0.0/24 nexthop=10.0.2.2 outIf=port1/vlan1
VRF-ID=10989 IP Prefix =10.0.1/24 nexthop=10.0.2.2 outIf=port1/vlan1
VRF-ID=10989 IP Prefix =10.1.0/24 nextHop PE2，Lalel =118912
VRF-ID=10989 IP Prefix =10.1.1/24 nextHop PE2，Lalel =118912
```

PE1 的 VPN HUAWEI-RD 内的路由如下：

```
VRF-ID=10989 IP Prefix =10.1.0/24 nexthop=10.0.3.2 outIf=port1/vlan1
VRF-ID=10989 IP Prefix =10.1.1/24 nexthop=10.0.3.2 outIf=port1/vlan1
VRF-ID=10989 IP Prefix =10.0.0/24 nextHop PE1，Lalel =118912
VRF-ID=10989 IP Prefix =10.0.1/24 nextHop PE1，Lalel =118912
```

前面说过，PE1 和 PE2 之间的隧道可以预先建立，也可以控制器建立。

现在，VPN HUAWEI-RD 的 CE1 和 CE2 可以通过 VPN 进行通信，因为整个 IP 网络路由都已经打通。

这里顺便说一下，如果客户对于 PE 之间的隧道不想采用类似 TE（流量工程）技术，比如要求 PE 之间的隧道必须多少带宽或者如何进行绕路，如果没有这些需求，在传统组网中，会使用 LDP 来建立 PE 之间的隧道。LDP 隧道本身就是依赖 IGP 的最短路径建立的，既然没有 TE 需求，那么其实没有必要部署 LDP。建议采用类似 GRE 或者 VXLAN 技术作为隧道，这种隧道也是走最短路径的，但是避免了协议配置和维护的复杂度。可能有人说 VXLAN 隧道封装性能没有 MPLS 封装性能高，其实没有必要担心，因为现在的隧道封装都是采用 NP（网络处理器 Network processor）或者 ASIC 而不是 CPU 完成的，所以封装 UDP 头和封装一个标签在性能上不会有什么区别。当然客户也可以根据自己网络实际情况定义网络内部的隧道技术。

再看一下，如果此时 VPN 客户的办公室搬家，从 A 地搬家到了 B 地，那么，如上面描述的过程，客户重要的是需要申请物流，就是需要在 B 地有一个接入运营商网络的线路。一旦这个线路有了，VPN 客户自己把 A 地的 CE1 搬到 B 地，然后直接连接到线路上，CE1 和 CE2 之间又就可以通信了。这个过程中，运营商除了安排物流布线到 B 地外，什么也不需要做；VPN 客户除了要求布线外也什么也没有做，但是客户的 VPN 确实就连通了。这是如何做到的呢？看看前面的 CE1 和 CE2 接入站点的过程会发现，搬家后 CE1 接入到某个新的 PE1′，这个 PE1′走了原来 PE1 完全一样的过程，为这个 VPN 客户生成路由。这就是 iVPN 技术的 VPN 移动性能力，或者叫作移动 VPN（Roam VPN）技术。

回顾一下 iVPN 整个过程，运营商除了物流工作其他的什么都不用做，当然运营商 APP 销售 VPN 时需要接受客户咨询，所以需要有个客服回答问题，但没有其他人工介入了。但是运营商却销售一个 VPN 业务挣到了钱；运营商客户也仅仅是自己在家里填写了一个订单，然后把自己的设备连接到线路上，这些设备之间就能够互通了。看看这个过程，运营商的 VPN 客户很满意，因为业务开通很快，也没有什么审批手续，就像在淘宝网上买图书一样方便。而运营商也很满意，运营商只是在淘宝网上开了个店，雇用了一个客服，然后就有人给钱买 VPN 服务。物流是运营商雇用过来帮他布线的员工，通常是必须的。这个过程比现在 VPN 业务销售过程要美妙得多，所以 iVPN 技术才是未来的方向，也是 SDN 价值的体现。类似的 iVPN 技术模式的网络业务的销售和服务过程应该是未来的方向，而其背后的支撑技术就是 SDN。

在 iVPN 中，运营商 APP 和客户端中还可以增加一些交互数据，比如运营商的 VPN 客户可以通过客户端进行订单的修改，比如增加一些站点或者为站点增加一些路由前缀，这些信息同样地都会通过运营商 APP 下发给控制器。比如增加路由前缀，控制器获得这些信息会即刻生成 VPN 路由发给相关 PE。客户端也可以修改接入路由方式，不采用静态路由而是采用 BGP 方式，这些都是 VPN 客户自己进行规划和配置的，运营商并不需要像以前一样去关心这些事情。

因为 iVPN 技术主要是控制 VPN 网络路由而不是控制物理网络，所以也算是一种 Hybrid 组网模式，就是虚拟网络控制器，仅仅控制 VPN 网络。

8.6.3 网络切片方案

网络切片方案有几种典型思路，其中一种思路是对网络设备进行虚拟化，这样每台设备都虚拟化成多台设备，比如是 VR（虚拟路由器，Virtual Router），然后在网络中把一组 VR 以及分配给这些 VR 的接口互联为一个虚拟网络，选择一部分这样的虚拟网络交给控制器控制，而其他的虚拟网络仍然保留传统分布式控制，这样运营商可以把一部分业务部署在控制器控制的 SDN 网络之上。这种思路存在一个严重问题：路由器支持的 VR 数量非常有限，通常不会超过几十个，很多厂家仅仅支持 4 个或者 8 个 VR，虚拟网络就无法满足实际商用部署；同样受限的还包括网络中的链路如何进行虚拟化，不可能按照物理链路分配给虚拟网络，无论如何也没有那么多物理链路进行分配，于是就需要进行逻辑链路划分。逻辑链路划分比如通过 VLAN 划分或者其他一些隧道技术划分，这些划分方法在实际使用过程中的带宽分配和带宽保证又存在严重不足，不如采用上面的 iVPN 技术实现虚拟网络具有商用部署价值。不过这种方式也算是一种虚拟网络控制，因为也是一种混合控制的思路。

当然还有一种思路是基于接口进行虚拟网络划分，把一部分接口划为一个虚拟网络，把这个虚拟网络采用 SDN 架构，这些接口都是边缘业务接入接口，如上面介绍的

CE 接入 PE 的接口，而内部通过隧道技术来实现网络内部的交换网虚拟化。这种思路类似 iVPN 技术，但是稍微需要做一些改变。iVPN 技术中的 L3VPN 要在 PE 上保存客户 IP 路由，运营商提供的是三层服务，如果修改一下，让运营商提供专线服务，提供专线服务可以采用 L2VPN 的 PW 的 iVPN 技术（当然，除了提供 PW 和 L3VPN 的 iVPN 服务外，还可以提供类似 VPLS 的 iVPN 服务），总体思路都和上面的 L3VPN 的 iVPN 技术一样，可以大大地降低业务开通时间和提高业务自动化水平，降低人工成本。

8.6.4 业务链

业务链（Service Function Chain，SFC）方案算是一个四层路由方案。为什么说是四层路由方案呢？网络通信，有二层通信，二层通信就是在同一个子网内的两台主机之间通信，它们通常是同一个网段，不需要跨子网通信；有三层通信，三层通信是指跨不同二子网进行通信，现在的三层通信基本就是 IP 通信，所有的路由器都是根据目的 IP 查找路由，逐跳把报文交给下一个路由器，直到送达最终的目的子网，整个过程都是基于三层 IP 地址进行寻址转发的。而四层路由方案是说，当报文在进行 IP 转发过程中，我们希望这些报文去往一些它们在三层路由时本来不会经过的节点，比如会把一些特定的流量送交给防火墙 FW 处理或者一些 NAT、Cache 等处理节点进行处理，此类业务处理设备通常也叫 VAS（Value Added Service，增值业务）设备。SFC 的基本原理如图 8-21 所示。

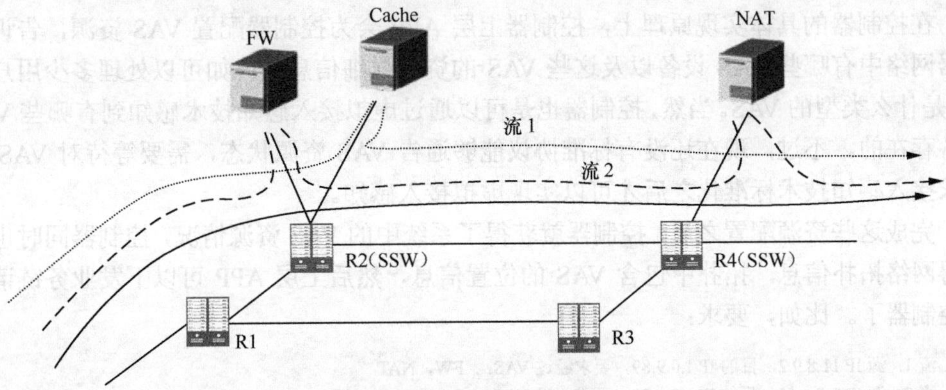

图 8-21 SFC 的基本原理

正常的一个用户流报文假定经过 R1—R2—R4 几个路由器转发，这个过程是经过三层路由转发的。现在由于某些需求，需要让某些用户的流量不是简单地走 R1—R2—R4 路径转发，而是如图 8-21 所示的那样，希望一个流经过一些 VAS 设备，比如图中的流 1 走 R1—R2—FW—R2—R4—NAT—R4 的路径进行转发，而流 2 则是走 R1—R2—CACHE—R2—R4 的路径进行转发。这样，流 1 和流 2 都经过了正常路由转发不应该经过的节点，正常 IP 路由也不会把这些报文送交给 FW、NAT、CACHE 等处理。VAS 通常是进行特定的业务处理，而不做三层转发的设备，如果仅仅做三层转发就没有必要使用 VAS，使用路由器就可以了。某个用户流进行特定序列 VAS 处理的过程叫作业务链（SFC）处理过程，其中连接有 VAS 的路由器称为 SSW（Service Switch，业务交换机）。这个业务链的转发不能依据 IP 地址进行，因为如果以目的 IP 查找路由，报文只会按照标准的

R1-R2-R4 方式转发，而不会把报文转发给 VAS，所以需要考虑如何实现这种 SFC 功能。这里可以提出一个简单的方案，业务要求是把特定的五元组报文，比如流 1：源 IP 11.8.9.2，目的 IP 1.0.9.89，送交给 FW 和 NAT 处理。可以在 R2 和 R4 上分别进行流分类，识别这样的流，并把它们进行策略路由发送到连接 FW 和 NAT 接口。这个方案是可以解决问题的，但是由于每次都进行流分类，导致性能急剧下降。所以不能每次都进行流分类，而是应该仅进行一次流分类，后续都用这个分类结果进行转发。比如仅仅在 R2 上进行一次流分类，不在 R4 上做流分类，那么 R4 上如何识别这个流呢？方法是在 R2 流分类后，为该流 1 增加一个流 ID，并加入报文，作为这个流的标记。这样，当报文送交到 R4 时，R4 就可以直接根据流 ID 进行策略路由了。这样，相当于增加了一个四层转发地址：流 ID，设备会根据流 ID 决定其转发行为，从某种意义上讲，就是在现有三层网络上面构建了一个四层虚拟网络。此方案需要通过人工对业务交换机 R2 和 R4 进行策略配置，配置什么样的流 ID 进行什么样的转发行为，但是如果这种业务链数量很多，而且可能经常变化，那人工配置就显得慢了，并且容易出错，因为只要人参与的地方就容易出错，而机器自动计算则不会出错。所以，可以考虑增加一个控制器，专门控制这些业务链路由。这种控制器可以称为业务链控制器或者业务链虚拟网络控制器，这样控制器直接根据业务链需求完成业务路由的计算和下发，而不需要在业务交换机上进行人工配置，这样就简化了业务链的部署过程，实现业务链的全自动化部署，也降低了对网络管理员的技能要求。

在控制器的具体实现原理上，控制器上层 APP 会为控制器配置 VAS 资源，告诉控制器网络中有哪些 VAS 设备以及这些 VAS 的资源详细信息，比如可以处理多少用户流量，是什么类型的 VAS。当然，控制器也是可以通过虚拟接入感知技术感知到有哪些 VAS 设备存在的。不过，现在还没有标准协议能够通告 VAS 资源状态，需要等待对 VAS 的需求接入感知技术标准化之后才可以实现虚拟接入感知。

完成这些资源配置之后，控制器就获得了系统中的 VAS 资源情况，控制器同时也会获得网络拓扑信息，拓扑中包含 VAS 的位置信息，然后上层 APP 可以下发业务链请求给控制器了。比如，要求：

```
流 1：源 IP 11.8.9.2，目的 IP 1.0.9.89，要求经过 VAS： FW，NAT
流 2：源 IP 2.8.6.55，目的 IP 1.0.9.89，要求经过 VAS： CACHE
```

于是控制器会根据资源位置计算出业务路径，因为系统中可能有多个 FW 或者 CACHE，控制器会选择一个为这些流服务，同时生成流分类策略，生成流 ID，生成业务流路由下发给 R2 和 R4，这样 R2 和 R4 就可以完成业务链处理了。

这里流分类设备到底选择在哪里，可以根据业务需要，可以是第一个业务交换机，也可能是单独的流分类设备。比如在无线 Gi-LAN 网络中，流分类设备可能是 GGSN 设备，而在一些数据中心场景，可能要在流进入业务交换机的第一个交换机上进行流分类和生成流 ID，后续的业务交换机只要根据报文流 ID 和控制器下发的四层流路由表进行转发就可以了。

这种业务链场景应用在 WAN 网络的 POP 点。运营商希望为客户提供区分服务，比如有的客户希望进行 FW 处理，有的希望做家庭控制，都可以在 POP 点以业务链方式灵活为客户定制业务。另外，移动网络的 GGSN 所在位置也要进行很多业务处理，比如，解决移动客户下载图片的压缩、视频压缩、内容缓存等增值业务处理，也需要按照不同用户进行不同业务处理。在数据中心多租户场景，不同租户可能有不同的业务处理要求，此时也需要一种业务链处理能力。

这种业务链场景是一种典型的 Overlay 虚拟网络，控制器仅仅控制业务链而不用控制基础网络，是一种混合组网方式。

8.7　跨域 SDN 网络方案

前面介绍主要是基于一个自治系统如果从传统网络向 SDN 网络迁移，而客户在实际部署网络中，很多业务都是跨自治系统的，如果客户可能希望提供跨自治系统实现 SDN 的能力的，那么就必须考虑如何进行 SDN 跨域组网问题。这种场景算是现网向 SDN 演进的后续场景，为了走向全网 SDN 化，必须要解决跨域问题。跨域方案前面也提过，通常有 Peer 模型和 Layered 模型。

Peer 模型如图 8-22 所示。

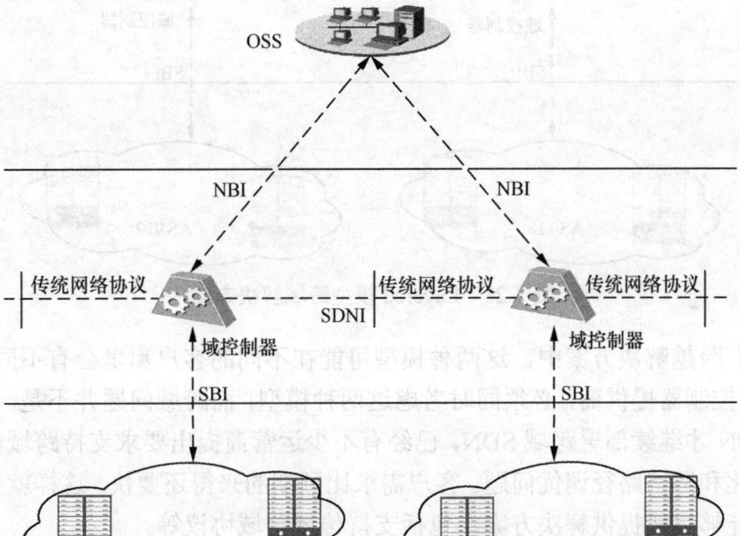

图 8-22　Peer 模型跨域解决方案

SDN 控制器之间采用东西向接口进行路由交换，而东西向接口都可以采用传统网络的跨域路由协议（比如 BGP）进行互通，所以控制器一定要支持这些跨域协议。控制器一旦支持了传统跨域协议，既能很好地解决控制器之间的互通问题，也能够很好地解决和传统分布式网络互通的问题。这种方案相对比较成熟，容易快速部署，但是也存在一个问题，就是在跨域业务部署时，在这两个控制器上面必须增加一个类似传统的 OSS 设备的角色，负责为两个控制器生成业务配置，以便它们之间能够互通和互操作一起完成一个跨域业务。

Layered 模型，也称作分层控制器模型，如图 8-23 所示。

Layered 模型在网络中部署分层控制器，在每个自治域部署一个域控制器，在其上面部署另外一个控制器，称为父控制器或者 Super Controller，此时可以把域控制器称为

Domain Controller，这种模型更加符合 SDN 理念。域控制器之间没有东西向接口，仅仅和 Super Controller 有南北向接口，跨域业务直接由 Super Controller 计算完成。这种方案可以把 Domain Controller 和 Super controller 整体看成一个大的控制器，这样网络上就只有一个大控制器，完成所有的业务控制。这种架构的缺点是目前域控制器和 Super Controller 之间的协议还不成熟，很多细节还需要详细分析，主要包括拓扑如何收集、设备资源如何收集、流表如何生成和下发、跨域业务路径如何计算等几个问题。但是无论如何，在这种模型下，Super Controller 仍然是一个控制器，完成的基本功能和域控制器基本没有区别，包括拓扑收集、资源收集、路径计算等功能，所以这个 Super Controller 可以看成是在控制器的范围内，并且一定和域控制器是同一个产品形态。

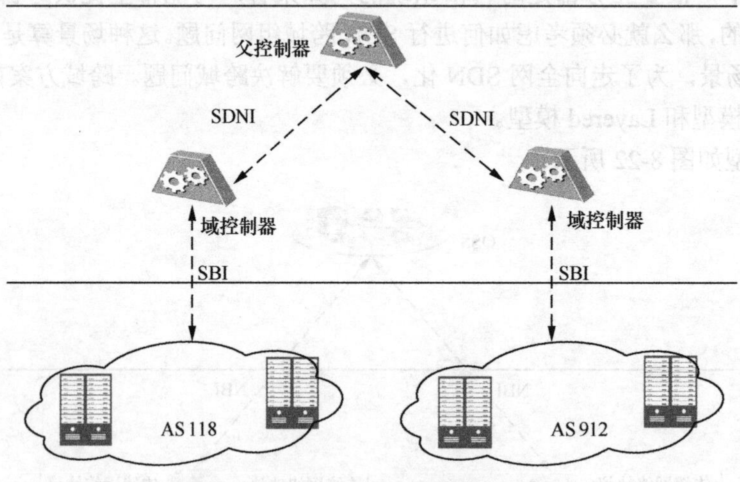

图 8-23 Layered 模型跨域解决方案

在 SDN 跨越解决方案中，这两种模型可能在不同的客户那里会有不同的选择，所以作为 SDN 控制器提供商，必须同时考虑这两种模型，而跨域问题并不是一定要等到单域部署了 SDN 才继续部署跨域 SDN，已经有不少运营商提出要求支持跨域的 SDN 来解决业务自动化和网络路径调优问题。客户需求比预期的来得还要快，这样就要求 SDN 控制器提供商能够快速提供解决方案，包括支持传统跨域协议等。

【本章小结】

本章主要介绍了 SDN 网络如何在现网逐渐开展业务的方法，这些方法使得运营商或者网络运行维护人员能够面对 SDN 网络架构这样一个大概念，结合网络的实际，逐步地开展 SDN 部署工作，从而获得 SDN 带来的价值，并且能保持传统的现网已经部署业务的稳定。在实现过程中会对 SDN 控制器的实现提出很多需求，比如需要支持传统跨域路由协议（比如 BGP 等）、需要支持传统分布式控制系统和控制器之间的资源冲突问题、需要解决业务实例从分布式控制面平滑迁移到 SDN 控制器问题、需要支持迁移过程所必须的 PCE+、RR+、iVPN 等功能，使得现网能够顺利地向 SDN 网络平滑演进。

第9章 SDN控制器实现架构实例分析

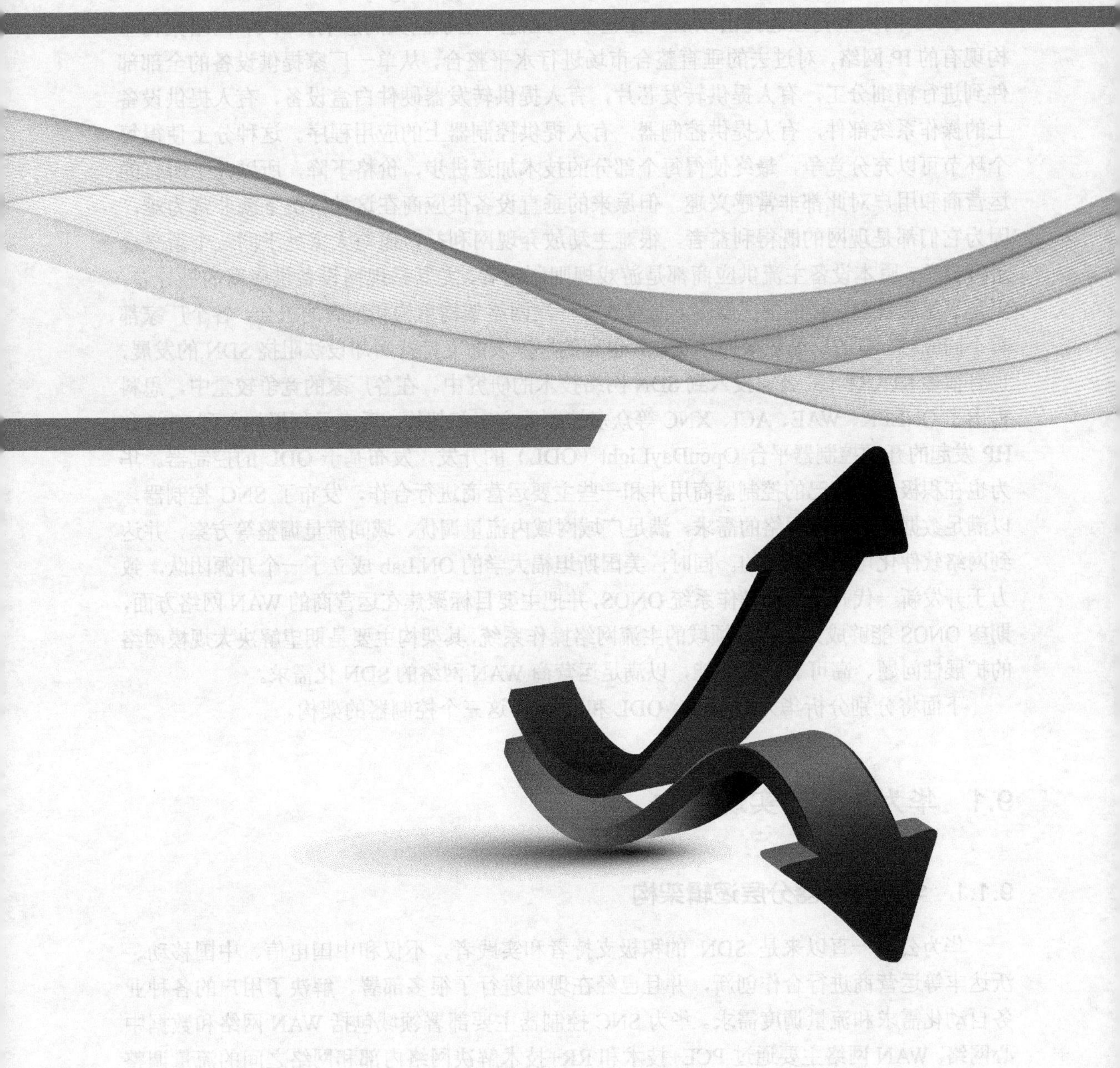

本章将分析目前主流的几家控制器实现案例，包括华为 SNC（Smart Network Controller）、开源的 ODL（OpenDayLight）、ONOS（OpenNetwork Operating System）控制器。

SDN 网络架构理念提出以后，在整个产业链产生了巨大的影响。SDN 网络架构重构现有的 IP 网络，对过去的垂直整合市场进行水平整合，从单一厂家提供设备的全部部件到进行精细分工，有人提供转发芯片，有人提供转发器硬件白盒设备，有人提供设备上的操作系统部件，有人提供控制器，有人提供控制器上的应用程序。这种分工使得每个环节可以充分竞争，最终使得每个部分的技术加速进步，价格下降，所以几乎所有的运营商和用户对此都非常感兴趣。但原来的垂直设备供应商在这种情况下就非常为难，因为它们都是现网的既得利益者，很难主动放弃现网利益，而与大家处于同一个新平台进行竞争。原本设备主流供应商都是游戏规则制定者，尤其是现网设备供应商的领导者，更是不愿意看到这样的情况发生。面对这样一次网络架构重构和洗牌的机会，各个厂家都有不同应对，有的厂家积极拥抱变化，也有的厂家表面支持背后却设法阻挠 SDN 的发展，也有很多 START UP 公司投入到 SDN 网络技术的研究中。在各厂家的竞争较量中，思科提出了 ONEPK、WAE、ACI、XNC 等众多控制器方案和架构，后来又积极加入到 IBM 和 HP 发起的开源控制器平台 OpenDayLight（ODL）的开发，发布基于 ODL 的控制器。华为也在积极推动自己的控制器商用并和一些主要运营商进行合作，发布了 SNC 控制器，以满足数据中心虚拟网络的需求，满足广域网域内流量调优、域间流量调整等方案，并达到网络软件化可编程的目的。同时，美国斯坦福大学的 ON.Lab 成立了一个开源团队，致力于开发新一代开源网络操作系统 ONOS，并把主要目标聚焦在运营商的 WAN 网络方面，期望 ONOS 能够成为运营商领域的主流网络操作系统，其架构主要是期望解决大规模网络的扩展性问题、高可靠、高性能，以满足运营商 WAN 网络的 SDN 化需求。

下面将分别分析华为控制器、ODL 和 ONOS 这三个控制器的架构。

9.1 华为控制器实现架构

9.1.1 华为控制器分层逻辑架构

华为公司一直以来是 SDN 的积极支持者和实践者，不仅和中国电信、中国移动、沃达丰等运营商进行合作创新，并且已经在现网进行了很多部署，解决了用户的各种业务自动化需求和流量调度需求。华为 SNC 控制器主要部署领域包括 WAN 网络和数据中心网络。WAN 网络主要通过 PCE+技术和 RR+技术解决网络内部和网络之间的流量调整和路径调整功能，也支持像 IPRAN 网络的 L2VPN、L3VPN 的业务 SDN 部署，简化了网络，实现业务的自动化网络部署能力；数据中心网络主要实现数据中心多租户虚拟网络需求以及业务自动化。华为 SNC 控制器实现 SDN 网络解决方案架构如图 9-1 所示。

华为的 SDN 网络解决方案架构基本划分为三个层次：底层是转发器层，中间层是控制器层，上层是应用层。控制器在中间层，提供 IP、组播、IPv6、L2VPN、L3VPN、数据中心虚拟网络等网络业务。转发器层主要实现用户的数据转发，其转发数据来自于控制器。上层应用层主要包括网络的基础设施管理、网元的单站运维、网络业务的发放和运维、网络路径调优、网络安全系统、协同器、第三方开发平台等。这些上层应用层的程序会调用控制器提供的北向服务。

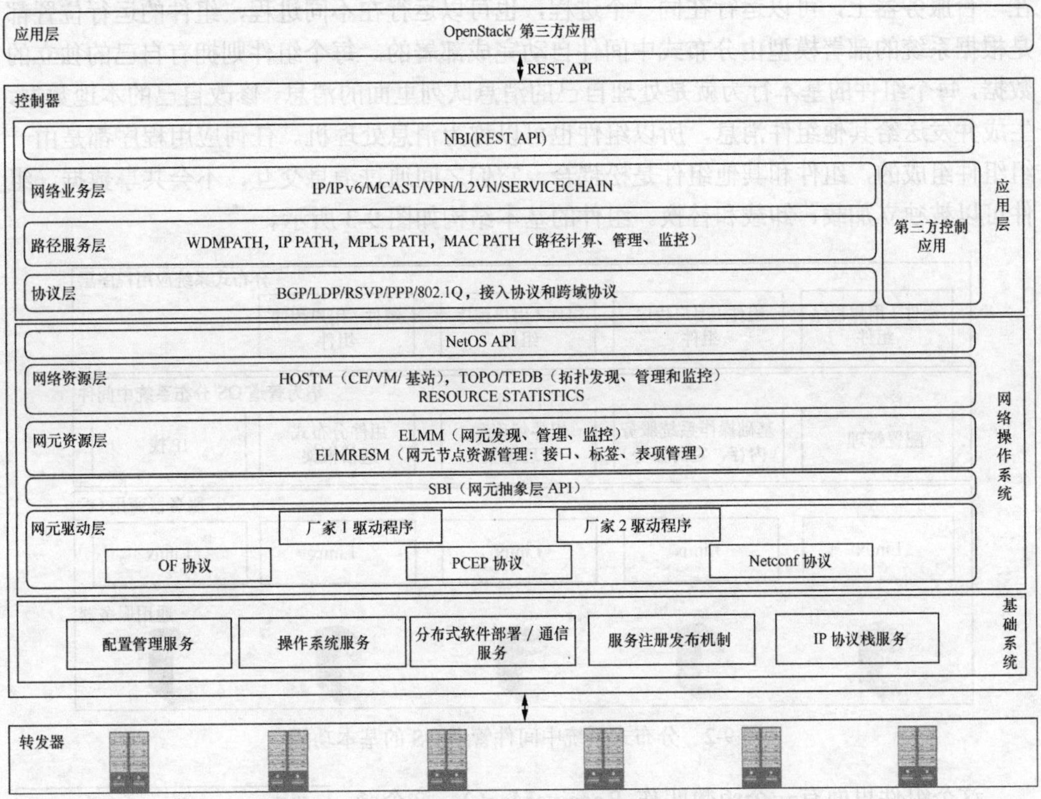

图 9-1　华为 SNC 控制器实现 SDN 网络解决方案架构

控制器架构总体又分为三层：底层是华为分布式系统中间件（华为管道 OS），这个部分主要解决控制器的大规模分布式能力；中间层是网络操作系统（也称为网络资源管理系统或者控制器平台），主要实现网络资源的管理；上层是网络控制业务 APP，用来实现网络的各种运营商业务，比如基本 IP 转发、组播、VPN 业务等。下面分别介绍这三层。

1. 分布式系统中间件——管道 OS

华为分布式系统中间件管道 OS 提供一个分布式基础设施，主要功能是屏蔽底层分布式硬件的差异，提供配置管理服务、组件部署和生命周期管理服务、组件管理服务、寻址和通信服务、IP 栈服务、基础操作系统服务（内存管理、定时器、调试等）等服务。管道 OS 的基本功能如图 9-2 所示。

管道 OS 这一层是 SDN 控制器的基础分布式软件支撑系统，这个分布式系统中间件是为控制器上层业务软件组件提供服务的。这些控制器软件组件包括网络资源管理组件以及上层的网络业务应用程序组件，控制器只是管道 OS 上面运行的用户程序。管道 OS 并没有管理任何网络资源，也没有处理控制器相关的网络业务数据。分布式中间件提供了分布式系统必须提供的编程框架、配置管理、服务编址寻址、IP 协议栈等服务。华为管道 OS 管理的都是组件化的应用程序，开发人员可以创建自己的组件，组件可以调用分布式中间件提供的服务，也可以调用其他组件提供的服务。每个组件是系统中一个独立部署、运行、监控的基本单位。分布式中间件系统会根据需要把一个或者多个组件绑定到一个操作系统线程上运行。组件具体的运行位置可以是在多台服务器上，也可以是在一台服务器上，可以运行在同一个进程，也可以运行在不同进程，组件的运行位置都是根据系统的部署模型由分布式中间件自动完成部署的。每个组件则拥有自己的独立的数据，每个组件的基本行为就是处理自己的消息队列里面的消息，修改自己的本地数据，生成并发送给其他组件消息，所以组件也可以称为消息处理机。任何应用程序都是由一组组件组成的，组件和其他组件是松耦合，它们之间通过消息交互，不会共享数据。组件可以被独立加载、卸载和替换。组件的基本结构如图 9-3 所示。

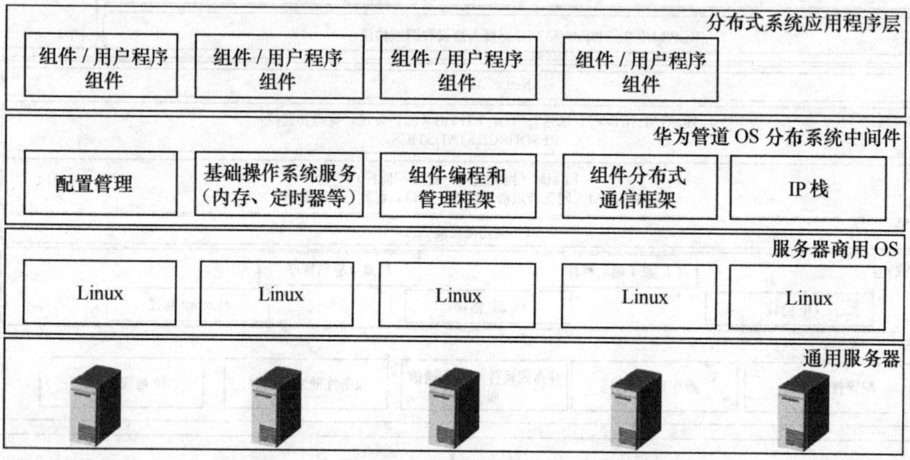

图 9-2　分布式系统中间件管道 OS 的基本功能

这个组件里面有一个函数叫作 ReceiveMsg( )，这个函数是处理消息队列的入口函数，但是组件自己并不会执行这个函数，而是由分布式中间件决定何时调用这个函数来处理消息。这是组件的基本工作原理。

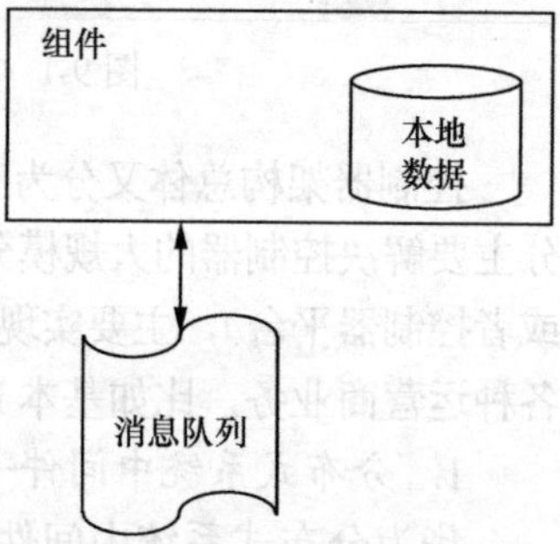

图 9-3　组件的基本结构

图 9-4 是组件在这个分布式系统中被分布式系统中间件部署安排运行时的一个示意。

通过以上介绍可以看出，分布式系统中间件管道 OS 提供一个分布式操作系统，为上层应用程序组件屏蔽底层多服务器的具体运行环境细节，比如底层服务器数量、组件具体位置等信息，使得上层软件程序的组件无需感知下面运行硬件的细节，也无需感知自己具体的运行位置，这一切都是因为有了分布式中间件。目前，管道 OS 支持运行在 Linux 操作系统，服务器可以是任何运行 Linux 的计算机，包括通用服务器、虚拟机、专用设备（比如路由器的主控板）等。

管道 OS 的分布式中间件系统实现了对上层屏蔽底层运行硬件和运行位置的细节，使得上层应用程序不用关心底层多服务器细节，仅需要关心自己的业务处理。而且管道 OS 的分布式中间件是一个成熟的商用系统，2008 年开始商用，目前已经在华为公司核心路由器 NE5000E、NE40E 领域运行了 7 年以上，在运营商的核心网络上也大量部署。现在华为继续把这个成熟的分布式系统中间件作为控制器的基础开发平台，使得华为可以快速完成控制器开发。华为管道 OS 分布式中间件可以支持水平分布式和垂直分布式。每个组件的部署实例个数、位置都是可以灵活定义的，程序代码不需要做任何修改。

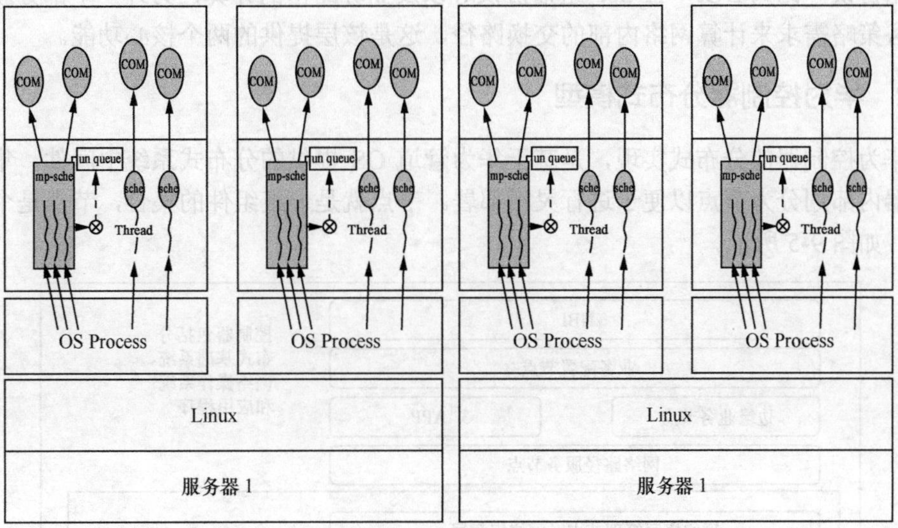

图 9-4　组件运行示意（COM 即为组件）

华为管道 OS 的分布式系统中间件是华为开放控制器的一个基础软件编程框架，这个分布式系统中间件由一个统一的框架完成分布式系统所需的各种服务。华为的控制器应用程序就是众多运行在这个管道 OS 提供的分布式系统中间件上的一个应用程序，这个应用程序和其他程序一样，是由一组组件构成的。

2. 网络操作系统层（控制器平台层）

华为公司的控制器的第二个层，就是网络操作系统层（控制器平台层）。这一层负责网络资源管理、转发器网元资源管理。这一层的作用是屏蔽底层转发器的多样性，对上层的网络控制业务 APP 提供统一的服务。这层可以细分为网元驱动层、网元资源管理层、网络资源管理层等几个子层。网元驱动层主要包括数据转换适配，以便适配不同厂家的转发器。网元驱动程序通常由转发器厂家实现，华为管道 OS 支持开放能力，提供模型接口文档、开放编程环境和开放验证环境，以支持第三方转发器厂家可以完成该转发器的驱动程序开发。网元资源管理层负责转发器网元资源的管理，包括接口管理、标签管理、转发器流表管理等。这一层对下面定义了网元抽象标准接口，所有的网元驱动程序都可以适配这个标准接口来驱动自己厂家的设备。网络资源管理层主要负责网络相关资源管理，比如拓扑管理、隧道管理等，对上层和网元资源管理层一起提供网络操作系统的 NETOS API，供上层网络控制业务 APP 来调用完成具体的网络业务。正因为控制器平台层对上层网络控制业务应用程序（各种 VPN、基本 IP 转发、组播、数据中心虚拟网络等）屏蔽了底层转发器设备的差异，使得底层转发器设备的替换不会影响任何上层网络控制业务，而且增加任何上层网络控制业务应用程序时也不用修改任何底层设备和驱动程序。

3. 网络业务应用层

华为控制器的最上层是网络业务应用层，就是通常所见的各种运营商网络业务，比如 L2VPN、L3VPN、组播、IPv4、IPv6、数据中心虚拟网络等。这些业务通常需要学习周边路由，计算网络内部路径，生成转发器所需的转发表，根据网络状态变化重新计算转发表并更新到转发器，确保用户业务持续。其中最为关键的功能包括和周边进行交互的路由协议，比如 BGP、ARP、组播协议等以及业务路由的计算，另外一个部分就是根据业务策略需求来计算网络内部的交换路径，这是该层提供的两个核心功能。

9.1.2 华为控制器分布式模型

华为控制器的分布式实现，是基于华为管道 OS 提供的分布式系统中间件。华为把控制器内部划分为节点以便于进行灵活部署。节点就是一组组件的集合，节点是个逻辑概念，如图 9-5 所示。

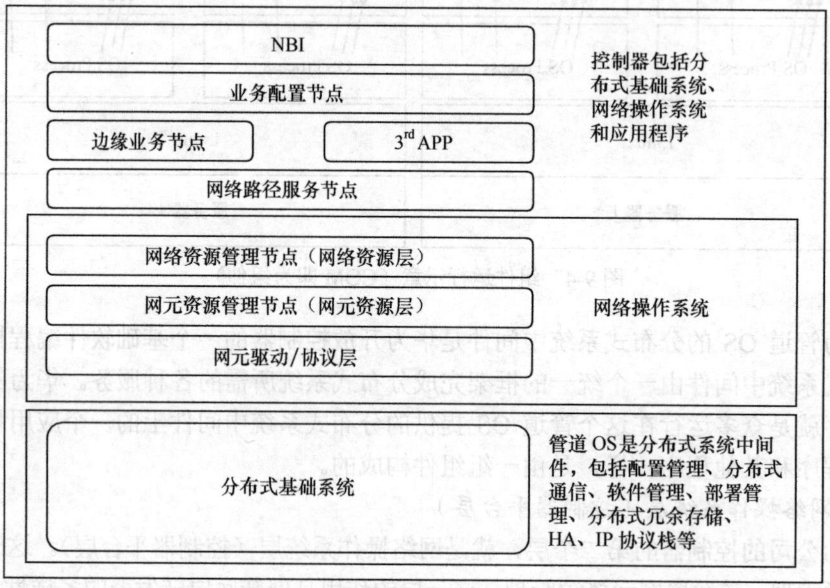

图 9-5　华为控制器内部组件示意图

网元资源节点负责管理网元的所有资源，是经过抽象后的逻辑资源，这些网元资源数据模型对于任何一个转发器都是一致的，与转发器厂家无关，与转发器的硬件形态无关（比如集中式、分布式，单框、多框）。通常，一个网元资源节点可以管理一定数量的转发器的资源，而网络中的转发器数量根据网络规模的不同而不同，其数量可能从几十个到几万个，在数据中心部署 OVS 场景也可能达到上百万。这种情况下，就可以动态地在控制器集群中新增网元资源节点实例来分担网元资源的管理任务。这种方式实现了水平扩展，解决了网元数量增加的问题。

网络资源节点主要管理拓扑等网络资源。这部分资源不需要像网元资源节点一样进行水平扩展，因为尽管网络规模变大，转发器网元增多，但增加网元在拓扑中也不过是增加了一些网元的拓扑数据，每个网元会增加一个节点对象、增加这个节点上所有接口对象和周边互联的链路对象，并不会导致这个网络资源节点数据急剧增加。当然，为了应对网络资源管理节点在一台计算机上无法完成处理的问题，华为控制器也具备部署多个网络资源节点的能力。但是通常其扩展方式与网元资源节点不同：网络资源节点的分布式部署方式可能在系统中按需部署几个就可以了，而网元资源节点可能进行大规模水平分布式部署。

也就是说，华为控制器的分布式部署是水平分布式+垂直分布式的方式，因为网元资源节点采用水平分布式，而整个系统看来又是垂直分布式的，换句话说，整个控制器系统是按功能进行垂直分布式部署，而某些功能是根据需要进行水平分布式部署的。

控制器上面应用层的网络边缘业务节点实际上是用于处理运营商网络 PE 上的复杂接入业务的。因为控制器集中控制之后，PE 上的各种路由协议处理相当复杂，一个 PE 就可能运行大量 BGP 进程并处理大量 VPN 业务，所以在控制器里面可以为每个 PE 部署一个边缘业务节点，由该节点专门处理 PE 的各种协议和业务。这个节点的部署方式也是水平分布式的，可以根据边缘设备的多少进行水平扩展。

应用层的另外一个节点是网络路径服务节点，这个节点本身的扩展方式同样是水平分布式，但是它的分布式不会像边缘业务节点和网元资源节点那样的水平分布，而是根据网络内部需要计算的 Fabric 交换路径数量来决定自己需要部署多少个实例，以处理网络内部的交换路径。

在应用层的这两个节点可以被简单地理解为如图 9-6 所示的样子。

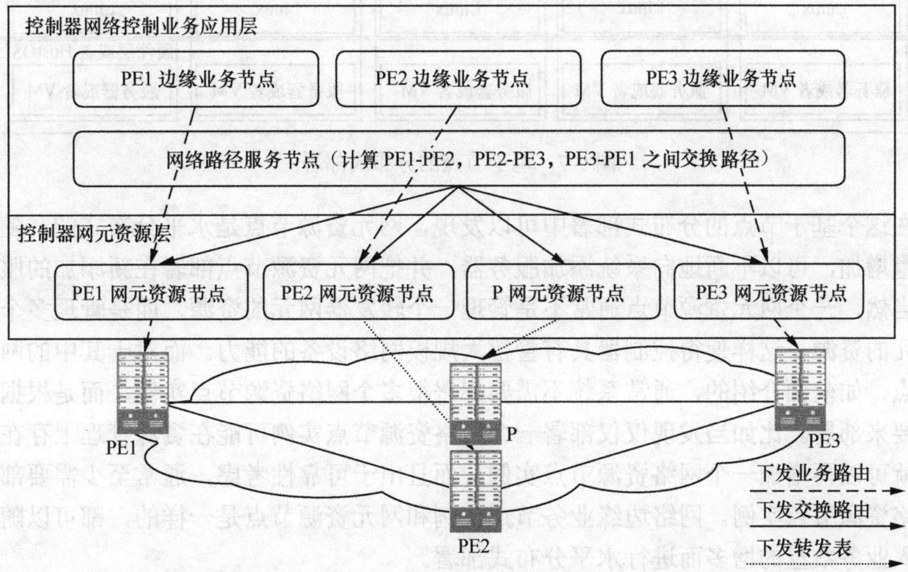

图 9-6　应用层的边缘业务节点分布式部署模型

通过这种网络抽象模型，形成了边缘业务节点负责处理边缘接入业务、网络路径服务节点负责处理网络内部交换路径的架构。在这种架构下，华为控制器产生了一种独特的能力，就是可上可下部署能力，这样华为控制器可以轻而易举地做到解决方案的灵活性，满足现有网络向 SDN 网络演进的能力。既可以把边缘业务节点的功能完全部署在转发器内部，仅仅保留网络内交换路径的计算功能在控制器上面执行，比如华为 PCE+、RR+解决方案等；也可以把网络交换路径的计算和生成完全部署在转发器，而网络边界业务路由的计算部署在控制器上。比如，华为提供的数据中心 VXLAN 的虚拟网络解决方案，控制器完成虚拟网络的 ARP 协议处理和虚拟网络的 MAC 路由的计算。当然，如果把网络交换路径和网络边缘接入业务都部署在转发器上，控制面全部是传统的分布式控制面，那么控制器仅仅剩下网络业务配置分解功能，这个功能就是传统 OSS 的功能。一般认为，这种没有把内部交换路径和边缘接入业务控制中的任何一种控制，部署在控制器的网络架构，都不是真正的 SDN 网络架构。这种没有集中控制的控制器只不过是一个传统的 OSS 而已，因为前面分析过这样不能实现简化网络和支持网络业务快速创新能力的要求。

这样，华为的控制器完整的基于节点分布式的部署类似于图 9-7 所示。

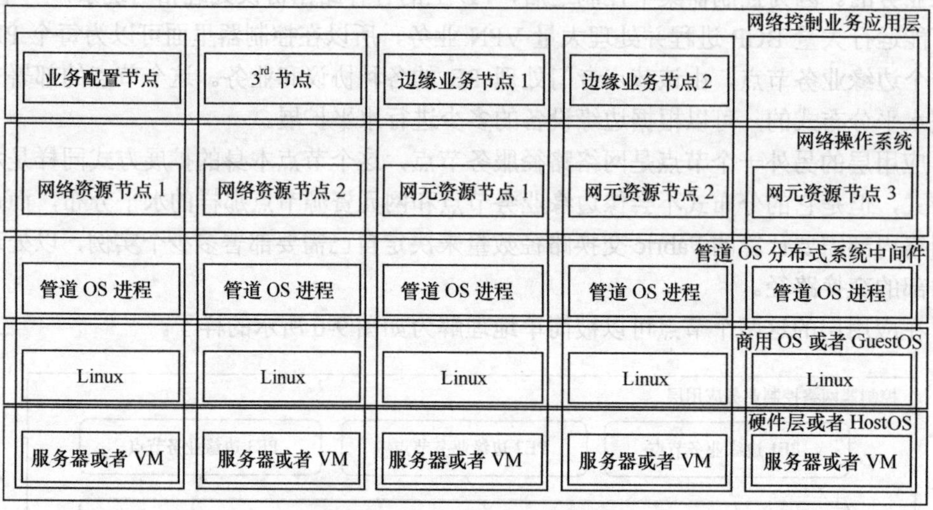

图 9-7　基于节点的分布式部署

在这个基于节点的分布式部署中可以发现，网元资源节点是水平分布式的，随着网元数量增加，可以不断地向系统添加服务器，并把网元资源节点部署在新添加的服务器上。当然，一个网元资源节点通常不是管理一个转发器网元的资源，而是管理多个转发器网元的资源，这样使得控制器具有管控大规模网络设备的能力。而对于其中的网络资源节点，如前面介绍的，通常系统不需要部署很多个网络资源节点实例，而是根据实际的需要来部署。比如当发现仅仅部署一个网络资源节点实例可能在资源管理上存在瓶颈时，就可以再增加一个网络资源节点实例，而且出于可靠性考虑，通常至少需要部署两个网络资源节点实例。网络边缘业务节点实例和网元资源节点是一样的，都可以随着边缘接入业务数量的增多而进行水平分布式部署。

华为控制器除了支持上述分布式以外，在网络控制业务应用层还可以实现基于业务的另外一种分布式，如图 9-8 所示。

此时，网络不是按照网络边缘业务接入设备来天然划分分布式，而是面向业务进行处理。这种情况下，一个 L3VPN 业务应用程序实例可能为该 L3VPN 业务的每个 PE 计算和生成业务路由，把所有这些 PE 的接入协议的路由都集中在一个 L3VPN 业务应用程序实例上进行处理。那么如果要处理的 L3VPN 业务实例很多，比如 10000 个 L3VPN 业务，这个 L3VPN 业务应用程序实例如何处理如此多的 L3VPN 业务？有两个解决方案，其中一个是可以部署另外一个 L3VPN 业务应用程序实例 2，类似水平分布式，这个实例 2 可以负责分担部分 L3VPN 业务的处理，如此进行分布式处理就可以解决大规模业务的分布式处理问题；另外一个方案是可以让控制器处理一部分 L3VPN 业务，另一部分 L3VPN 业务使用传统的分布式网络方式来处理。后一种方案适用于现网已经部署 L3VPN

业务的情况下，希望部署一部分 L3VPN 业务由控制器来管控，不过此时需要解决好分布式控制面和集中的控制器资源冲突问题。后一种方案也适用于客户希望将 VPN 一个个地迁移到控制器的场景。

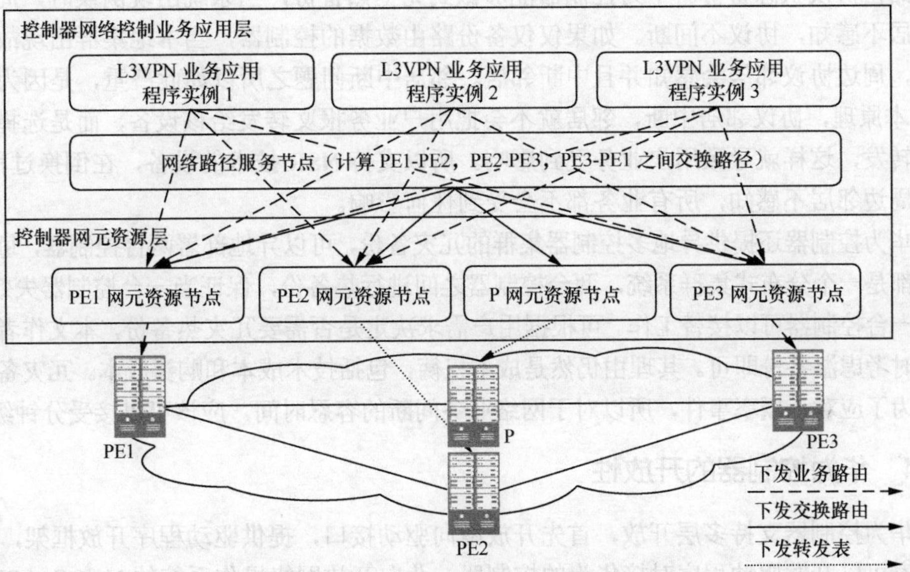

图 9-8　基于业务的网络控制业务应用层示意图

对于分布式，主机并行收发问题也值得讨论。华为控制器所采用的管道 OS 分布式系统的中间件内嵌了一个路由功能部件，使得整个控制器集群对外只暴露一个连接 IP 地址，也就是 UNI-IP 技术，这样任何转发器都只需要和一个 UNI-IP 地址建立连接。实际上，报文进入服务器通道可以是真实服务器中的任何一个，分布式中间件都可以正确送达该报文至实际处理该报文的服务器，这就是内嵌的路由功能部件的作用。这个部件使得控制器集群对于外部的设备，无论是转发器设备还是其他周边协议邻居，都仅仅感知到一个 IP 地址的存在，或者说仅仅感知到一个设备存在，而不是感知到控制器集群的多个服务器 IP 地址。对周边设备屏蔽了内部的多服务器集群的细节，这也是分布式集群应该具备的基本能力。

在真实的组网中，尽管多个服务器可以并行收发，但是通常前面需要一个前置的负载均衡器负责向多个服务器进行负载均衡。华为控制器的服务器集群支持华为管道 OS 提供的内置负载均衡器，也支持外置负载均衡器，使得组网中能够真正地发挥多服务器并行收发处理的能力。

9.1.3　华为 SDN 控制器的可靠性

出于可靠性考虑，华为控制器的控制器集群具有支持双点同时故障保护的能力，并且支持热备份。控制器热备份是指任何一个节点故障，控制器中该节点的备份节点会立即接管系统中失效节点的工作。如果要做到能应对两个节点同时故障的情况，那就需要在控制器内部部署两个热备份节点。但是，考虑到性价比，通常对业务节点做一个热备份就可以了。然而分布式中间件系统中相关的组件，都是支持双点同时故障保护的，以提高系统的可靠性。因为如果分布式中间件崩溃，那么整个系统需要整机重启，这是不可接受的。而业务节点崩溃可以由分布式中间件重新部署新的业务节点来快速恢复业务。

华为控制器的可靠性技术采用了类似传统路由器中的 NSR（Non-Stop Routing）技术，既备份路由数据也备份路由协议状态数据，不像其他控制器仅仅备份路由数据，不进行路由协议状态备份。华为控制器能够做到完全热备份，当系统出现倒换时，周边协议邻居不感知，协议不间断。如果仅仅备份路由数据的控制器，当本地集群出现故障倒换时，周边协议邻居会感知并且中断邻居。邻居中断问题之所以如此严重，是因为根据 IP 基本原理，协议邻居中断，邻居就不会把用户业务报文转发给该设备，而是选择其他路径转发，这样就导致用户业务受到影响。所以支持 NSR 技术的设备，在倒换过程中，由于周边邻居不感知，所有业务都不会受到任何影响。

华为控制器还提供异地多控制器集群的冗灾备份，可以异地部署两台控制器，每台控制器都是一个分布式集群系统，两台控制器之间进行热备份，保证当一台控制器失效时，另外一台控制器可以接替工作。可根据用户需求决定是否需要冗灾热备份，本文作者推荐冗灾时考虑温备份即可。其理由仍然是成本权衡，包括技术成本和购买成本。冗灾备份本身是为了应对小概率事件，所以对于网络业务间断的容忍时间，应该可以接受分钟级别。

9.1.4 华为控制器的开放性

华为控制器支持多层开放，首先开放南向驱动接口，提供驱动程序开放框架，第三方厂家可以开发驱动程序对接华为的控制器；北向开放网络操作系统的 NetOS API。这些 API 可以读取网络状态、获取网络事件、读取网元资源、操作网元转发表等，以便供控制类应用程序进行网络控制业务应用程序开发。北向也开放网络业务接口，这些接口称为网络业务 API，供上一层应用程序（协同层应用程序）调用这些网络服务。提供的编程接口形式包括 Java API、Nentconf 和 RESTFUL 等，并提供开发编程环境的 eSDK，同时可以提供网络自动化验证环境，以便验证基于这些 API 开发的程序的正确性。目前华为控制器是一个开放闭源系统。

对于开放和开源这两个概念，有必要澄清一下。事实上，客户本来更加关心的是系统的开放性，开放的系统可以有效地解决南向多厂家对接问题，也可以有效地解决北向多厂家 APP 互通问题。从历史看，微软的 WINDOWS、苹果的手机 IOS 系统都是开放闭源系统，满足了广大用户的需求。可是现在为什么客户希望使用开源呢？开源可以看作是更加开放的系统，开源系统把源代码都公布出来了。其实，把源代码公布出来是相比开放闭源系统在形式上的唯一区别。到底把源码公布出来有什么好处？对客户产生了什么价值呢？有人说更加安全了，因为闭源的系统代码不公开，所以可能藏了自己的后门。这种担心当然是多余的，运营商如果担心，厂家的代码完全可以交付给运营商审查。其实，开源代码由于任何人都容易获得，所以某种意义上也可能是一种不安全因素。也有人说，开源系统使用的人多，可以更加快速地交付和使得系统更加稳定。从历史上看，都是厂家自己交付的系统更快更好，开源系统由于其参与厂家的心态的复杂性，其实很难快速推进。前面讨论过，开源系统要想获得一定市场认可，必须有大的开发商支撑，而这种支撑是有失之东隅、收之桑榆的商业模式才可以，否则哪有大厂家愿意为天下贡献免费午餐。开源具有的一个功能是定义一个参考实现模型，通过这个参考实现模型，可以加速标准的推进。由于标准讨论过程复杂，周期都很长，如果能够通过开源来快速定义一个产品标准，就很容易实现互联互通问题。这个价值是实实在在存在的。

在控制器领域，现在形势复杂，谁也不知道未来开源控制器会发展得如何。在这种态势下，华为的 SDN 控制器架构还在进行进一步的增强，它可以基于开源的控制器系统 ONOS 来构建产品交付。也就是说，华为以 SOA 架构基于 ONOS 构建华为的控制器。ONOS 相当于网络操作系统，华为在 ONOS 上面开发了网络业务应用程序，这些网络业务应用程序既可以运行在华为自己的网络操作系统上，也可以运行在 ONOS 上，这样可以有效地应对未来的不确定性。当然华为内部技术上也在研究开源控制器系统 ODL，以便能够快速完成网络操作系统平台的切换。

9.1.5　华为控制器的可迁移性

华为控制器的严格分层架构，使得各层可以相对独立地被使用。华为已经发布的控制器包含网络操作系统和网络业务应用层。华为同时也发布了基于 ONOS/ODL 开源控制器平台的控制器，这种控制器的架构类似于一种 SOA（Service Oriented Architecture）松耦合架构。

华为把控制器内部的网络控制业务 APP 层（网络业务应用层，包括 L2VPN、L3VPN 等）运行在 ONOS 的控制器平台上，就是说利用 ONOS 的 CORE 替代华为控制器网络控制业务 APP 层所依赖的网络操作系统服务，这样使得华为的关键网络控制业务 APP 可以比较容易跨平台运行。华为的做法是在 ONOS 内部增加一个桩模块，通过这个桩模块完成 ONOS 控制器平台和华为网络控制业务 APP 的交互。这样，本质上华为的网络控制业务 APP 也是一个 ONOS 上的 APP。

同样地，华为控制器的网络业务应用层也可以运行在 ODL 开源控制器平台，利用 ODL 的南向接口对接多厂家转发器，也可以接收从 ODL 北向进入的网络业务请求，完成网络业务实现，解决多厂家的协同层 APP 的互操作问题。

9.1.6　总结

华为 SDN 网络解决方案采用了基本的 SDN 网络分层架构，从解决方案上分为转发器层、控制器层、应用层。华为控制器内部又分为分布式系统中间件层、网络操作系统层、网络控制业务 APP 层。利用华为管道 OS 提供的分布式系统中间件层，对上层各种应用程序组件（包括控制器程序组件）屏蔽了底层多服务器差异，也对周边邻居屏蔽了分布式系统的详细细节，使得周边邻居设备不感知集群内部的服务器数量、位置等信息。网络操作系统层负责转发器的网元资源管理和网络资源管理；转发器网元资源管理是一个设备资源模型的逻辑抽象，多厂家设备可以通过驱动程序对接标准的网元资源管理层的 SBI 接口完成对自己厂家设备的驱动，或者通过标准的 OpenFlow 协议来完成设备驱动。网络操作系统层则屏蔽了多厂家转发器的细节，使得网络控制业务应用程序可以不感知下面具体转发器的厂家、设备硬件信息等。

严格的分层架构，使得华为控制器的网络业务应用程序具有良好的可迁移性。华为同时发布了基于自己的网络操作系统的控制器和基于 ONOS 开源控制器平台的控制器。

华为控制器支持多种部署模式，支持可上可下部署，充分考虑运营商网络向 SDN 网络迁移的方案，既可以单独在控制器部署网络内部交换路径计算，也可以单独在控制器内部部署网络边缘接入业务控制，或者把两者都部署在 SDN 控制器上进行控制，并且可以按照不同业务或者不同业务实例进行部署，比如部分业务或者业务实例部署在控制器上，另外的部分业务或者业务实例部署在传统分布式控制面上。

华为控制器的分布式支持垂直分布式和水平分布式两种模式，支持对外提供一个 IP 服务地址（UNI-IP 技术）能力。分布式可以基于不同功能，按照节点进行不同的模型扩展，整体上是一种垂直分布式，而每个功能节点可以独立地进行水平分布式扩展。

华为控制器支持传统的 NSR 技术，做到控制器集群的部件故障，周边邻居不感知，支持控制器集群内双点同时故障保护能力，也支持异地冗灾的备份恢复技术。

华为控制器支持和传统网络进行互通，支持与传统的 BGP、ARP 等路由协议的互通，支持 SDN 网络在现有网络中的部署。

华为控制器是面向 IP+光、WAN 网络、DCI 网络的解决方案，同时支持数据中心网络虚拟化和业务链等需求。

华为控制器继承了很多传统路由器软件部件，使得整个控制器具备快速成熟并商用的能力，保持了运营商领域传统的运行维护体验，包括配置、性能、告警等，降低了学习成本。

9.2 ODL 控制器架构

ODL 是一个开源控制器，是 IBM 和 HP 公司发起的，主要致力于解决数据中心网络虚拟化问题。ODL 于 2014 年年底发布控制器的 HELIUM 版本，该版本主要支持数据中心虚拟网络，对上主要和 Openstack 对接，对下主要和 OVS（开放交换机，一个运行在服务器中的软件交换机，是一个开源软件）对接。ODL 定位是一个控制器，包含控制器北向业务接口、网络业务应用、控制器平台层（基本网络业务服务）和南向协议。特别地，ODL 还定义了一层 MD-SAL 层。当然，目前阶段客户还不可能直接获取开源 ODL 代码去运营自己的网络业务，无论是企业客户还是运营商都无法直接获得开源 ODL，当作自己的网络控制器，并进行商用。这是因为，目前阶段 ODL 并不成熟，主要是定义了一些基本网络服务和控制器开发所需的基本编程框架服务（MD-SAL），基本网络服务包括拓扑、主机管理、统计等；控制器开发的基本编程框架服务包括数据库服务、RPC 服务、建模服务、分布式服务等。但是运营商所需要的很多网络业务比如互通协议、VPN 业务等还没有实现，也就是说 ODL 控制器目前仅仅实现部分框架功能和少量网络资源管理服务，各种网络业务应用程序都没有定义和实现。这样厂家如果希望使用 ODL 来构建厂家控制器，需要完善 ODL 中的基本网络服务，补充网络业务应用，并完善 ODL 的质量，才能交付可商用的 ODL 控制器。另外一个方面，ODL 在整个 OAM 操作维护方面与商用需求还有较大差距，比如配置、告警、故障等方面都不完善，有不少厂家都在 ODL 上完善这些操作维护功能，发布私有的 ODL 控制器。这些厂家通常并没有把对 ODL 的完善部分代码开源到社区，而且基于 ODL 开发的厂家是否愿意贡献以及贡献哪些部分到 ODL，也都是根据其本身的商业利益决定的。由于开源 ODL 由于不是一个商业组织，所以其交付的代码质量、可靠性、性能等方面和厂家独立交付的经过严格质量保证的系统，在满足客户需求方面有差距的，尤其是在没有一个大厂家真心实意地投入进去的情况下，更是如此。

9.2.1　ODL 各层架构基本功能

图 9-9 所示是 ODL HELIUM 版本架构，接下来介绍 ODL 各个部分的功能。

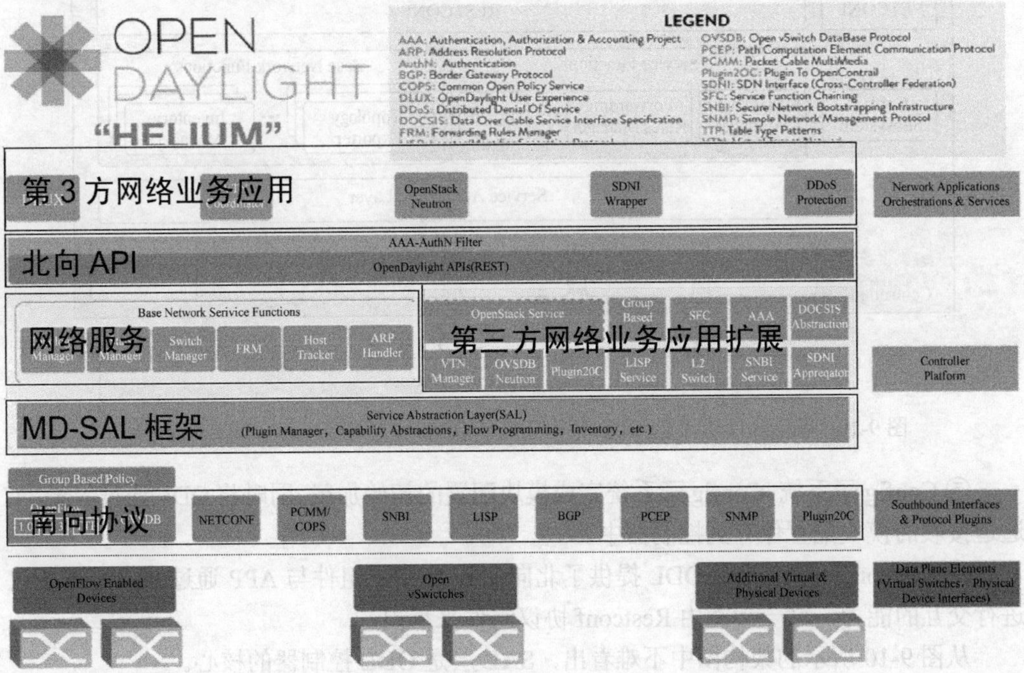

图 9-9　ODL 最新架构

1. ODL 的 AD-SAL 和 MD-SAL 架构

（1）早期基于 AD-SAL 的 ODL 架构

早期的 ODL 架构如图 9-10 所示，在功能上大体分为南向协议层（如 OpenFlow、Netconf 等）、SAL 层、北向业务/应用层三层，同时还包括 Netconf Server 端、Config 子系统以及 Restconf 协议组件。

对图 9-9 所示的各功能分层和组件分别介绍如下。

① 南向协议层：包含 OpenFlow、BGP-LS、PCEP、Netconf 等协议插件，完成与南向网络设备的功能对接，主要用于从网络设备获取数据，将策略/控制应用到网络设备。

② 北向业务/应用层：分为基础网络服务和业务功能两大组件，基础网络服务组件主要完成网络资源的管理并为业务功能组件提供服务，业务功能组件则包含与具体网络应用相关的业务逻辑。

③ SAL 层：SAL 层是 ODL 在早期为隔离南向协议层和北向业务/应用层而引入的一项设计。ODL 的各组件由开源社区的不同团队开发，为使这些组件的开发过程能够相对独立进行，ODL 引入了 SAL 层，SAL 层充当南向协议层和北向业务/应用层的“中介”，南向协议层或北向业务/应用层都只看到 SAL 层，这样避免了它们在开发过程中的相互依赖。

④ Netconf Server 端：ODL 有很多模块参数需要配置，比如 OpenFlow 插件的监听地址和端口号，ODL 提供了 Netconf 协议配置方式来配置这些模块参数，此时，ODL 作

为 Netconf Server 端接收 Netconf Client 端的配置操作。

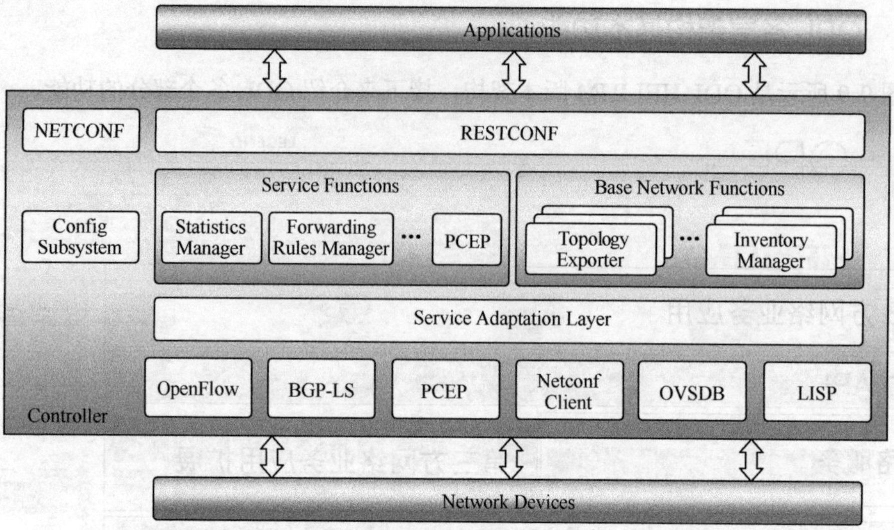

图 9-10　基于 AD-SAL 的 ODL 架构（来自 ODL 官方网站：opendaylight.org）

⑤ Config 子系统：Config 子系统完成模块配置的初始加载，同时将 ODL 通过 Netconf 通道接收的模块配置保存到控制器中。

⑥ Restconf 协议组件：ODL 提供了北向业务/应用层组件与 APP 通过 Restconf 协议进行交互的能力，这一功能由 Restconf 协议组件来承担。

从图 9-10 所示的架构图中不难看出，SAL 层是 ODL 控制器的核心。

下面以一个 ARP 报文收发过程为例，来对 SAL 层工作原理进行说明。如图 9-11 所示。

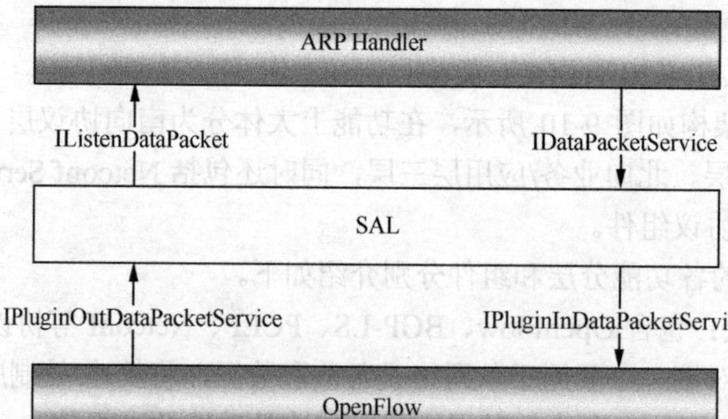

图 9-11　基于 AD-SAL 架构的 ARP 报文收发过程示意图

对于接收 ARP 请求报文，南向 OpenFlow 插件从网络设备接收到 ARP 报文后调用 SAL 层提供的接口 IPluginOutDataPacketService（该接口由 SAL 层实现）向北向传递报文，在该接口实现过程中再调用 ARP 组件注册到 SAL 层的报文接收处理接口 IListenDataPacket（该接口由 ARP 组件实现）；对于发送 ARP 响应报文，北向 ARP 组件构造好 ARP 报文后调用 SAL 层提供的接口 IDataPacketService 向南向组件传递报文，在该接口实现过程中再调用 OpenFlow 插件注册到 SAL 层的报文发送处理接口 IPluginIn

DataPacketService（该接口由 OpenFlow 插件实现）。

SAL 层与南北向组件之间的接口独立定义，所有的接口都由 SAL 层定义，一部分接口由 SAL 层直接实现，一部分接口由南北向组件实现并注册到 SAL 层。此外，所有的接口调用过程都是同步的。所以，早期的 SAL 也称为 AD-SAL，即 API-Driven SAL。

显然，SAL 层需要适应业务需求而对南北向交互接口定义进行增加、修改或删除，也就是说南北向组件的开发可能随时需要对 SAL 代码进行修改。同时，由于 SAL 层与南向北向组件间接口的定义是独立的，对于具有同样参数的接口需要分别在 SAL 层与南向北向组件之间分别定义相同的接口。相应地，这些接口参数对象的解析/设置代码也需要分别写一份，即使它们包含相同的属性。此外，SAL 层还需要完成南北向接口参数之间的适配。

这里 AD-SAL 定义了应用层和协议组件的一套接口，这种设计会导致当协议组件提供的接口变化时，同时也需要修改 AD-SAL 代码，ODL 希望能够提供一套分布式中间件系统，这个中间件系统不应该依赖于任何组件的具体实现。显然地，AD-SAL 虽然定义了具体的协议组件的一个接口，但没有达到 ODL 原先设想的应该仅仅提供一个分布式中间件的要求，所以 ODL 提出了开发 MD-SAL，通过 MD-SAL 来承担分布式中间件，替代原来的 AD-SAL。在 ODL 的 Helium 版本之后的版本，就逐步去除了 AD-SAL 的所有相关实现。而对于 AD-SAL 本身包含了两个部分功能，一个是中间件功能，一个是定义标准的抽象模型的功能，两者都是控制器平台必需的功能。而 MD-SAL 对 AD-SAL 进行解耦，实现了分布式中间件功能。

（2）基于 MD-SAL 的 ODL 架构

如前所述，基于 AD-SAL 的 ODL 架构最大的问题是把中间件功能和业务模型耦合在一起实现了，带来可扩展性差的问题，MD-SAL 正是为解决这一问题而从 AD-SAL 演进来的。如图 9-12 所示，基于 MD-SAL 的 ODL 架构在功能上看似仍然包括了基于 AD-SAL 的 ODL 架构中的很多功能组件，但在设计与实现上却发生了本质的变化。

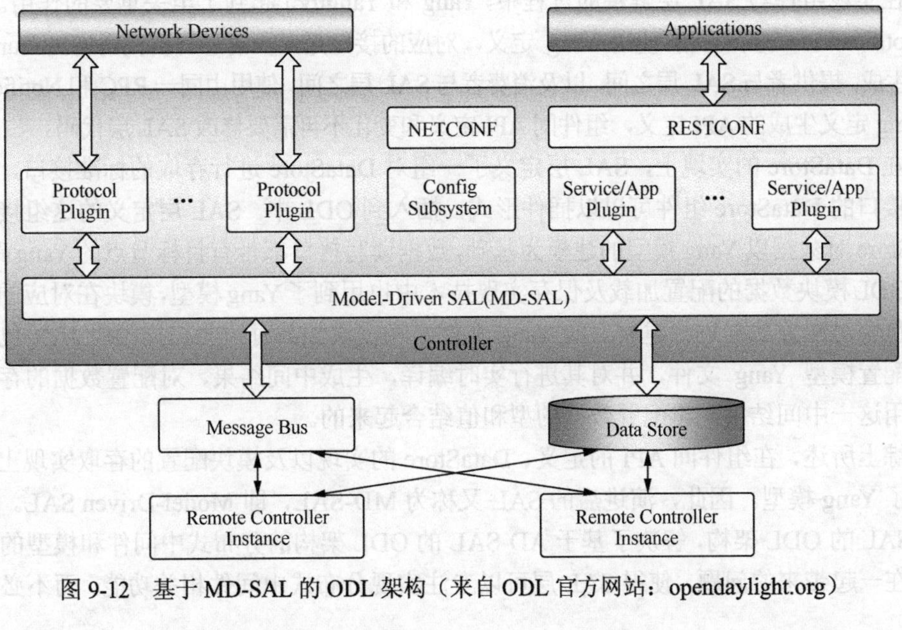

图 9-12　基于 MD-SAL 的 ODL 架构（来自 ODL 官方网站：opendaylight.org）

协议组件、业务/应用组件被统一抽象为服务/数据组件，并分为提供者和消费者两类，提供者通过 APIs 提供服务，消费者消费提供者提供的服务，同一组件可以同时作为消费者和提供者。比如，OpenFlow 协议组件作为提供者提供对连接到插件上的交换机进行流的增加、删除和修改等服务，而转发规则管理者组件则作为 OpenFlow 协议组件的消费者，并同时为北向 APP 提供更高层的服务。

在架构上，SAL 层仍然是 ODL 的一个核心，是一个分布式中间件和编程基础框架，并且 SAL 层本身并不区分组件类型，也不感知组件业务应用逻辑，不再包含组件相关的代码，SAL 层只是充当组件间通信消息的总线。组件间的交互行为大致分为三种情况：由消费者调用提供者的服务（称为 RPC）；由提供者向消费者发送通知（称为 Notification）；组件对 DataStore 的读写以及 DataStore 将数据变化通知到组件。所有这些行为都是通过 SAL 层来完成的，所以 SAL 层实际上充当了 RPC、Notification、Data 的“中介”。

对于 RPC，提供者需要首先把服务注册到 SAL 层，消费者需要进行 RPC 时，向 SAL 层查找所需要的服务并调用服务接口，且调用过程是异步的。RPC 的注册/查找由 SAL 层实现并提供接口给组件使用。

对于 Notification，消费者需要事先向 SAL 层订阅所需要的 Notification，一旦提供者通过 SAL 层发布 Notification，SAL 层就会触发消费者订阅 Notification 时注册消息处理过程的执行，且执行过程是异步的。Notification 的订阅和发布由 SAL 层实现并提供接口给组件使用。

对于 Data 存取以及变化通知，组件调用 SAL 层提供的接口直接对 DataStore 进行读写，或订阅 DataStore 的数据变化事件。当 DataStore 的数据发生变化时，SAL 层就会触发在组件订阅数据变化事件时，注册的事件处理过程的执行，且执行过程是异步的。

值得一提的是，ODL 可以直接通过 Restconf 接口触发 RPC 的执行或对 DataStore 进行读写。此时，Restconf 客户端可以看成是消费者组件，RPC 的执行和对 DataStore 的读写最终均由 SAL 层提供的服务完成。

在实现组件与 SAL 层解耦的过程中，Yang 和 Yangtool 起到了至关重要的作用。RPC 和 Notification 均由消费者使用 Yang 定义，对应的接口定义及消息解析代码均由 Yangtool 自动生成，提供者与 SAL 层之间，以及消费者与 SAL 层之间，使用由同一 RPC 和 Notification 的 Yang 定义生成的 API 定义，组件间 API 定义和变化不再需要修改 SAL 层代码。

在 DataStore 的实现上，SAL 层定义了一组对 DataStore 进行存取的标准接口，实现这组接口的 DataStore 组件可以以插件形式，插入到 ODL 中。SAL 层定义的这组接口以 DataStore 对数据以 Yang 模型的建模为基础，数据读写接口都带有目标节点的 Yang 路径。

ODL 模块数据的配置加载及保存实现技术中也用到了 Yang 模型，模块在对应的 JAR 包中包含对配置数据进行建模后的 Yang 文件，在模块加载时，会扫描模块 JAR 包中包含的配置模型 Yang 文件，并对其进行实时编译，生成中间结果，对配置数据的存取正是利用这一中间结果，将配置数据的型和值结合起来的。

综上所述，在组件间 API 的定义、DataStore 的实现以及模块配置的存取实现上，都应用了 Yang 模型。因此，演进后的 SAL 又称为 MD-SAL，即 Model-Driven SAL。基于 MD-SAL 的 ODL 架构，解决了基于 AD-SAL 的 ODL 架构的分布式中间件和模型的定义耦合在一起带来的问题，使得 SAL 层可以专注实现分布式中间件相关功能，而不必感知任何业务逻辑，无论是协议组件还是业务应用组件逻辑。

通过ODL的MD-SAL分布式中间件，其实可以构建任何软件系统，而不仅仅是构建控制器平台系统。控制器平台还需要定义清晰的网络抽象资源和网元抽象资源，以便对上层网络业务应用屏蔽底层多厂家转发器模型的差异。这些功能在ODL的Basic Network Functions 部分进行了部分定义，但是大部分抽象网元资源模型并没有被定义，也就是AD-SAL的标准抽象模型的定义并没有得到关注，这也是未来ODL应该重点考虑和关注的。因为没有统一的抽象模型定义，就没有办法对上层屏蔽底层多厂家转发器的差异，来隔离上层网络业务应用和底层多厂家转发器。只有控制器平台定义了抽象模型，这样上层网络业务应用程序只要调用这个统一的抽象模型来实现，就能使得底层转发器可以被多厂家替换，最终使得上层网络业务应用程序和底层多厂家转发器可以被灵活替换。

2. 网络服务层

这个部分主要提供一些网络拓扑、统计、主机管理等服务，这些都是网络资源数据。ODL定义的这些服务可以被第三方业务扩展部分的业务组件进行调用。这个部分已经定义了一些基本的网络服务，一般不需要厂家自己再定义模型，而且利用ODL开发控制器的厂家也不应该修改或者替换这个部分。这部分是一个网络操作系统（控制器平台）的核心，是最需要开源控制器平台做好的部分。这个部分如果实现得完备可用，可以真正屏蔽底层多厂家差异，成为各个厂家的控制器所依赖的公共平台，是非常有意义的。当前ODL版本的这个部分没有被真正地关注（Helium版本代码规模仅仅7万行左右），所以支持的资源管理部分相对不完备。已经定义了部分网络抽象模型，比如拓扑管理、统计管理，但是还有很多设备资源模型没有被考虑，比如标签管理、光波长资源管理、VLAN资源管理，这些资源管理在目前的Helium版本还没有实现。作为开源控制器平台，其关键作用之一是定义事实标准，未来应该加强网络服务层的开发和完善，这样使得这层能够成为标准平台层，屏蔽底层多厂家设备的差异。当ODL发展完善这个部分，定义完善的抽象网络模型和抽象设备模型，这样才能够成为一个真正的控制器平台，并起到事实标准的作用，解决多厂家转发器和多厂家上层网络应用之间的互操作问题。

3. 南向协议

南向协议中，ODL里面已经集成了大量南向协议组件，包括OpenFlow、Netconf、PCEP等，而且这些协议也是ODL里面代码量最大的一部分（有100多万行代码，都是南向协议代码）。这部分主要是实现和设备互通的一些协议，是ODL中实现较为完备的部分。ODL架构层次里面没有清晰的定义驱动程序层，前面提到ODL提供了MD-SAL框架机制，各个厂家可以直接把自己的转发设备网元模型通过MD-SAL进行建模，并开放API编程接口。因为现在版本的ODL没有定义一个抽象的转发器设备模型，各个厂家也不用写个驱动程序，来进行抽象转发器设备模型到自己厂家设备模型的转换了。不过开源组织其实应该扮演一个事实标准的角色，应该定义统一的抽象模型，并清晰地定义一个驱动层，这才是比较合适的。

4. 第三方网络业务应用扩展

这部分是各个厂家在基于ODL实现控制器时，需要自己实现控制器网络业务应用程序的地方，也是各个厂家差异竞争的关键。就是说为了实现网络业务，各个厂家可以在这里完成自己的网络业务处理功能，包括各种路径计算、路由计算、业务处理等。大部分厂家通常的实现是，在这里面实现一个网络业务应用程序的桩模块，真正的网络业务逻辑处理是通过类似 SOA 架构在系统外部运行的，通过外部运行的业务逻辑和内部的桩模块交互来获取 ODL 的网络服务或者把计算生成转发表发送给 ODL。或者说，大部分厂家的网络业务应用程序部分，并没有基于 ODL 同样的编程框架 OSGI/MD-SAL，来完成全部应用程序的编写，而是把自己原来已经实现的各种业务逻辑和 ODL 进行一个 SOA 集成。这样做的好处是，厂家的核心业务逻辑不用和 ODL 紧耦合在一起。由于 ODL 在不断完善中可能会修改自身的架构，比如 ODL 已经取消了 AD-SAL 的支持。这种 SOA 架构避免了因 ODL 的架构变化，引起大量的厂家网络业务逻辑的修改问题。这些网络业务逻辑也是厂家多年积累的资产，厂家没有必要重新开发这些业务逻辑，造成无谓的资源消耗。另外，这部分核心业务逻辑通常是厂家的核心资产，厂家不会轻易地把这些核心业务逻辑开源出去。所以以独立的 SOA，松耦合架构集成，是目前主要厂家都采用的方案。

5. 北向 API

这部分定义了北向业务 API 层，当前 ODL 主要定义了数据中心内部和 OpenStack 对接的业务接口。由于 ODL 主要面向数据中心，数据中心已经存在的一个主流开源的 Cloud OS 就是 Openstack，所以 ODL 里面确实实现了一个数据中心虚拟网络的业务北向接口，这些北向接口也是 Openstack 定义的，ODL 作为网络控制器与它对接上，这样可以帮助 OpenStack 完成数据中心网络控制。正如前面介绍的，大部分厂家实现数据中心业务时，都使用了这个北向接口，实际具体业务的代码和逻辑都不在 ODL 中实现，而是以一种 SOA 架构实现自己的业务逻辑。

6. 第三方网络业务应用程序

这部分位于 ODL 外部，通常厂家网络业务的实现逻辑都部署在这一层中，通过位于 ODL 内部的第三方网络业务应用扩展内部的桩，一起形成了厂家的网络业务应用程序。当然这个层在 ODL 公开架构中，还包含一些协同层的应用程序，比如 OpenStack，这样，按照架构层次关系，协同应用程序调用的服务，来自网络业务应用程序（提供网络 L2VPN、L3VPN 服务的程序），这些网络应用程序既可以实现在 ODL 内部，也可以实现在 ODL 外部。

上面是 ODL HELIUM 版本的各层架构基本功能。

9.2.2 ODL 业务功能的实现过程

再看看在开源 ODL 里面实现一个网络业务功能的基本过程。

大概的工作过程如图 9-13 所示，业务请求进入控制器，厂家业务处理逻辑（是实现网络业务应用程序的代码，这部分既可以运行在 ODL 外部也可以运行 ODL 内部）会根据业务请求数据和 ODL 管理的网络资源（ODL 网络服务），生成设备控制转发数据，然后调用转发器设备模型的 API，并通过南向协议发送到转发器。这个过程中，MD-SAL 框架服务提供一些基本服务，主要协助完成设备抽象模型，北向业务模型建模，以及模型 API 生成功能，当然也会提供一些分布式数据存储的数据库、RPC 和通知功能。这里的厂家业务处理逻辑是由网络业务开发者设计编码完成的，其实现的业务功能可能包括路由协议处理、路径计算、路由计算等。

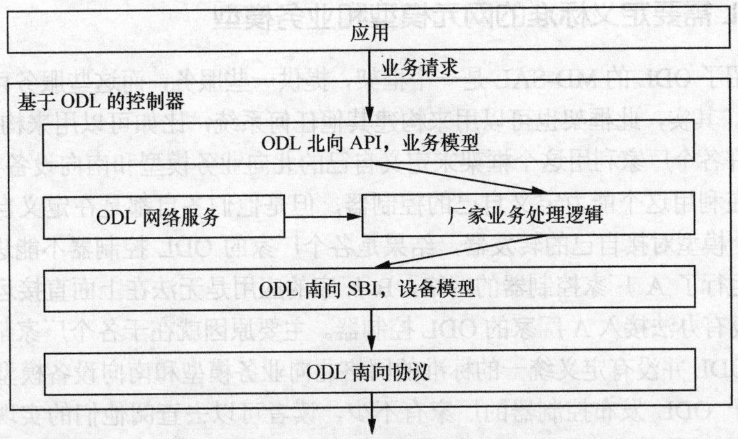

图 9-13　ODL 网络业务功能实现原理

对于这个过程，通常有一个误解，认为现在的控制器可以很简单、自动、不需要人工编码地完成北向业务模型到南向设备模型的转换，也就是说，只要把北向业务模型定义出来，南向业务模型也定义出来，程序员的工作就完成了。用户可以把业务请求发送给控制器，控制器自己就完成了两个模型的转换，而不需要中间的业务处理逻辑了，这个想法不太现实。除非在这种情况下，厂家不将 ODL 作为真正的控制器，而把全部的控制面功能，无论网络内部交换路径计算，还是边界业务接入路由的计算，都保留在转发设备进行计算，也就是使用传统的分布式控制面架构。然后通过 ODL 把网络业务模型分解为设备上的设备配置模型，这样做中间的所谓业务处理就基本上只需要很少的逻辑，比如分配 MP BGP 的 RT/RD、配置协议的进程号等一些配置参数。本书前面讨论过，这种不进行任何集中控制的方式，无法带来 SDN 网络的价值，某种意义上不能算是真正的 SDN。但是有人说，这种方式可以为上面类似 OSS 的业务，提供一个统一的 OSS 平台，因为利用开源 ODL 统一了一个网络业务北向接口平台，这样 OSS 类似的应用程序就不用适配很多厂家的网络设备了。这种观点也有一定道理，但这种方式仅仅改进传统 OSS 对接多厂家设备的问题，同时也有一个巨大障碍要克服：如何保证所有厂商的 ODL 控制器对某种相同业务都定义相同的业务模型。如果这些北向业务模型不同，厂家不同，那么刚刚讨论的用 ODL 为 OSS 提供统一平台就难以实现了。

为了实现一个控制器，控制器厂家需要在 ODL 的网络业务扩展部分增加很多代码，为了实现 SDN 网络价值，需要控制器对网络集中控制，集中计算网络内部的交换路径，生成交换路径转发表，也要为边界接入业务进行业务路由计算，生成业务路由转发表，这些都需要程序去实现。尤其是边界接入业务有协议互通的情况，比如 ARP、BGP 互通，更是需要程序编码实现，不可能简单地一劳永逸地编写一个模型转换程序，以后各种业务模型自己就自动转化为设备模型了。其实退一步，即使仅仅实现 OSS 的功能，不进行任何集中控制，从网络业务模型到网元配置模型的转换也不是由一个万能转换逻辑自动转换的，也需要进行编码。比如一些网络资源数据：BGP RD/RT，都是北向网络业务模型中没有的数据，它们需要控制器管理分配，那么不编写代码是不可能的。

9.2.3 ODL 需要定义标准的网元模型和业务模型

上面介绍了 ODL 的 MD-SAL 是一个框架，提供一些服务，而这些服务可以用来构建 ODL 控制器。其实，此框架也可以用来构建其他任何系统，比如可以用来构建游戏系统。MD-SAL 允许各个厂家利用这个框架来定义自己的北向业务模型和南向设备模型。于是，各个厂家都在利用这个能力定义自己的控制器，但是他们各自都是在定义自己的业务模型，通过这个模型对接自己的转发器，结果是各个厂家的 ODL 控制器不能进行互操作。例如，一个运行了 A 厂家控制器的网络，B 厂家的应用是无法在上面直接运行的，而 B 厂家设备也没有办法接入 A 厂家的 ODL 控制器。主要原因就在于各个厂家都在定义自己的模型，而 ODL 并没有定义统一的标准的网络北向业务模型和南向设备模型。

目前基于 ODL 发布控制器的厂家有不少，读者可以去查阅他们的实现架构，这些材料可以通过互联网搜索到。现在大部分厂家都是采用烟囱式的方式使用 ODL，如图 9-14 所示。

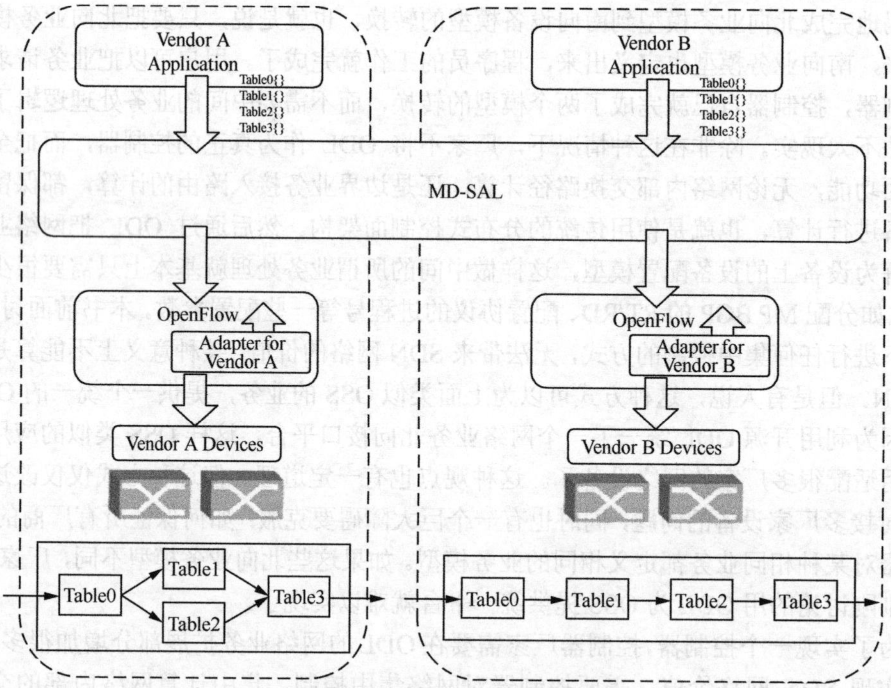

图 9-14 ODL 烟囱式开发模型

架构大致如图 9-14 所示。Vendor（厂家）A 的 APP 通过自己的模型操作自己的设备，Vendor B 的 APP 通过自己的模型操作自己的设备模型，它们之间不能互操作。就是说把 Vendor B 的 APP 直接运行在左侧 Vendor A 的控制器上，就无法操作 Vendor A 的设备，因为它们操作的模型不同，这就是问题的关键。

解决上述问题的关键，是 MD-SAL 不能仅仅定义框架，还要定义标准的网络模型、抽象网元模型。目前标准的网络模型已经实现了一部分，比如拓扑的定义，但是 ODL 当前没有定义抽象的标准转发器模型。当 ODL 定义了完备的抽象网络模型和转发器模型后，上面不管哪个厂家的 APP，都只能调用这个标准的网络模型和抽象转发器模型，来操作网络和转发器，而设备厂家通过驱动程序完成厂家设备模型到标准的抽象转发器模型的对接，这样就能够完成互操作功能。就是说，ODL 只有定义标准的网元抽象模型和网络抽象模型后，才能很好地解决互操作问题。

9.2.4　ODL 分布式和可靠性

ODL 的基础架构采用了 OSGI，因为 ODL 是 Java 编写的程序，为了解决模块化问题，下层采用了 OSGI 框架。OSGI 框架本身是一个 Java 虚拟机进程里面的基础编程框架，前面已经介绍。OSGI 本身并不是分布式的，ODL 为了解决分布式问题，增加一个分布式系统中间件，目前采用的是一个 AKKA 开源的分布式中间件来解决多个 ODL 实例的分布式问题。

ODL 当前采用的分布式架构基本上是采用水平分布式来实现的，如图 9-15 所示。

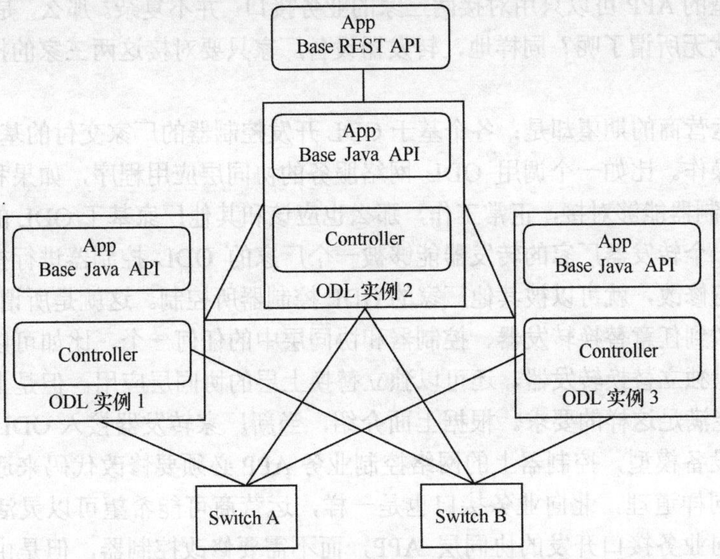

图 9-15　ODL 水平式分布架构

ODL 的分布式多实例下，每个 ODL 的服务器实例可以控制网络一部分网元，这样当所控制网络的网元数目增加时，可以通过简单地增加更多服务器实例到 ODL 分布式系统中，对网元的管控进行负荷分担，从而解决大规模网络分布式管理的问题。

关于可靠性问题，由于 ODL 采用了分布式架构，每个转发器可以同时连接到不同的 ODL 服务器实例，当一个 ODL 服务器实例故障时，转发器可以连接另外一个备份的服务器实例，这样可以保证当服务器故障时，系统还能够继续工作。当前 ODL 的故障恢复过程周边邻居会感知到，也就是说当某个运行 ODL 实例的服务器故障时，注册到该服务器的转发器需要重新建立连接，这种倒换技术相当于传统网络的 NSF 技术。迄今为止，ODL 还没有规划热备份倒换恢复技术。

9.2.5　期望和现实的矛盾

分析一下现在控制器厂家如何使用 ODL 来开发控制器。使用 ODL 开发控制器的厂家在目前阶段主要还是在使用 ODL 的 MD-SAL 框架，通过定义自己的转发器设备模型和网络业务模型，来实现各自的控制器。如果 ODL 能够定义标准的转发器设备抽象模型的话，未来也可能有厂家利用 ODL 的南向实现多厂家设备互通；如果这些北向业务模型能够标准化的话，也可能有厂家希望利用 ODL 的北向业务模型，实现基于 ODL 的应用程序，能够和各个厂家的 ODL 控制器进行互操作；如果 ODL 未来发展既不能定义标准转发器设备抽象模型，也不能定义标准北向业务模型，那么各个厂家都各自利用 ODL 的 MD-SAL 框架，定义各自的转发器设备模型和网络业务模型，结果导致各个厂家的控制器尽管都是基于 ODL 的，但是都无法互操作。因为最终如果没有实现南向设备模型标准化，各个厂家开发的网络业务应用程序，必须要适配各个厂家的设备模型，这个和原来 OSS 要适配多厂家的设备北向操作接口是类似的。如果没有实现北向业务模型标准化，那控制器之上的协同层 APP 必须要适配不同厂家的 ODL 控制器，因为它们的北向业务模型各不相同。当然，如果控制器厂家只有两三家，那么这些基于控制器的北向业务模型的 APP 可以只用对接两三家的业务接口，并不复杂。那么，是否基于 ODL 实现控制器就无所谓了呢？同样地，转发器设备厂家只要对接这两三家的控制器，也不算很困难。

然而，运营商的期望却是：各个基于 ODL 开发控制器的厂家交付的基于 ODL 的控制器能够互操作。比如一个调用 ODL 网络服务的协同层应用程序，如果和其中一个厂家的 ODL 控制器能够对接，正常工作，那么也应该和其他厂家基于 ODL 的控制器进行互通。如果一个转发器厂家的转发器能够被一个厂家的 ODL 控制器进行控制，那么应该不用做任何修改，就可以被其他厂家的 ODL 控制器所控制。这就是所谓的互操作性。这样就能够做到任意替换转发器、控制器和协同层中的任何一个，比如可以独立替换控制器，也可以独立替换转发器，还可以独立替换上层的协同层应用。但是上面介绍过的情况，却不能满足这样的要求。根据上面介绍，当新厂家转发器接入 ODL 控制器，提供了自己的设备模型，控制器上的网络控制业务 APP 必须要修改代码来适配这个新的设备模型。同样道理，北向业务接口也是一样，运营商可能希望可以灵活替换那些基于控制器北向业务接口开发的协同层 APP，而不需要修改控制器，但是由于控制器北向业务接口没有标准化，导致运营商的这种期望落空。运营商还有一个需求，就是希望替换任何厂家控制器的时候，可以不用修改基于控制器北向业务接口之上的协同层 APP，也不需要修改任何转发器相关的软件，但这也是无法实现的。因为这些厂家提供的 ODL 控制器是基于 ODL 烟囱式开发的，其实都加入了很多私有的实现方法。它们在不影响其他两层的前提下是不可以互相替换的，而且即使做了同样的业务，都是基于 ODL 实现的，即使都是开源的，那么到底使用哪家的业务作为标准呢？这种争论，与标准组织定义标准的过程是一样的，需要较长时间的博弈才能确定。总之，要达到控制器、控制器之上的协同层 APP 和控制器内部的网络业务 APP、转发器分层，四者的灵活替换而不影响其他层，在技术手段上，其本质就是要定义标准或者事实标准，这样多厂家设备只要对接这个标准的南向设备模型，北向多厂家 APP 都依赖标准的北向业务模型，中间的控制器上的控制业务 APP 都依赖标准设备抽象模型，并对上提供标准控制器北向业务模型即可。只有这样，才能实现运营商的期望。关键在于标准化，没有标准化，所有的期望都不可能。

运营商期望的理想的架构应该是如图 9-16 所示的结构。运营商可以灵活选择基于控制器的协同层 APP 的供应商，可以灵活地选择控制器平台，可以灵活地选择网络业务 APP，可以灵活地选择转发器供应商，这是一种期望中的理想模型。总之，要实现各层独立替换，最重要的工作是标准化层间接口。运营商本来最希望使用开源控制器的模式：直接从开源社区下载版本就可以商用，或者由一个服务提供商直接下载开源控制器提供给运营商，而这个服务提供商存在的价值就是软件维护，比如软件安装、调试、软件 BUG 的解决、少量定制化需求的满足，与现在很多厂家使用 Linux 的做法类似。ODL 当前的氦版本（Helium）还不能满足这样的要求。上面描述的也是一种网络水平整合的模式，运营商期望的逐层水平整合网络的架构如图 9-16 所示。

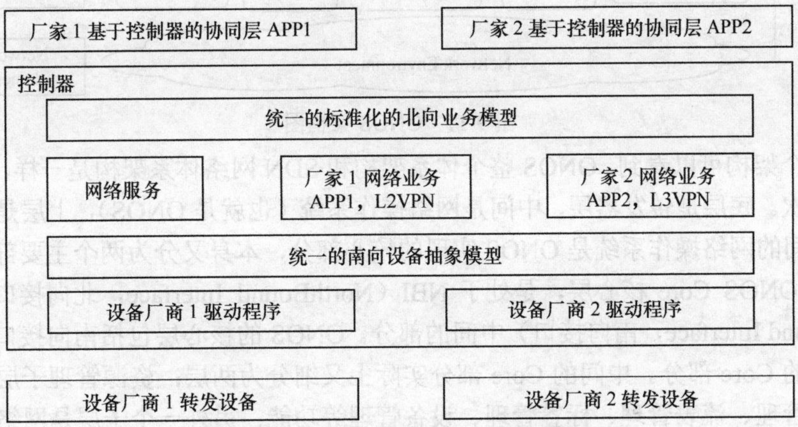

图 9-16　运营商期望的 SDN 网络模型

再澄清一下控制器的协同层 APP（协同层应用程序）和网络业务 APP（网络业务应用程序）的区别，因为本文不少地方都使用了这两个术语。基于控制器的协同层 APP 通常是调用控制器的北向业务 API，把控制器所控制的网络看成黑盒，这样的 APP 只希望网络提供一个服务，而并不关心网络内部如何实现这些业务。比如一个 APP 可以调用控制器提供的 L2VPN 业务接口，创建一个 L2VPN 业务，但是对于控制器内部如何实现这个 L2VPN 业务，APP 并不关心。实现这个 L2VPN 业务的控制器内的软件程序，被称作是网络业务 APP 或者网络控制业务 APP，因为它们实际是通过操作网络内部的设备来实现 L2VPN 业务的，对于网络业务 APP 看来，控制器控制的网络对它而言是白盒的，这些 APP 会直接操控网络中的网元。网络协同层 APP 调用控制器提供的业务接口通常正是网络业务 APP 软件程序提供的接口。

9.3　ONOS 控制器架构

ONOS（Open Network OS，开放网络操作系统）是斯坦福大学的 ON.LAB 实验室开发的一个开源网络操作系统，主要面向运营商 WAN 网络。该系统于 2014 年 12 月发布了第一个开源版本，其实现架构如图 9-17 所示。

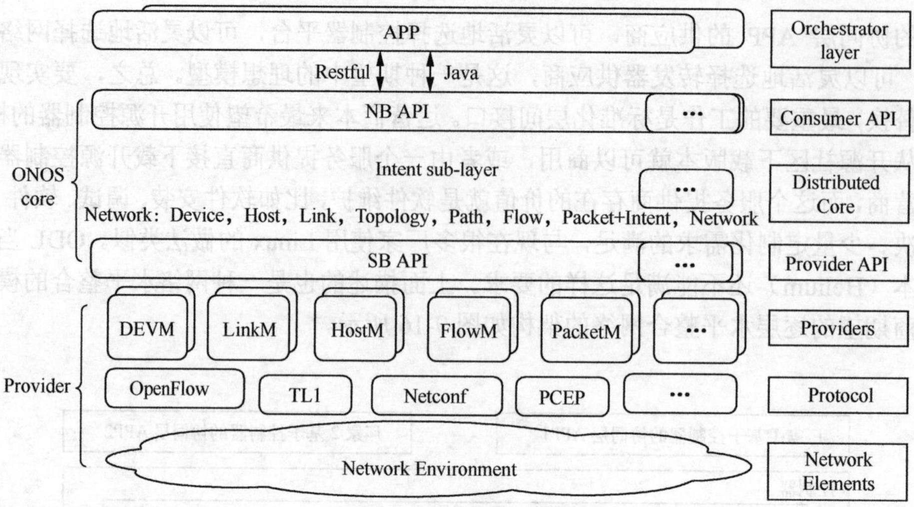

图 9-17 ONOS 架构图

从这个架构可以看到，ONOS 整个体系架构和 SDN 网络体系架构是一样，首先分为三个大层次。底层是转发器层，中间是网络操作系统（也就是 ONOS），上层是协同层应用层。中间的网络操作系统是 ONOS 实现的核心部分，本身又分为两个主要部分，其中一部分是 ONOS Core 核心层，是处于 NBI（NorthBound Interface，北向接口）和 SBI（SouthBound Interface，南向接口）中间的部分。ONOS 的核心层包括南向接口、北向接口和中间的 Core 部分。中间的 Core 部分实际上又细分为两层：资源管理子层，实现了包括拓扑管理、流表管理、标签管理、设备管理等功能；另外一个子层是网络业务层，这一层通常叫作 Intent。Intent 是一个可扩展的子层，网络控制业务开发厂家可以自己定制和增加 Intent 来实现各种网络业务。ONOS 的南向 SBI 和北向 NBI 都是明确定义的接口，也就是 ONOS 通过 Core 层定义了抽象的转发器设备模型并提供标准的南向接口，所有厂家设备驱动都需要对接这个 ONOS 定义的标准南向；所有的 APP 都需要调用 ONOS 定义和提供的标准北向。这样通过中间的这个 Core 层，实际上起到了屏蔽底层多厂家差异的能力，也对底层多厂家屏蔽了上层各种网络控制业务 APP。也就是说，正是这个 Core 层的存在，隔离了底层转发设备和网络业务控制 APP，使得所有 APP 和转发器都和 Core 层打交道。这样避免了前面提到的基于开源 ODL 的控制器厂家烟囱式利用开源控制器的问题，ONOS 强制所有的 APP 只能和 ONOS Core 提供的北向 NBI 打交道，所有的厂家转发器也只能跟 ONOS Core 提供的 SBI 打交道，这个架构原则是和 ODL 有本质不同的。

另一个部分是转发器厂家的 Provider 层。这个 Provider 层可以理解为是厂家设备驱动层。在这一层分为两个子层：一个南向协议子层，ONOS 开源代码会提供这个部分；另外一个子层就是厂家驱动层，基本上需要厂家自行实现驱动，主要工作是向上对接 ONOS SBI，向下对接厂家自己的设备北向，功能是实现 ONOS 的标准南向到厂家设备接口转换和模型转换工作。

ONOS 的基础框架和 ODL 一样采用了 OSGI 模块化框架，并采用 Hazelcast 作为其分布式中间件。ONOS 有个专门的架构团队，控制着 ONOS 的 Core 的架构，确保这个部分架构能够满足运营商 WAN 的大规模分布式能力、高性能、高可靠性能力主要架构需求。

ONOS 重点关注运营商的 WAN 需求，其 2014 年 12 月公布的主要 WAN 场景用例包括：

① 移动回传 IP RAN 网络用例，由华为提出，主要解决移动回传网络的 SDN 化，通过 ONOS 的 SDN 控制器对网络进行简化，并实现业务自动化。支持 MPLS L3VPN 自动部署和集中控制。

② NFV 的 Central Office 用例，由 AT&T 提出，主要解决运营商的 POP 点云化问题，把原来 POP 点的各种业务进行云化，实现灵活的业务部署和业务创新。

③ IP+光用例，由 AT&T 提出，主要解决 IP 网络和光网络如何进行统一的网络联合路径规划和路径选路调整。通过 SDN 控制器实现灵活的网络规划能力，并能够提高整个 IP 和光网络的业务吞吐能力，提高整个网络的可靠性，其主要技术背景就是把 IP 和光网的资源进行统一管理、统一计算来达成高效、高可靠的 IP+光网络。

④ SegmentRouting（SR）分段路由用例，主要研究若干通过分段路由技术，来解决 WAN 网络的 MPLS 标签有限的情况下，满足大规模 TE 隧道的能力。当然，这个技术不适合大规模网络，适合一些骨干网类型的网络，因为 SR 仅仅适合跳数不太多的网络。SR 技术有个天生缺陷就是多层标签，所以不要把这个技术部署在较大型，需要很多跳（比如 4 跳以上）的网络。

⑤ SDN IP 组大网用例，主要验证大规模的 WAN 网络的管控能力，并完成独立 ONOS 控制网络和传统网络互通能力验证。这些场景都是面向 WAN 设计和开发的，满足运营商的需求。

ONOS 目前的主要成员包括运营商、设备供应商、大学研究机构三种产业链力量。其中运营商包括美国的 AT&T、韩国 SKT、日本 NTT 等；设备供应商包括华为、CISCO、NEC、ERICSSON、FUJITSU、INTEL 等；研究机构主要是斯坦福大学的 ON.LAB，伯克利大学也参加了相关研究。这和其他开源组织不同，运营商在其中有很大的话语权。在 ONOS 章程中，其 BOARD 定义了四个技术控制组，包括需求组、技术架构组、测试验证组和社区管理，其中需求组成员全部为运营商成员，并且在各种表决投票的权利分配上，运营商总体占 50%的投票权利，这样从运作机制上保证了运营商作为客户可以控制开源 ONOS 的需求走向。

再总结一下 ONOS，其架构特点是提供一个细腰的 ONOS 控制器平台，通过这个细腰的平台直接屏蔽底层设备多厂家的差异，避免各个厂家的烟囱式开发，相当于提供了一个统一的标准层。同时 ONOS 是面向运营商 WAN 网络设计的，关注运营商的主要质量属性：大规模分布式、性能、可靠性，其主要的应用场景都是面向 WAN 网络。

当然，ONOS 细腰架构决定了它希望直接定义标准的抽象网元模型和网络模型，这一点更符合运营商和企业客户对开源控制器的期望。开源 ONOS 当前的成熟度距离真正商用还有距离，需要增加功能并持续地改进。所以基于 ONOS 开发控制器的厂家需要投入不小的精力对 ONOS 进行增强和改进，才能满足用户的功能和质量需求。

获取更多 ONOS 的研究进展信息，请进入网站 http://onosproject.org/了解。

9.4　基于开源控制器平台构建厂家控制器

如果控制器开发商希望基于开源控制器构建自己的控制器，这里也给出一些可能的推荐方法。下面介绍关于如何基于开源控制器平台，构建厂家控制器。

什么是基于开源控制器？ONOS/ODL 开源控制器都是基于 Java 的 OSGI 框架的一个系统，为了实现分布式，也都采用了一些开源的分布式软件，比如 ONOS 采用 HAZALCAST，ODL 采用 AKKA 开源软件实现分布式。这个 OSGI 模块化框架以及 AKKA 等分布式中间件，与开源控制器其实没有什么关系。开源控制器只是选择了这些作为其基础开发编程环境和框架。真正属于开源控制器 ONOS/ODL 提供的服务，包括网络资源管理、网元转发表管理等，这些在控制器分层中属于网络操作系统范畴，这些服务才是真正的开源控制器提供的有价值的地方。ONOS/ODL 采用的基础编程框架 OSGI 不是 ONOS/ODL 价值所在。其相似的比较就如同我们要开发一个游戏程序，需要选择一个游戏引擎，假定这个游戏引擎是基于 OSGI 框架开发的，这个游戏程序就必须依赖游戏引擎。游戏引擎就是一个游戏的开发平台，对于一个游戏来说，选择什么样的游戏引擎至关重要，但游戏引擎所依赖的 OSGI 框架不是这个游戏看中的价值。所以，通常说要基于开源控制器构建自己的控制器，其实是说需要调用开源控制器提供的网络相关的资源操作接口来控制转发器，而不是说开发的控制器应用程序也一定要采用开源控制器所采用的相同基础编程框架。

基于开源控制器平台开发一个控制器，到底该怎么做才合适呢？有三种方案，见图 9-18 中标示的 1APP，2APP，3APP 三个位置。

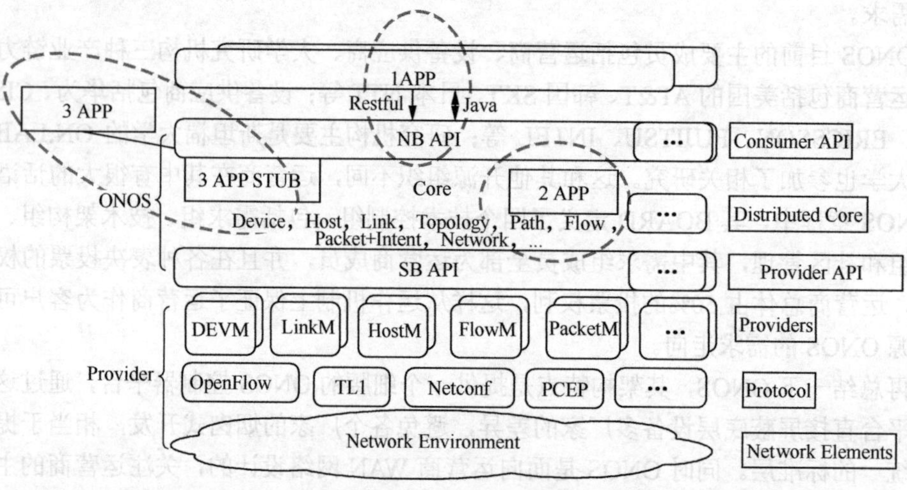

图 9-18 基于 ONOS 实现控制器的三种方案

第一种实现方案（图 9-18 的 1APP）是，通过调用开源控制器提供的北向 RESTFUL 接口来实现自己的应用程序。这样控制器的整体构成包括一个开源的控制器系统和一个自己开发的应用程序，整体是一个控制器系统。这些应用程序和开源控制器的交互是通过 RESTFUL 通信完成的。这种架构是一种完全松耦合架构，开发出来的应用程序具有良好的可移植性，比如开发一个应用程序后，很容易让这个应用程序运行在开源控制器 ODL 或者开源控制器 ONOS，甚至是运行在某个特定私有控制器平台上，只需要修改适配层。而且这种松耦合架构，不需要修改开源控制器本身，就可以使得开源控制器的其他第三方应用无缝地运行在该厂家发布的控制器系统上，原因是这种松耦合架构基本保持了原生的开源控制器系统。

第二种实现方案（图 9-18 的 2APP）是，开发基于开源控制器的控制应用程序，这些应用程序运行在开源控制器平台内部，嵌入式运行，使用与开源控制器平台相同的编程框架开发。这样，应用程序不仅使用开源控制器提供的价值服务（即各种网络相关编程接口，采用 Java API 调用），而且使用和开源控制器完全相同的编程框架服务，比如使用了 OSGI 编程框架和 AKKA 分布式服务；更进一步地，还必须和开源控制器平台一起紧耦合部署运行。如果是仅仅使用与开源控制器相同的基础服务框架 OSGI 框架和 AKKA 服务，而采用松耦合架构部署运行，通过 RESTFUL 调用开源控制器平台的网络服务，那本质就属于第一种方案的架构了。所以第二种方案的关键特征有两点：

① 不仅采用与开源控制器平台相同的编程框架，而且通过本地 Java API 调用开源控制器平台提供的网络相关资源访问接口；

② 要嵌入运行在开源控制器平台一起，就是说要部署在一个 Java 进程运行。

这种架构下，这些应用程序会受到开源控制器变更的影响。比如前面 ODL 采用 AD-SAL 框架，有厂家基于 AD-SAL 嵌入开发了应用程序（采用了这里说的第二种方式），结果 ODL 的架构调整了，直接废弃了 AD-SAL，那么这些利用 AD-SAL 开发内嵌在 ODL 的应用程序就需要重新开发。如果采用上面第一种架构就不存在这种问题。所以，作为一个厂家利用开源控制器构建控制器时，采用这种紧耦合架构嵌入开源控制器的方法是不太合适的。当然，这种方案仍然有用途，比如开源组织本身开发的应用程序，通常来讲会采用这种架构；还有一种场景就是一个厂商对开源控制器有足够的影响力和控制力，确保自己开发的应用程序不会因为开源控制器架构的变化而浪费。

第三种方案（图 9-18 的 3APP），和第一种方案有些类似，也是松耦合架构，只是调用网络资源接口，是通过内嵌在开源控制器内部的桩程序，调用开源控制器的 Java API，来获得各种资源访问，然后这个桩程序和运行在外部的应用程序进行一些高性能通信，比如通过 SOCKET 等通信接口通信。这种方案本质上是提高了性能的第一种方案，它是第一种方案的变种。该方案和第一种方案的区别是接口形式不同：第一种方案是 REST，第三种是通过 Java API 和私有的通信消息方式进行。这种方式也是把核心的控制类应用程序都独立运行在开源控制器外部，是一种松耦合架构，也有人称之为 SOA 架构。一个厂家如果开发一个基于开源控制器的控制器，建议把应用程序独立运行，不要和开源控制器耦合在一起。因为这样带来了两种好处：可以保证原生的开源控制器应用程序的运行环境，使得原生第三方应用程序很容易运行在自己发布的控制器上面；也保证了这些网络控制应用程序可以容易地在多厂家控制器平台上运行。

厂家可以采用上述三种方案中的任意一种，根据自己的实际情况和战略诉求进行选择。从客户层面看，客户不会要求一个厂家必须用 Java 语言开发控制器，也不会要求厂家必须使用与开源控制器平台相同的编程框架，更不会要求厂家开发的程序必须通过 Java 语言，并且还必须和开源控制器一起，运行在一个 JVM 里面。客户层面关心的是厂家提供的控制器能否解决第三方厂家设备互通的问题，能否解决第三方厂家应用互通的问题；客户更关注厂家提供的控制器是否满足可靠性、性能、安全性、互操作性等质量属性要求。其实客户关注开源控制器本身就是出于利益考虑，开源控制器能够解决的问题，包括互通问题、产业链问题，总体上都是出于购买成本和维护成本考虑，但前提是功能要能够提供，否则成本低也没有用。

9.5 对比总结

上述分析了华为控制器以及开源的 ODL 和 ONOS 控制器实现架构，这里进行一个简单的对比，见表 9-1。

表 9-1 不同控制器的对比

	华为控制器	ODL 控制器（Helium）	ONOS 控制器（Blackbird）
框架	组件化框架，支持多进程多线程；定义统一的南向模型和北向模型	基于 OSGI 模块化框架，仅支持单进程，提供基于模型驱动的扩展方式，厂家自行扩展模型	基于 OSGI 模块化框架，仅支持单进程，支持细腰架构，定义统一的南向和北向模型
分布式框架	基于成熟的华为管道 OS	基于开源的 AKKA	基于开源的 Hazelcast
分布式模式	垂直和水平分布式	水平分布式	垂直和水平分布式
开发语言	主要是 C 语言，支持 Java/ Pathon	主要是 Java 语言	主要是 Java 语言
可靠性模式	支持成熟的控制器集群的不间断协议倒换和异地多控制器热备份	不成熟，不支持协议不间断	不成熟，不支持协议不间断
开放性	开放的控制器	开源控制器	开源控制器
应用场景	面向全场景，包括 WAN/ DC	目前主要面向 DC	主要面向 WAN
支持网络迁移演进	支持传统协议和现网互通	仅仅支持 ARP	由控制应用程序提供
运维体验	集成丰富的电信运维体验系统，支持丰富的告警、性能、统计，操作易用性好	Helium 设计没有考虑	目前设计没有考虑

总体上看，华为控制器相对比较成熟，功能特性丰富，是一个好的商用选择，而开源控制器目前各个方面还都不成熟，可能需要较长时间才能满足商用需求。

9.6 开源控制器的个人理解

如果控制器真的要能够达成屏蔽底层多厂家，并隔离应用和转发器之间的复杂关系的目的，本质上必须在层间定义标准才能达到。目前已经有一些标准协议，比如 OpenFlow 协议，就是定义控制器和转发器之间的标准。一旦层间标准成熟，层间协议问题就解决了，于是通过层间标准协议就可以达到分层隔离的目的。而开源是希望从另外一个角度来推动层间协议标准化，ONOS 单刀直入直接定义了自己的标准层，而 ODL 目前定义了一个模型驱动框架，标准模型部分还没有定义，至于何时能定义并不能预见。在这些标准定义出来之前，为了解决多厂家互操作问题，传统类似 OSS 对接多厂家网络设备时进行的适配工作就是不可避免的。但是如果控制器厂家没有那么多的话，比如只有两三家，则这个工作在工程上也是可行和可接受的。

开源控制器对客户需求的满足程度和需求响应速度比起厂家交付的控制器会有很大差距。其原因非常清楚，开源控制器是由开源组织来组织规划、开发、交付的，开源组织本身是松散的、民主的、不聚焦的，各方利益的博弈过程会相当漫长，而且开源控制器的售后服务等方面也存在问题。因此可能没有哪个客户会直接使用开源控制器，最多是使用厂家基于开源控制器构建的控制器。现阶段购买的某个厂家基于开源控制器开发的控制器，对于互操作性肯定有不完备的地方，导致无法互操作，其原因是开源控制器确定事实标准的能力还相对比较弱，短时间内可能无法解决互操作问题。当然，未来随着开源控制器的逐渐成熟，其内部定义事实标准被广泛接受，则这种互操作性就有可能实现。

开源控制器不管是 ODL 还是 ONOS，最应该聚焦定义的是开源控制器平台，为各种网络应用提供抽象统一的网络资源访问服务。开源控制器应该仅仅定义那些与网络相关的资源数据，而不应该关注网络业务应用程序。网络业务应用程序是随着用户需求变化的，用户需求是多种多样的、不稳定的，作为一个开源控制器，是无法适应各种业务需求，随时发布新的网络业务应用程序的。所以网络业务应用程序应该交给控制器开发厂家来实现，而控制器开源组织只要聚焦做好网络数据的抽象描述和管理，提供一个好用的完备的控制器平台，就可以真正促进产业的发展。因为毕竟网络数据本身的变化是缓慢的，每年增加不了一两个新的转发格式，所以开源控制器是可以满足这种缓慢的网络本身数据模型的变化。而现在的 ODL 和 ONOS 都有一个所谓的 Intent 或者网络业务层，这部分其实不应该作为开源控制器的重点来研究。换句话说，开源控制器应该实现一个网络操作系统（对于个人计算机产业的 Linux 和 Windows），而不应该把精力放到如何实现这个网络操作系统上的各种网络业务应用程序方面，比如 L2VPN、L3VPN 等。

开源软件和厂家独立交付软件之间的竞争在历史上发生了很多次，最为著名的例子是 Linux 和 Windows。Linux 是一个开源操作系统，而 Windows 是微软开发的操作系统，一开始客户根本不会选购和使用 Linux，微软的操作系统几乎占领所有的 PC 机市场。发展到后来，Linux 在服务器市场领域取得一定地位，在个人机市场几乎没有地位，倒是后来苹果公司的 MAC OS 占领一部分个人机市场份额。在整个竞争过程中，其实从各种用户体验、工具和易用性、应用程序数量、开发者友好性等方面显然 Windows 都是遥遥领先的，Linux 如果单纯靠开源社区去开发，我认为不可能有今天的服务器市场地位，Linux 的成熟其实归功于如 IBM 这样的企业的大规模投入来支撑。IBM 作为一个服务提供商，无偿投入研发力量把 Linux 在服务器市场做到可应用的背后，是其战略利益的选择，如果 UNIX 在服务器市场败下来，微软就可以作为服务提供商和 IBM 进行竞争，IBM 将没有优势，这就是 Linux 能够成熟的主要原因。当然，还有一些 Linux 服务商，比如 REDHAT，也为了自己能够靠 Linux 服务生存而对 Linux 进行贡献和支持，这说明如果没有核心主力商业机构支持，开源不可能成为商用系统。另外一个例子是苹果公司的手机操作系统 IOS 和谷歌公司的开源操作系统 Android。苹果公司开发的 IOS 迅速占领了手机市场，而谷歌公司通过收购过来的 Android 系统开发出了一个开源的手机操作系统，并且几乎免费给所有厂商使用，不像微软的操作系统是需要付费的。谷歌这样做，也是其战略利益决定，谷歌意识到自己在桌面搜索市场已经占据了绝对领先份额，而未来是移动的天下，移动操作系统如果全部是苹果 IOS

的天下，那么在移动搜索市场谷歌将颗粒无收。为了保护移动搜索市场份额，谷歌全力把 Android 系统开发得可用易用，给手机厂商几乎免费提供，这种情况下，才形成了移动市场目前二分天下的格局。就是说，本质上 Android 的开源成功不是开源社区做成的，而是谷歌把它做成了可商用系统。另一个有意思的案例是 Java。Java 开源系统的创始公司 SUN，后来倒掉了，而 Java 却活下来。Java 能够得以生存，也是离不开 SUN 公司。因此我们发现有几个特点：

① 厂家独立开发产品交付进度快，易用性好，工具齐备，应用数量多；

② 开源如果单靠开源社区几乎不可能产生商用版本，必须有大的开发厂商介入，而这些开发厂商通常是有利益在里面的，否则他们不会全心全意投入；

③ 市场上，似乎从来没有哪个行业完全是开源的市场，总是有闭源有开源，最后总是存在两三家主流厂商，而不会是仅仅有一家供应商。

将以上特点对照开源控制器，是否存在一个大的开发商积极地不计本身代价地投入，推动其成熟，关键在于这些大的开发商是否可以获得足够的声东击西的利益。如果无法获得类似的收益，那么他们就不会投入。主流的设备供应商其实希望保持传统利益格局，在没有特别大的威胁出现前，肯定不会轻易全面推动开源控制器走向成熟，而一些小厂商则希望革命，但是要把开源控制器做到成熟，可能是一个比较漫长的过程。

如果说开源控制器没有成熟到一定程度，厂家自己利用开源，开发自己的控制器，那么这个控制器本质上还是一个私有的控制器，不能算是开源的控制器。它的关键在于不可替代，用了某个厂家提供的基于开源开发的控制器，其实无法替换为其他厂家也是基于开源开发的控制器，原因在于开源控制器不成熟，各个厂家都需要自己增加很多私有内容，这些私有内容出于利益，是不会轻易开源的。这就导致厂家提供的开源控制器相互不可替代，那么与购买一个厂家独立开发的控制器就区别不大了。很多厂家打着开源名义，实际背后还是私有的产品。

其实开源也好，厂家独立提供产品也好，并没有什么深刻道理，都是出于利益这一点：运营商关注开源出于利益，厂家支持开源出于利益，厂家独立开发一个产品也是出于利益。而在这种复杂的博弈过程中，鹿死谁手，只能留给时间检验了。

【本章小结】

本章主要介绍了业界几家主流控制器的实现架构，包括华为控制器、开源的 ODL、开源的 ONOS 架构。其中华为的控制器是一个开放的控制器架构，基于华为成熟的分布式管道 OS 构建，支持大规模集群能力，支持 UNI-IP 技术和 NSR 可靠性技术，并且开放了南向驱动接口、北向的网络操作系统接口，以及北向业务接口，能够支持大规模网络管控，并能够很好地和传统网络进行互通，是一个相对成熟的控制器系统。开源 ODL Helium 版本支持的解决方案主要面向数据中心，目前版本较少支持 WAN 特性。各个厂家都是烟囱式地利用 ODL，导致众多基于 ODL 开发的控制器没有达到预期的互操作能力，其主要原因是 ODL 目前版本主要定义了模型驱动框架，而没有提供全面定义标准的转发器设备模型和网络抽象模型。ONOS 试图定义一个细腰架构，直接定义了标准网络和网元抽象模型，能够实现多厂家互通能力，而 ONOS 致力于 WAN 需求的架构设计包括满足大规模扩展能力、高性能和高可靠性设计。ONOS 有较好的架构，但是在业务丰富程度上还有差距。

本章分析的控制器实例是基于 ONOS（www.onosproject.org）和 ODL（www. opendaylight.org）网站资料，且分析仅针对 ONOS 的 Blackbird 版本和 ODL 的 Helium 版本现状给出了个人判断。本章观点为作者本人观点，正确与否，请读者自行甄别。